高等职业教育"互联网+"创新型系列教材

电子技术与应用项目教程

宁慧英　王继辉　范　然　编

机械工业出版社

本书基于工作过程系统化课程开发理念，选取了 5 个项目作为知识重构的载体，分别是：为电子系统制作一个直流稳压电源、制作一个简易扩音机电路、制作一个简易电子温度控制器、设计并安装一个风扇监控装置和制作一个简易数字钟。每一个项目的开始都对项目内容进行了描述，同时对完成项目后所能达到的知识目标和能力目标做了介绍。为顺利实施各项目，将每个项目分解为 2～4 个任务，每个任务的实施都是对必备理论知识和实践技能的一个综合运用的过程。

本书注重学生职业能力、设计能力和创造能力的培养，可作为高职高专院校电子信息类、通信类、自动化类等专业的教学用书，也可作为相关专业在职人员的参考用书。

为方便教学，本书有电子课件、习题答案、模拟试卷及答案、授课视频（以二维码形式呈现）等数字化教学资源，凡选用本书作为授课教材的老师，均可通过电话（010-88379564）或 QQ（3045474130）咨询。

图书在版编目（CIP）数据

电子技术与应用项目教程 / 宁慧英，王继辉，范然编 . — 北京：机械工业出版社，2021.10（2025.1 重印）

高等职业教育"互联网 +"创新型系列教材

ISBN 978-7-111-69646-9

Ⅰ . ①电… Ⅱ . ①宁… ②王… ③范… Ⅲ . ①电子技术 – 高等职业教育 – 教材 Ⅳ . ① TN

中国版本图书馆 CIP 数据核字（2021）第 241916 号

机械工业出版社（北京市百万庄大街 22 号 邮政编码 100037）

策划编辑：曲世海 责任编辑：曲世海 周海越

责任校对：樊钟英 刘雅娜 封面设计：马精明

责任印制：常天培

固安县铭成印刷有限公司印刷

2025 年 1 月第 1 版第 3 次印刷

184mm×260mm・15 印张・368 千字

标准书号：ISBN 978-7-111-69646-9

定价：49.80 元

电话服务 网络服务

客服电话：010-88361066 机 工 官 网：www.cmpbook.com

010-88379833 机 工 官 博：weibo.com/cmp1952

010-68326294 金 书 网：www.golden-book.com

封底无防伪标均为盗版 机工教育服务网：www.cmpedu.com

前 言

电子技术是高职高专工科类学生必修的一门重要的专业基础课,旨在培养学生掌握电子技术的基础理论、基本知识和基本技能,具有识别与选用电子元器件、认识和分析电子技术基本单元电路及其应用的能力,构建学生创新精神和实践能力,以适应电子技术发展的形势,为后续专业课程的学习和从事与本课程有关的工程技术工作打好基础。

本书在编写过程中,根据高等职业教育培养应用型人才的需要,结合电子技术课程实践性强的特点,坚持以就业为导向,以职业岗位训练为主体,打破传统的学科体系教学模式,选择 5 个具体项目为学习载体,重新整合教学内容,使其符合行动体系教学模式。为顺利实施各项目,将每个项目分解为 2～4 个任务,每个任务的完成是对必备理论知识和实践技能的一个综合运用的过程。本书注重学生职业能力、设计能力和创造能力的养成。本书在编写中力求突出如下特点:

第一,面向职场的逆向编写思路。对接职业标准,并与合作企业共同讨论,通过联合主体(学校、企业、行业)共同确定典型任务,与企业无缝接轨,实现课程教学和职业能力培养双目标,满足学生职业化的学习需求。

第二,面向学生为主体的编写思路。必备理论知识的编写以方便学生信息收集为前提,力求内容简洁、精练、重点突出,同时部分"信息收集"单元后配有"考一考"或"练一练"环节,强化学生对基础知识的掌握和运用。任务的实现以单元电路的设计、安装与测试为步骤,从工程观点培养学生的工程思维方法和分析解决实际工程问题等职业能力,进一步提高学生的知识运用能力。

本书在编写时引入企业高级工程师范然进行项目讨论,并由范然完成项目 3 和附录的编写;项目 1 和项目 2 由王继辉编写;项目 4 和项目 5 由宁慧英编写;全书由宁慧英负责统稿。同时,编写本书时,查阅、参考或引用了一些文献资料,获得了很多启发,在此谨向这些资料的作者表示诚挚的感谢!

  由于编者水平有限,书中难免有疏漏和不妥之处,恳请读者批评指正,以便进一步修改完善。

编　者

二维码索引

名称	二维码	页码	名称	二维码	页码
整流滤波电路的实现（理论）		2	晶体管放大电路原理		41
二极管的检测与识别		5	晶体管放大电路静态工作点的作用		43
整流滤波电路的实现（实践）		13	晶体管放大电路的分析		46
示波器的使用		17	比例运算电路		86
直流稳压电源的整体安装与调试		21	滞回电压比较器		98
稳压电路的实现		23	温度控制器仿真		101
晶体管的检测与识别		33	卡诺图化简		120
晶体管的开关作用		36	集成门电路介绍		125

(续)

名称	二维码	页码	名称	二维码	页码
编码器的使用		141	555 多谐振荡器		170
译码器的应用		142	单稳态触发器		175
译码器实现组合逻辑电路		143	施密特触发器		176
数据选择器		144	异步计数器		179
秒脉冲发生器的安装与调试		155	集成计数器		185
触发器的功能描述		157	数字钟计时显示电路的制作		192
边沿 D 触发器		159	移位寄存器		193
JK 触发器		160	数字钟整体电路的安装与调试		204

目　录

前言
二维码索引

项目 1　为电子系统制作一个直流稳压电源 1

项目描述 1

任务 1.1　整流滤波电路的制作 2

1.1.1　任务布置 2
1.1.2　信息收集：半导体的基本知识、二极管、整流电路、滤波电路 2
1.1.3　整流滤波电路的设计 14
1.1.4　整流滤波电路的安装与测试 16
1.1.5　延伸阅读：示波器的使用 17

任务 1.2　12V 直流稳压电源电路的制作 21

1.2.1　任务布置 21
1.2.2　信息收集：硅稳压管并联稳压电路、三端集成稳压器及其应用 21
1.2.3　12V 直流稳压电源的电路设计 24
1.2.4　电路安装与测试 25
1.2.5　延伸阅读：开关型稳压电源介绍 26

习题 28

项目 2　制作一个简易扩音机电路 31

项目描述 31

任务 2.1　扩音机前置放大电路的制作 32

2.1.1　任务布置 32
2.1.2　信息收集：晶体管、共发射极放大电路、放大电路中的负反馈 32
2.1.3　扩音机前置放大电路的设计 59
2.1.4　扩音机前置放大电路的安装与测试 60
2.1.5　延伸阅读：正弦波振荡电路 61

任务 2.2　扩音机主放大电路的制作 65

2.2.1　任务布置 65
2.2.2　信息收集：功率放大电路的特点及分类、互补对称功率
　　　 放大电路、多级放大电路 65

2.2.3　扩音机主放大电路的设计 75
　　　2.2.4　扩音机主放大电路的安装与测试 76
　　　2.2.5　延伸阅读：集成功率放大器 77
　习题 78

项目 3　制作一个简易电子温度控制器 81

　项目描述 81
　任务 3.1　简易电子温度计电路的制作 81
　　　3.1.1　任务布置 81
　　　3.1.2　信息收集：集成运算放大器、比例运算电路、加法运算电路、
　　　　　　 减法运算电路等 82
　　　3.1.3　简易电子温度计电路的设计 92
　　　3.1.4　简易电子温度计电路的安装与测试 93
　　　3.1.5　延伸阅读：温度传感器 94
　任务 3.2　温度控制电路的制作 95
　　　3.2.1　任务布置 95
　　　3.2.2　信息收集：单限电压比较器、滞回电压比较器等 96
　　　3.2.3　温度控制电路的设计 99
　　　3.2.4　温度控制电路的整体安装与测试 100
　习题 101

项目 4　设计并安装一个风扇监控装置 104

　项目描述 104
　任务 4.1　开始数字逻辑的思考 105
　　　4.1.1　任务布置 105
　　　4.1.2　信息收集：数制和码制 105
　　　4.1.3　常用逻辑运算 109
　　　4.1.4　逻辑函数的表示方法 114
　　　4.1.5　逻辑函数的化简 116
　任务 4.2　风扇监控装置的设计与安装 124
　　　4.2.1　任务布置 124
　　　4.2.2　信息收集：集成门电路 125
　　　4.2.3　风扇监控装置电路的设计 133
　　　4.2.4　风扇监控电路的安装与测试 134
　　　4.2.5　延伸阅读 1：组合逻辑电路的分析与设计 136
　　　4.2.6　延伸阅读 2：组合逻辑电路的功能器件 139
　习题 149

项目 5　制作一个简易数字钟 154

项目描述 154

任务 5.1　秒脉冲发生器的制作 155
- 5.1.1　任务布置 155
- 5.1.2　信息收集：触发器、多谐振荡器 155
- 5.1.3　秒脉冲发生器电路的设计 173
- 5.1.4　秒脉冲发生器电路的安装与测试 174
- 5.1.5　延伸阅读：单稳态触发器、施密特触发器 174

任务 5.2　数字钟计时电路的制作 177
- 5.2.1　任务布置 177
- 5.2.2　信息收集：计数器 178
- 5.2.3　数字钟计时电路的设计 191
- 5.2.4　数字钟计时电路的安装与测试 192
- 5.2.5　延伸阅读 1：寄存器 192
- 5.2.6　延伸阅读 2：时序逻辑电路的分析 196

任务 5.3　数字钟译码显示电路的制作 199
- 5.3.1　任务布置 199
- 5.3.2　信息收集：数码管与显示译码器 199
- 5.3.3　数字钟译码显示电路的设计 203
- 5.3.4　数字钟译码显示电路的安装与测试 203

任务 5.4　数字钟电路的整体安装与测试 204
- 5.4.1　任务布置 204
- 5.4.2　数字钟基本电路的安装与测试 204
- 5.4.3　数字钟整点报时电路的设计 206
- 5.4.4　数字钟整点报时电路的安装与测试 208
- 5.4.5　扩展训练：设计制作一个 30s 倒计时显示器 208

习题 210

附录 215
- 附录 A　常用半导体器件的型号和参数 215
- 附录 B　常用数字集成电路引脚排列图 217
- 附录 C　常用术语中英文对照 225

参考文献 229

项目 1
为电子系统制作一个直流稳压电源

许多电子产品和电气装置通常都要求用低压直流电源供电,常见的直流电源有两大类:一类是电池,常使用在便携式设备中,如手机、MP3 播放器等;另一类则是把电网中的 220V/50Hz 交流电(市电)转换成低压直流电压,称为直流稳压电源,如手机充电器。

将交流电转换成低压直流电一般要经过降压、整流、滤波和稳压四个过程。首先,220V/50Hz 的交流电压 u_1 经变压器变换为整流电路所需要的交流电压 u_2,然后由二极管组成的整流电路将交流电压整流成脉动的直流电压 u_3,再经滤波电路变换成有一定纹波的直流电压 u_4。对于性能要求不高的电子电路,滤波后的直流电压就可以使用了,但对于稳压性能要求较高的电子电路,滤波后需再加一个稳压环节,这样加到负载上的直流电压 u_5 的纹波就非常少了。图 1-1 为直流稳压电源的原理框图及波形。

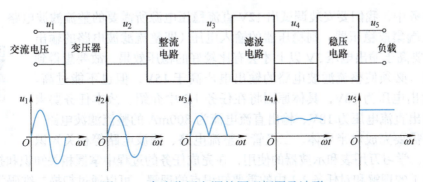

图 1-1 直流稳压电源的原理框图及波形

现在,我们就先来制作一个直流稳压电源。其具体指标要求如下:
1)输出电压 U_o=12V。
2)输出电流最大值 I_{omax}=800mA。
3)输出纹波电压峰–峰值 $\Delta U_{oPP} \leq 8mV$。
4)稳压系数 $S \leq 3 \times 10^{-3}$。
在本项目中,学生将认识相关电子器件——二极管和集成稳压器,并学习其典型应用电路。

▶▶▶ 知识目标

1. 掌握半导体的基本知识。

2. 掌握二极管的结构及特性。
3. 掌握整流电路的原理及分析方法。
4. 掌握滤波电路的原理及分析方法。
5. 掌握稳压电路的原理及分析方法。

能力目标

1. 掌握二极管的识别和检测方法。
2. 能设计和安装整流滤波电路,并能对一般故障进行排除。
3. 能对直流稳压电源进行整体安装和测试。

结合项目特点,设计了两个阶段的任务,分别是整流滤波电路的制作和12V直流稳压电源电路的制作。

读者在完成每一工作任务的过程中,要将六大核心素养的养成训练贯穿始终,即从电路板的布局与连线规范入手,训练职业审美;从安全用电和劳动保护入手,培养健康管理能力;从6S管理和环境保护入手,训练职业意识养成;从创新思维和学习能力入手,培养职业能力;从任务实施过程中专心专注、精益求精的要求入手,打造工匠精神;从训练团队协作、沟通表达能力要求入手,提升社会能力。

任务 1.1　整流滤波电路的制作

1.1.1　任务布置

在本任务中,我们要安装调试出12V直流稳压电源所需要的整流滤波电路。如果稳压器件选用三端集成稳压器,则稳压器的输入电压(即整流滤波电路的输出电压)一般要高于输出电压3V以上才会有比较好的稳压效果,故要想得到12V稳压值,必须使整流滤波电路的输出电压高于15V,但也不能过高。本任务取输出电压为18V,具体原因将在任务1.2中介绍。故本任务要求设计一个输出直流电压为18V、输出直流电流为800mA的整流滤波电路。

整流滤波电路的实现(理论)

为此,需要完成对半导体、二极管、整流电路、滤波电路等相关知识的信息收集,学习万用表和示波器的使用,在完成任务的过程中掌握相关知识和技能。

对项目1的理解和对任务1.1中重要知识点的理解,可以通过扫描二维码学习。其他知识点和技能点的理解可查阅1.1.2节的内容。

1.1.2　信息收集:半导体的基本知识、二极管、整流电路、滤波电路

1. 半导体的基本知识

自然界中的物质,根据其导电性能的不同大体可分为导体(conductor)、绝缘体(insulator)和半导体(semiconductor)三大类。将导电能力介于导体和绝缘体之间,电阻率在 $10^{-3} \sim 10^9 \Omega \cdot cm$ 范围内的物质,称为半导体。常用的半导体材料是硅(Si)和锗(Ge)。

纯净的具有完整晶体结构的半导体称为本征半导体(intrinsic semiconductor)。室温下,本征半导体的导电能力极差,但随着温度或光照的变化,半导体的导电能力会发生显著的

变化，从而表现出半导体的热敏特性和光敏特性。利用这两种特性可以做成各种热敏元器件和光电元器件，如热敏电阻、热敏传感器、光电二极管、光电晶体管等。

半导体还具有掺杂特性，即在本征半导体中掺入少量三价或五价元素后，导电能力大大增强。掺入其他元素的半导体称为杂质半导体（impurity semiconductor）。其中，掺入少量五价元素的杂质半导体称为 N 型半导体，掺入少量三价元素的杂质半导体称为 P 型半导体。

虽然 N 型和 P 型半导体的导电能力较强，但并不能直接用来制造半导体器件。如果采用特定的制造工艺，将一块半导体的一侧掺杂成为 P 型半导体，而另一侧掺杂成为 N 型半导体，则在二者的交界处将形成一个厚度为几微米至几十微米的空间电荷区，称为 PN 结，如图 1-2 所示。PN 结是构成各种半导体器件的基础。

图 1-2 PN 结的形成

PN 结具有单向导电性。如图 1-3a 所示，给 PN 结外加正向电压（称为正向偏置），即 P 区接高电位端，N 区接低电位端，这时空间电荷区变窄，PN 结正向电阻很低，正向电流 I_F 较大，PN 结处于导通状态（turn-on state）。如图 1-3b 所示，给 PN 结外加反向电压（称为反向偏置），即 P 区接低电位端，N 区接高电位端，这时空间电荷区变宽，PN 结反向电阻很高，反向电流 I_R 很小，PN 结处于截止状态（cut-off state），即 PN 结具有单向导电性，只允许电流由 P 区流向 N 区。

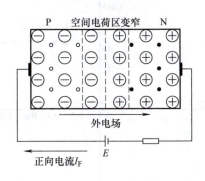
a) PN结外加正向电压

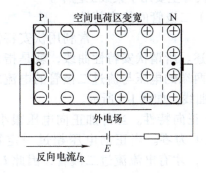
b) PN结外加反向电压

图 1-3 PN 结的单向导电性

考一考

一、填空题

（1）物质按导电能力的强弱可分为 _____、_____ 和 _____ 三大类。

（2）半导体的三个基本特性是指 _____、_____ 和 _____。

（3）PN 结具有 _____ 性能，即加 _____ 电压时 PN 结导通，加 _____ 电压时 PN 结截止。

（4）杂质半导体包含 _____ 和 _____。

二、判断题

（1）P 型半导体和 N 型半导体是根据半导体的掺杂特性制成的杂质半导体。（ ）

（2）P 型半导体中空穴占多数，因此它带正电荷。（ ）

（3）N型半导体中电子占多数，因此它带负电荷。（ ）

2. 二极管（diode）

（1）二极管的结构与符号　在一个PN结的两端加上电极引线，外边用金属（或玻璃、塑料）管壳封装起来，就构成了二极管，如图1-4a所示。由P区引出的电极，称为正极，由N区引出的电极，称为负极，二极管的电路符号如图1-4b所示，箭头指向为正向导通电流方向。

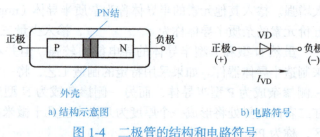

图1-4　二极管的结构和电路符号

二极管的类型很多，按制造二极管的材料不同可分为硅二极管和锗二极管；按用途的不同可分为整流二极管、开关二极管、稳压二极管、发光二极管等；按PN结内部结构的不同可分为点接触型二极管、面接触型二极管和平面型二极管。

点接触型二极管的PN结面积很小，不能承受高的反向电压和大的电流，但其结电容很小，高频性能好，常用作高频检波和开关元件。面接触型二极管的PN结面积大，可承受较大的正向电流，但结电容大，因此这类器件不适用于高频电路，常用于低频整流电路。平面型二极管主要用于集成工艺中。

（2）二极管的伏安特性　二极管的主要特性就是单向导电特性，常利用伏安特性曲线来描述。所谓伏安特性曲线，就是指加到二极管两端的电压与流过二极管的电流之间的关系曲线，如图1-5所示。

1）正向特性。当外加正向电压很小时，电流几乎为零。当正向电压超过一定数值（U_{th}）后，才有电流流过二极管，因此U_{th}称为死区电压或阈值电压。U_{th}的大小与二极管的材料和温度有关，通常硅管约为0.5V，锗管约为0.1V。

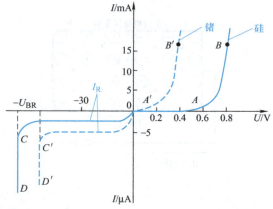

图1-5　二极管的伏安特性曲线

当正向电压大于死区电压时，正向电流增大，此时二极管正向导通，呈现出低阻态，正向电压稍有增大，电流就会迅速增加。图1-5中曲线显示，二极管正向导通后其管压降很小，通常硅管为0.6～0.7V，锗管为0.2～0.3V，相当于开关闭合。

2）反向特性。当二极管外加反向电压时，只有很小的反向电流流过二极管，称为反向饱和电流。当温度升高时，反向饱和电流将随之增大。在同样的温度下，硅管的反向饱和电流比锗管小，硅管是纳安（nA）级，锗管是微安（μA）级。如果反向电压继续升高，当超过U_{BR}以后，反向电流将急剧增大，这种现象称为二极管的反向击穿，U_{BR}称为反向击穿电压。普通二极管被击穿以后，将不再具有单向导电性。

3）温度对特性的影响。由于半导体的导电特性与温度有关，所以二极管的特性对温度很敏感，当温度升高时，二极管的正向特性曲线左移，反向特性曲线下移。使用二极管时要考虑温度对二极管性能的影响。

（3）二极管的主要参数　二极管的参数定量描述了二极管的性能指标，是选择器件的重要参考依据。二极管的主要参数有以下几个。

1）最大整流电流 I_F：二极管在一定温度下长期工作时，允许通过的最大正向平均电流，由 PN 结的面积、散热条件和半导体材料来决定。在选用二极管时，应注意其通过的实际工作电流不要超过此值，并要满足其散热条件，否则会烧坏二极管。

2）最高反向工作电压 U_{RRM}：二极管工作时，允许外加的最高反向电压。超过此值时，二极管有可能因反向击穿而损坏。一般将最高反向工作电压 U_{RRM} 定为反向击穿电压 U_{BR} 的一半。

3）反向电流 I_R：二极管未被击穿时的反向电流值。I_R 越小，二极管的单向导电性就越好，受温度影响也越小。

4）最高工作频率 f_M：主要由 PN 结的结电容大小决定。这个参数反映了二极管高频性能的好坏，结电容越大，二极管的高频单向导电性越差。f_M 就是二极管保持单向导电性的外加电压最高频率。

（4）二极管的识别与检测　普通二极管的外形如图 1-6 所示，从图中可以看出，右侧灰色的一端为二极管的负极，另一侧为正极。

图 1-6　普通二极管的外形

可以用万用表检测二极管的好坏和极性。

如果使用指针式万用表（multimeter），则将指针式万用表拨到欧姆档（一般用 $R\times100$ 或 $R\times1k$ 档），先将万用表的两支表笔短接调零，然后用两支表笔分别接触二极管的两个电极，测出一个电阻值，再将两支表笔交换后接触二极管的两个电极，测出另一个电阻值。如果两次测量结果差值很大，其中一个电阻值为 10～1000Ω（二极管正向电阻值），另一个电阻值在 500kΩ 以上（二极管反向电阻值），则说明二极管是好的，电阻值小的那一次测量中黑表笔所接一端为二极管的正极，红表笔所接一端为二极管的负极。若两次均为高电阻，则说明二极管内部断路；若两次均为较低电阻，则说明二极管内部短路，这些都说明二极管已损坏。需要注意的是，指针式万用表置于欧姆档时，黑表笔接的是表内电源正极，红表笔接的是表内电源负极。

如果使用数字式万用表，则将数字式万用表拨到二极管档，用两支表笔分别接触二极管的两个电极，若显示值如图 1-7a 所示，则说明二极管处于正向导通状态，其正向导通电压降为 663mV，此时红表笔接的是二极管的正极，黑表笔接的是二极管的负极；若显示溢出符号"1"（或"OL"），如图 1-7b 所示，则说明二极管处于反向截止状态，此时黑表笔接的是二极管的正极，红表笔接的是二极管的负极；若显示为"0"，说明二极管已被击穿；若正反两次测量均显示溢出符号"1"（或"OL"），则说明二极管内部断路。需要注意的是，数字式万用表置于二极管档时，红表笔接的是表内电源正极，黑表笔接的是表内电源负极。

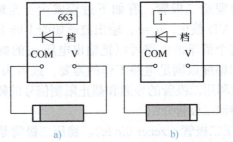

图 1-7　用数字式万用表判别二极管

二极管的检测与识别

二极管的识别与检测过程可扫描二维码观看。

【例 1-1】电路如图 1-8 所示，试分别计算如下两种情况下，输出端 O 的电压 U_o。

(1) 输入端 A 的电位 V_A=3.6V，B 的电位 V_B=3.6V；

(2) 输入端 A 的电位 V_A=0V，B 的电位 V_B=3.6V。

解：(1) 当 V_A=3.6V，V_B=3.6V 时，VD_1、VD_2 均导通，则

$$U_o \approx 3.6V$$

(2) 当 V_A=0V，V_B=3.6V 时，因为 A 端电位比 B 端电位低，所以 VD_1 优先导通，则

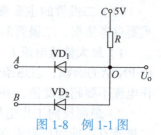

图 1-8 例 1-1 图

$$U_o \approx 0V$$

当 VD_1 导通后，VD_2 因承受反向电压而截止。

当二极管正向导通时，正向电压降很小，可以忽略不计，即强制使其正极电位与负极电位基本相等，称之为二极管的钳位作用。当二极管加反向电压时，二极管截止，相当于断路，正极和负极被隔离，称之为二极管的隔离作用。例 1-1 (1) 中，VD_1、VD_2 均起钳位作用，把输出端 O 的电位钳制在 3.6V；例 1-1 (2) 中，VD_1 起钳位作用，把输出端 O 的电压钳制在 0V，VD_2 起隔离作用，把输入端 B 和输出端 O 隔离开。

【例 1-2】在图 1-9a 所示电路中，假设 VD 为理想二极管，交流输入电压 u_i=10sinωt V，试画出输出电压的波形。

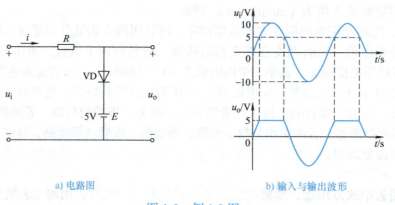

a) 电路图　　　　　　　　b) 输入与输出波形

图 1-9 例 1-2 图

解：在图 1-9a 所示的电路中，交流输入电压 u_i 和直流电压 E 都对二极管 VD 起作用。假设 VD 为理想二极管，有如下过程发生：当输入电压 u_i>5V 时，VD 导通，u_o=5V；当 $u_i \leq$ 5V 时，VD 截止，u_o=u_i，输出波形如图 1-9b 所示。

利用这个简单的电路可以把输出电压 u_o 的幅度限制在 5V 以下。在电子电路中，为了降低信号的幅度以满足电路工作的需要，或者为了保护某些器件不受大的信号电压作用而损坏，往往利用二极管的导通和截止限制信号的幅度，这就是所谓的限幅。

(5) 特殊二极管介绍

1) 稳压二极管 (zener diode)。稳压二极管是一种特殊的硅二极管，简称为稳压管，它在电路中与适当阻值的电阻配合后能起稳定电压的作用，其电路符号如图 1-10a 所示。稳压管的伏安特性曲线与普通二极管类似，如图 1-10b 所示，其差异是稳压管的反向特性曲线比较陡。稳压管正常工作于反向击穿区，从反向特性曲线上可以看出，即使反向电流的变化

量 ΔI_Z 较大，但稳压管两端相应的电压变化量 ΔU_Z 却很小，这就说明稳压管具有稳定电压的特性。实际应用时，稳压管要与适当大小的电阻配合使用。

稳压管在使用时要考虑以下主要参数。

①稳定电压 U_Z。U_Z 指稳压管通过额定电流时两端产生的稳定电压值。该值随工作电流和温度的不同而略有改变。由于制造工艺的差别，同一型号稳压管的稳定电压值也不完全一致。例如，2CW51 型稳压管的 U_{Zmin} 为 3.0V，U_{Zmax} 则为 3.6V。

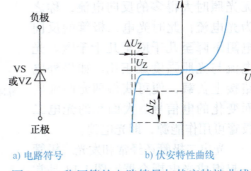

图 1-10 稳压管的电路符号与伏安特性曲线

②稳定电流 I_Z。I_Z 指稳压管产生稳定电压时通过该管的电流值。低于此值时，稳压管的稳压效果会变差；高于此值时，只要不超过额定功率损耗，也是允许的，而且稳压性能会好一些，但要多消耗电能。

③最大耗散功率 P_{ZM}。P_{ZM} 是指稳压管的 PN 结不至于由于结温过高而损坏的最大功率。P_{ZM} 等于稳压管的稳定电压 U_Z 与最大稳定电流 I_{Zmax} 的乘积。

2）发光二极管（light-emitting diode，LED）。发光二极管是一种直接将电能转换为光能的器件。通常制成发光二极管的半导体中掺杂浓度很高，当发光二极管施加正向电压时，多数载流子的扩散运动加强，大量的电子和空穴在空间电荷区复合时释放出的能量大部分转换为光能，从而使发光二极管发光。

发光二极管常采用砷化镓、磷化镓等半导体材料制成，它的发光颜色主要取决于所用的半导体材料，可以发出红色、黄色和绿色等可见光，也可以发出看不见的红外光。发光二极管可以制成各种形状，如长方形和圆形。图 1-11 所示为发光二极管的电路符号。

图 1-11 发光二极管的电路符号

在使用发光二极管时，注意必须正向偏置。普通发光二极管有红、绿、黄等多种发光颜色供选择，工作电压为 1.55～2.15V；一般工作电流很小，为 1～10mA，亮度不是很高，不能用于照明。手电筒中用的发光二极管的工作电压较高，通常为 3.35～3.65V，工作电流也相对较大，为 30～50mA，亮度较高。

发光二极管的测试就是通电测试其能否发光，若不能发光就是极性接错或是发光二极管损坏。使用指针式万用表测试发光二极管时，注意要用 $R\times 10k$ 档才能把发光二极管点亮。使用数字式万用表测试发光二极管时，用 LED 档位才能把发光二极管点亮。

3）光电二极管（photo diode）。光电二极管是一种将光信号转换为电信号的特殊二极管，其电路符号如图 1-12 所示。其基本结构也是一个 PN 结，它的管壳上有一个能射入光线的窗口，窗口上镶着玻璃透镜，光线可通过透镜照射到管芯。为了增加受光面积，PN 结的面积做得比较大。

图 1-12 光电二极管的电路符号

光电二极管在电路中一般处于反向偏置状态。当无光照时，其与普通二极管一样，反向电流很小，称之为暗电流，此时光电二极管的反向电阻高达几十兆欧。当有光照时，产生电子-空穴对，统称为光生载流子。在反向电压作用下，光生载流子参与导电，形成比无光照时大得多的反向电流,称之为光电流,此时光电二极管的反向电阻下降至几千欧至几十千欧。光电流与光照强度成正比。如果外电路接上负载,便可获得随光照强弱而变化的电信号。大面积的光电二极管可用作能源,即光电池。

光电二极管还经常和发光二极管一起组成光电耦合器。图1-13是常见的远距离光电传输系统的原理示意图。如手机等远距离通信都是采用类似的方式实现的。

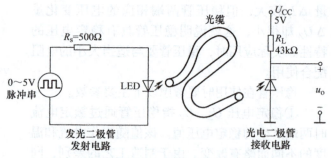

图1-13 远距离光电传输系统的原理示意图

如果将发光二极管和光电二极管组装在同一密闭的壳体内,彼此间用透明绝缘体隔离,则可以构成光电耦合器,如图1-14a所示。光电耦合器是以光为媒介传输电信号的一种电→光→电转换器件。发光器件的引脚为输入端,受光器件的引脚为输出端。实际应用中还常用发光二极管和光电晶体管构成光电耦合器,如图1-14b所示。

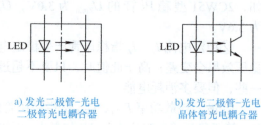

a) 发光二极管-光电二极管光电耦合器

b) 发光二极管-光电晶体管光电耦合器

图1-14 光电耦合器

考一考

一、填空题

(1)二极管工作在正常状态时,当给其外加正向电压超过死区电压时,正向电流会_____,这时二极管处于_____状态;若外加反向电压,则反向电流会_____,这时二极管处于_____状态,这说明二极管具有_____作用。

(2)二极管导通后,硅管的管压降约为_____,锗管约为_____。

(3)当加到二极管上的反向电压增大到一定数值时,反向电流会突然增大,此现象称为_____现象。

(4)发光二极管把_____能转变为_____能,正常工作于_____状态;光电二极管把_____能转变为_____能,正常工作于_____状态。

二、判断题

(1)当温度升高时,二极管的反向饱和电流将减小。( )

(2)稳压二极管的正常工作区是截止区。( )

(3)光电二极管的正常工作区是截止区。( )

(4)红色发光二极管正常发光时所需正向导通电压比绿色发光二极管低。( )

(5)光电耦合器是以光为媒介传输电信号的一种电→光→电转换器件。( )

练一练

请用数字式万用表对二极管进行极性与性能判断,并完成表1-1。

项目 1 为电子系统制作一个直流稳压电源

表 1-1 二极管极性与性能判断

序号	型号标注	万用表档位	正向导通电压	反向电压显示	好坏与极性描述
1					
2					

▶▶▶ **想一想**

你在利用搜索引擎查阅二极管参数的时候,有没有发现几乎所有厂家的二极管资料都是英文的,为什么?你是否能看懂?

3. 整流电路(rectifier circuit)

整流,即把交流电压转换成脉动直流电压的过程。二极管具有单向导电性,利用这一特点可以构成整流电路。常用的整流电路有半波整流电路和桥式全波整流电路。

(1)单相半波整流电路 图 1-15a 所示为一个最简单的单相半波整流电路,图中 T 为电源变压器,VD 为整流二极管,R_L 为负载。

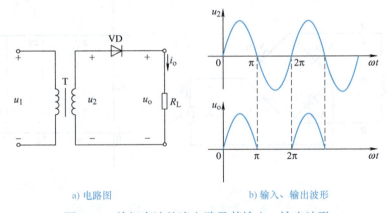

a) 电路图　　　　　　　　b) 输入、输出波形

图 1-15 单相半波整流电路及其输入、输出波形

变压器 T 把 220 V 市电电压 u_1 降为二次电压 u_2,在 u_2 的正半周内,二极管 VD 导通,若忽略二极管的正向电压降,则此时输出电压 $u_o = u_2$;在 u_2 的负半周内,二极管 VD 截止,若忽略二极管的反向饱和电流,则输出电压 $u_o = 0$。因此,u_o 是单向的脉动电压,波形如图 1-15b 所示。

在单相半波整流电路中,负载上的脉动电压在一个周期内的平均值为

$$U_o = \frac{1}{2\pi}\int_0^{2\pi} u_2 \mathrm{d}(\omega t) = \frac{1}{2\pi}\int_0^{\pi} \sqrt{2} U_2 \sin\omega t \mathrm{d}(\omega t)$$

即

$$U_o = \frac{2\sqrt{2}}{2\pi} U_2 \approx 0.45 U_2 \tag{1-1}$$

负载电流平均值为

$$I_o = \frac{U_o}{R_L} \approx 0.45 \frac{U_2}{R_L} \tag{1-2}$$

【例1-3】图1-16所示为一个电热毯电路,试分析其工作原理。

解:当电路中开关置于"1"位置时,220V 市电经二极管半波整流后接到电热毯,电热毯两端所加电压平均值为

$$U_o \approx 0.45U_2 = 0.45 \times 220V = 99V$$

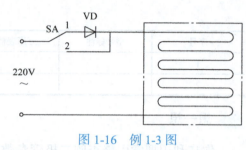

图1-16 例1-3图

此时,电热毯处于保温或低温状态。

当电路中开关置于"2"位置时,220V 市电直接加在电热毯上,电热毯处于高温状态。

(2)单相桥式全波整流电路　单相半波整流电路只利用了交流电的半个周期,显然是不经济的,且整流电压的脉动较大,为了克服这些不足,可采用全波整流电路。最常用的全波整流电路是图1-17a 所示的单相桥式全波整流电路,电路中采用4个二极管接成电桥形式,其工作过程如下。

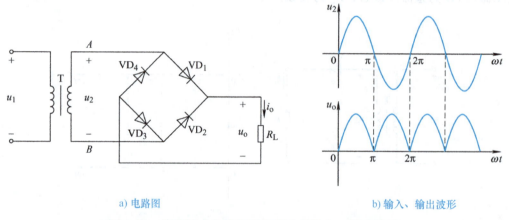

a) 电路图　　　　　　　　　　b) 输入、输出波形

图1-17　单相桥式全波整流电路及其输入、输出波形

在 u_2 的正半周, u_2 的实际方向为 A 点为正, B 点为负;二极管 VD_1、VD_3 导通, VD_2、VD_4 截止;于是电流从 A 点出发,流经二极管 VD_1、负载电阻 R_L、二极管 VD_3,之后回到 B 点,负载电流的实际方向与参考方向相同, $u_o>0$。在 u_2 的负半周, u_2 的实际方向为 B 点为正, A 点为负;二极管 VD_2、VD_4 导通, VD_1、VD_3 截止;于是电流从 B 点出发,流经二极管 VD_2、负载电阻 R_L、二极管 VD_4,之后回到 A 点, i_o 的方向不变, u_o 仍大于零。忽略二极管的正向电压降和反向饱和电流,输出电压 u_o 的波形如图1-17b 所示。

与单相半波整流电路相比,单相桥式全波整流电路中负载电压和电流的平均值是半波整流时的2倍,即

$$U_o \approx 0.9U_2 \qquad (1-3)$$

$$I_o \approx 0.9 \frac{U_2}{R_L} \qquad (1-4)$$

图1-18 所示为单相桥式全波整流电路的另外两种常用画法。

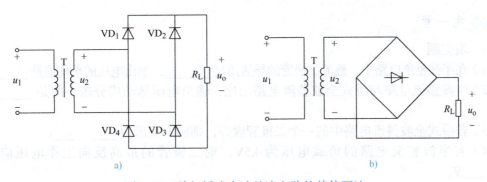

图 1-18 单相桥式全波整流电路的其他画法

相比于半波整流电路，桥式全波整流电路应用更为广泛。于是，许多生产厂家把桥式全波整流电路中的 4 个同一型号的二极管集成在一起，封装成一个整流组合器件，称为整流全桥。图 1-19 所示为常用整流全桥的外形。

图 1-19 常用整流全桥的外形

整流全桥的电路符号常有图 1-20 所示的三种画法。

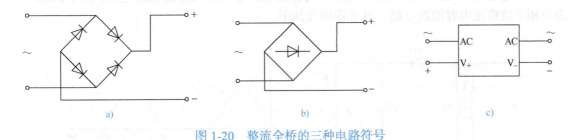

图 1-20 整流全桥的三种电路符号

【例 1-4】 已知负载电阻 $R_L=10\Omega$，负载电压 $U_L=12V$。今采用单相桥式整流电路，试求负载电流和电源变压器二次电压的有效值。

解：（1）负载电流为

$$I_L = \frac{U_L}{R_L} = \frac{12}{10}A = 1.2A$$

（2）变压器二次电压的有效值为

$$U_2 = \frac{U_L}{0.9} = \frac{12}{0.9}V \approx 13.3V$$

考一考

一、填空题

（1）在半波整流电路中，整流二极管的导通角是 _____，输出电压的平均值是 _____。

（2）半波整流电路与桥式全波整流电路相比，输出电压脉动成分较小的是 _____ 电路。

（3）若桥式全波整流电路中的一个二极管虚焊，则输出波形为 _____。

（4）若半波整流电路的负载电压为4.5V，则二极管的最高反向工作电压应大于 _____V。

二、判断题

（1）整流的主要目的是将交流变为直流。（　　）

（2）在变压器二次电压和负载电阻相同的情况下，桥式全波整流电路的输出电流是半波整流电路输出电流的2倍。（　　）

（3）在整流电路中，整流二极管只有在截止时才可能发生击穿现象。（　　）

（4）某二极管的击穿电压为300V，当直接对220V的正弦交流电进行半波整流时，该二极管不会击穿。（　　）

4. 滤波电路（filter circuit）

整流电路的输出电压都含有较大的脉动成分，为了获得电子电路所需的直流电压，还需要对其进行处理，即去除输出电压中的脉动成分，保留其中的直流成分。那么什么样的电路能实现这样的功能呢？这就是滤波电路。

只允许一定频率范围内的信号成分正常通过，而阻止其他频率成分通过的电路，称为滤波电路。下面介绍几种直流稳压电源中的滤波电路。

（1）电容滤波电路　直流稳压电源中的滤波电路必须接在整流电路之后。图1-21a所示为单相半波整流电容滤波电路，其工作原理如下。

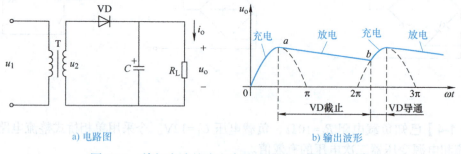

a）电路图　　　　　　b）输出波形

图1-21　单相半波整流电容滤波电路及其输出波形

当u_2的正半周开始时，若$u_2 > u_C$（电容器C两端电压），整流二极管VD因正向偏置而导通，电容器C被充电，由于充电回路电阻很小，因而充电很快，u_C和u_2同步变化。当$\omega t = \pi/2$时，u_2达到峰值，电容器C两端的电压也近似达到$\sqrt{2}U_2$。

当u_2由峰值开始下降，使得$u_2 < u_C$时，二极管截止，电容器C向R_L放电，由于放电时间常数很大，故放电速度很慢。当u_2进入负半周后，二极管仍处于截止状态，电容器C继续放电，输出电压也逐渐下降。

当 u_2 的第二个周期的正半周到来时，电容器 C 仍在放电，直到 $u_2 > u_C$ 时，二极管又因正偏而导通，电容器 C 再次充电，如此不断重复第一周期的过程。其波形如图 1-21b 所示。显然，电容量越大，放电速度越慢，滤波效果越好，输出波形越平滑。

桥式整流电容滤波电路与半波整流电容滤波电路的工作原理相同，不同点是在一个周期内，电路中总有二极管导通，所以在一个周期内 u_2 对电容器 C 充电两次，电容器向负载放电的时间缩短，输出电压更加平滑，平均电压值也相对升高。这里不再赘述。桥式整流电容滤波电路及其输出波形如图 1-22 所示。

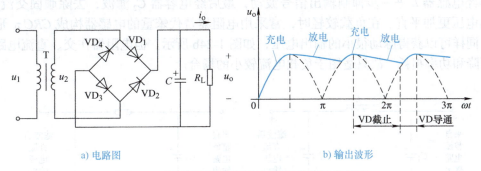

a) 电路图　　　　　　　　　　　　　　b) 输出波形

图 1-22　桥式整流电容滤波电路及其输出波形

由以上分析可知，采用电容滤波后，负载电压中的脉动成分降低了许多。同时，负载电压的平均值有所提高。电容滤波适用于负载电流较小而且负载变动不大的场合。直流稳压电源电路中普遍采用桥式整流电容滤波电路，在工程上可按式（1-5）和式（1-6）对其输出电压值进行估算。

$$U_o \approx (1 \sim 1.1)U_2 \quad （半波） \tag{1-5}$$

$$U_o \approx 1.2U_2 \quad （桥式） \tag{1-6}$$

桥式整流滤波电路的输出电压和波形可以扫描二维码观看。

（2）电感滤波电路　利用储能元件电感器电流不能突变的性质，把电感器 L 与整流电路的负载 R_L 相串联，也可以起到滤波的作用。桥式整流电感滤波电路如图 1-23a 所示，输出波形如图 1-23b 所示。整流滤波输出的电压可以看成由直流分量和交流分量叠加而成。因电感线圈的直流电阻很小，交流电抗很大，故直流分量顺利通过，交流分量全部降到电感线圈上，这样在负载 R_L 上可以得到比较平滑的直流电压。

整流滤波电路的实现（实践）

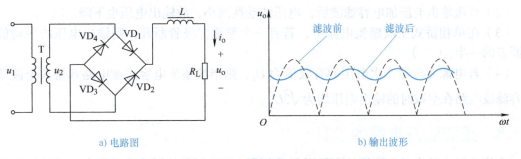

a) 电路图　　　　　　　　　　　　　　b) 输出波形

图 1-23　桥式整流电感滤波电路及其输出波形

电感滤波电路的输出电压平均值为

$$U_o \approx 0.9 U_2 \tag{1-7}$$

电感线圈的电感量越大，负载电阻越小，滤波效果越好，因此电感滤波器适用于负载电流较大的场合。其缺点是电感量大、体积大、成本较高。

（3）复式滤波电路　为了进一步减少脉动，提高滤波效果，常采用π形滤波电路，如图1-24所示。在图1-24a中，整流后的脉动直流电压经电容器C_1滤波后形成初步直流信号，再经电感器L进一步抑制输出信号波动，最后经电容器C_2滤波，去除顽固交流成分，使输出电压更加平直。在负载较轻时，常采用电阻器替代笨重的电感器构成CRCπ形滤波电路，同样可以获得脉动很小的输出电压，如图1-24b所示。但电阻器在交、直流电路中均有电压降和功率损耗，故只适用于负载电流较小的场合。

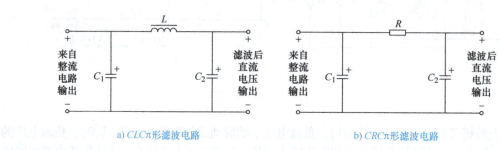

a) CLCπ形滤波电路　　　　b) CRCπ形滤波电路

图1-24　π形滤波电路

考一考

一、填空题

（1）直流稳压电源中滤波电路的目的是_____。

（2）单相桥式全波整流电容滤波后，负载上的平均电压为_____，单相半波整流电感滤波后，负载上的平均电压为_____。

（3）在整流电路与负载之间接入滤波电路，可以把脉动直流电中的_____成分滤除掉，当负载电流较小时，采用_____滤波方式效果最好，当负载电流较大时，则改用_____滤波方式效果最好。

二、判断题

（1）滤波电容器没有正负极之分。（　　）

（2）整流输出电压加电容滤波后，电压波动性减小，故输出电压也下降。（　　）

（3）在单相桥式全波整流电路中，若有一个整流二极管断开，则输出电压的平均值变为原来的一半。（　　）

（4）若电源变压器二次电压的有效值为U_2，则半波整流电容滤波电路和桥式全波整流电容滤波电路在空载时的输出电压均为$\sqrt{2}U_2$。（　　）

1.1.3　整流滤波电路的设计

直流稳压电源中的整流滤波电路通常采用图1-22a所示的桥式整流带电容滤波的电路。

在本任务中,要求输出直流电压为18V,输出直流电流为800mA。为达到这一任务要求,整流变压器、整流二极管(或整流全桥)、滤波电容器的选择如下。

1. 整流变压器的选择

由式(1-6)可得整流变压器二次电压的有效值应满足:

$$U_2 \geqslant \frac{U_o}{1.2} = \frac{18}{1.2}\text{V} = 15\text{V}$$

整流变压器二次侧输出电流的有效值应满足:

$$I_2 \geqslant 0.8\text{A}$$

取 $I_2=1\text{A}$,故整流变压器二次侧输出功率应满足:

$$P_2 = U_2 I_2 \geqslant 15 \times 1\text{W} = 15\text{W}$$

考虑到变压器的效率,选用一个额定容量为20V·A、二次电压有效值为18V、电流有效值为1A的单绕组变压器即可满足要求。

2. 整流二极管(或整流全桥)的选择

实际应用中,要根据二极管的两个主要参数 I_F 和 U_{RRM} 合理选择整流二极管,应注意其通过的实际工作电流和实际承受的反向工作电压峰值不要超过 I_F 和 U_{RRM}。在桥式整流电路中,4个二极管两两轮流导通,故其电流平均值为负载电流平均值的一半,即

$$I_F > I_{VD} = \frac{1}{2}I_o \tag{1-8}$$

二极管承受的最大反向电压就是变压器二次电压 u_2 最大值,即

$$U_{RRM} > U_{DM} = \sqrt{2}U_2 \tag{1-9}$$

由式(1-8)和式(1-9)可知,每个二极管流过的平均电流和承受的反向工作电压峰值分别为

$$I_{VD} = \frac{1}{2}I_o = \frac{1}{2} \times 0.8\text{A} = 0.4\text{A}$$

$$U_{DM} = \sqrt{2}U_2 = \sqrt{2} \times 18\text{V} = 25.4\text{V}$$

实际应用中选择 $I_F > 0.4\text{A}$ 和 $U_{DM} > 25.4\text{V}$ 的4个同型号二极管。考虑到安全系数,通常取 $U_{RRM} \geqslant 2U_{DM}$。查阅本书附录A中常用整流二极管的主要参数可知,整流二极管 $VD_1 \sim VD_4$ 选择1N4002即能满足要求。

在互联网普遍应用的今天,大家还要学会在网络上查阅相关电子元器件的技术文档。那么如何查阅二极管的技术文档呢?比如想选用1N4000系列的整流二极管,可以在搜索引擎(如www.21icsearch.com)中输入1N4001,然后在搜索结果中选择任意一个厂商的产品,看到标记为PDF的即为其技术文档。

另外，还可以选用整流全桥代替 4 个整流二极管 $VD_1 \sim VD_4$，每种型号的整流全桥都规定了最大整流电流 I_F 和最高反向工作电压 U_{RRM} 两个主要参数。在选用时，要保证整流全桥的 I_F 大于电路的最大持续电流，U_{RRM} 大于电路的额定电压。如果选用 KBP200 系列的整流全桥（KBP200 ～ KBP210），在搜索引擎（如 www.21icsearch.com）中输入 KBP200，可查阅其技术文档，选择 KBP201 即能满足要求，其极限参数为 I_F=2.0A，U_{RRM}=100V。

3. 电容器的选择

通常根据负载电阻和输出电流的大小选择最佳电容量，即

$$R_L C \geq (3\sim5)T \quad \text{（半波）} \tag{1-10}$$

$$R_L C \geq (3\sim5)\frac{T}{2} \quad \text{（桥式）} \tag{1-11}$$

式中，T 为交流电源电压的周期。

当然，这只是一般的选用原则，在实际的应用中，如果条件（空间和成本）允许，通常选取 $C \geq (3\sim5)T/R_L$。

表 1-2 中还列出了实际应用中滤波电容器容量和输出电流的关系，可供参考。电容耐压通常选择（1.5 ～ 2）U_2。

表 1-2 滤波电容器容量和输出电流的关系

输出电流	2A 左右	1A 左右	0.5 ～ 1A	0.1 ～ 0.5A	100 ～ 50mA	50mA 以下
滤波电容 /μF	4000	2000	1000	500	200 ～ 500	200

本任务按表 1-2 选择电容量为 1000μF、耐压值为 35V 的电解电容器。

1.1.4 整流滤波电路的安装与测试

现在我们来完成 1.1.1 节提出的工作任务：安装一个 12V 直流稳压电源所需的整流滤波电路，并对其进行测试，从而进一步熟悉二极管的识别和检测方法；掌握整流电路及滤波电路的特性；熟悉常用电子仪器及设备的使用。所需设备及元器件清单见表 1-3。

表 1-3 整流滤波电路设备及元器件清单

序号	名称	规格、型号	数量
1	单相变压器（或可调变压器）	20V·A/18V	1
2	二极管	1N4007	4
3	电解电容器	1000μF/35V	1
4	电解电容器	2200μF/35V	1
5	电阻器	200Ω	1
6	面包板	188mm×46mm×8.5mm	1
7	面包板插接线	0.5mm 单芯单股导线	若干
8	数字式万用表	—	1
9	双踪示波器	—	1

直流稳压电源所需直流滤波电路如图 1-25 所示。按照整流滤波电路原理，带电容滤波时直流输出电压 $U_o=1.2U_2$，不带电容滤波时直流输出电压 $U_o=0.9U_2$。

按图 1-25 所示连接实验电路，取可调变压器二次电压 u_2 为 18V。电路的测试步骤如下：

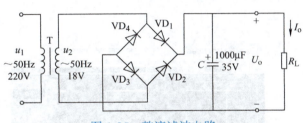

图 1-25　整流滤波电路

1）取 $R_L=200\Omega$，不加滤波电容器，测量直流输出电压平均值 U_o 及纹波电压有效值（指在额定负载条件下，输出电压中所含交流分量的有效值）$\tilde{U}_o$，并用示波器观察 u_2 和 u_o 波形，将结果记入表 1-4。

2）取 $R_L=200\Omega$，$C=1000\mu F$，重复步骤 1），将结果记入表 1-4。

3）取 $R_L=200\Omega$，$C=2200\mu F$，重复步骤 1），将结果记入表 1-4。

表 1-4　整流滤波电路测试

电路形式		U_o/V	$\tilde{U}_o$/V	u_o 波形
$R_L=200\Omega$				
$R_L=200\Omega$ $C=1000\mu F$				
$R_L=200\Omega$ $C=2200\mu F$				

分析表 1-4 中的测试结果，说明三种不同情况下直流输出电压平均值 U_o、纹波电压有效值 $\tilde{U}_o$ 及 u_o 的波形有什么不同。

1.1.5　延伸阅读：示波器的使用

示波器（oscilloscope）是电子测量中必备的仪表，其基本功能是将电信号转换为可以观察的视觉图形，以便人们观测。示波器可分为两大类：模拟示波器和数字示波器。本节主要介绍双踪数字示波器的基本使用方法。大家可以扫描二维码了解示波器的使用方法。

示波器的使用

不同厂家生产的数字示波器前面板控制部件位置有所不同，但都包含图 1-26 所示的几个部分。

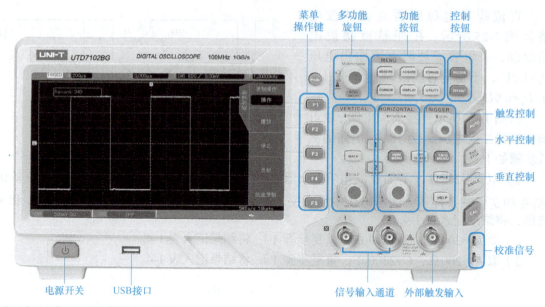

图 1-26 双踪数字示波器面板控制部件图

1. 信号输入通道

双踪示波器包含两个信号输入通道,可通过示波器探头将外部信号采集到示波器中,示波器探头结构及连接方法如图 1-27 所示。

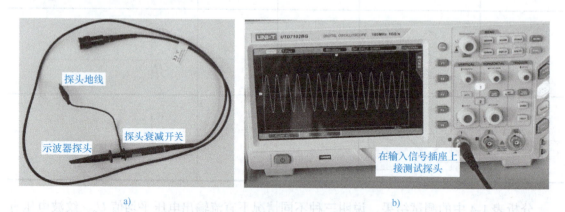

图 1-27 示波器探头结构及连接方法

2. 自动设置功能

如图 1-26 所示,在其控制按钮区域有一个"AUTO"按钮,按下此按钮,可根据输入的信号自动调整电压倍率、时基以及触发方式使示波器达到最佳形态显示。

3. 手动设置功能

示波器还可通过手动调整使波形显示达到最佳。手动设置包括如下几个方面。
(1)垂直控制 垂直控制区域(VERTICAL)的按键、旋钮如图 1-28 所示。具体操作方法如下。

1）Y轴位移旋钮（POSITION）。Y轴位移旋钮可移动当前通道波形的垂直位置，旋转此旋钮时，屏幕下方的垂直位移值相应变化。

2）电压档位调节旋钮（SCALE）。电压档位调节旋钮可以改变"VOLTS/DIV（伏/格）"垂直档位，从而改变波形Y轴的显示比例。

3）选择按键1、2、MATH。按下按键1、2、MATH中的一个，屏幕将显示对应通道的操作菜单、标志、波形和档位状态信息。例如，按下1可取得CH1信号的控制权，随后，位移旋钮和电压档开关只对CH1信号有效而对CH2信号无效。屏幕菜单和档位状态信息如图1-29所示，按菜单操作键可以调节菜单选项。若要在屏幕上关闭CH1信号，则应先按一下1键，再按OFF键。按下MATH键则打开数学运算功能菜单，可进行加（减、乘、除）运算、逻辑运算、高级运算。

图1-28 垂直控制区域部件图

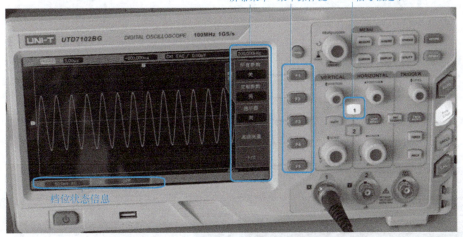

图1-29 数字示波器屏幕菜单和档位状态信息图

（2）水平控制 水平控制区域（HORIZONTAL）的按键、旋钮如图1-30所示。具体操作方法如下。

1）水平移位旋钮（POSITION）。水平移位旋钮可移动当前通道波形的水平位置，旋转此旋钮时，屏幕上方的水平位移值相应变化。

2）水平时基旋钮（SCALE）。水平时基旋钮用于调节当前通道的时基档位，调节时可以看到屏幕上的波形水平方向上被压缩或扩展，同时屏幕下方的时基档位标识相应变化。

3）水平菜单按键（HORI MENU）。按下水平菜单按键，显示视窗扩展。

（3）触发控制 触发控制区域（TRIGGER）的旋钮、按键如图1-31所示。下面介绍触发系统的设置。

1）调整电平旋钮（LEVEL）。调整电平旋钮使触发电平线进入被测信号电压范围内，可使波形稳定。

2）触发菜单按键（TRIG MENU）。按下触发菜单按键可以在示波器屏幕上显示触发菜单，如图 1-32 所示。按下菜单操作键可以进行触发方式、信源、边沿类型、耦合方式等选择。

3）按下 FORCE 按键，将强制产生一触发信号，主要应用于触发方式中的"普通"和"单次"模式。

4）SET TO ZERO 按键。按下该按键，将触发电平、触发位置和通道位置同时居中。

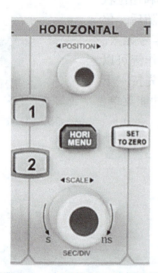

图 1-30　水平控制区域部件图

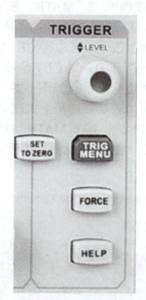

图 1-31　触发控制区域部件图

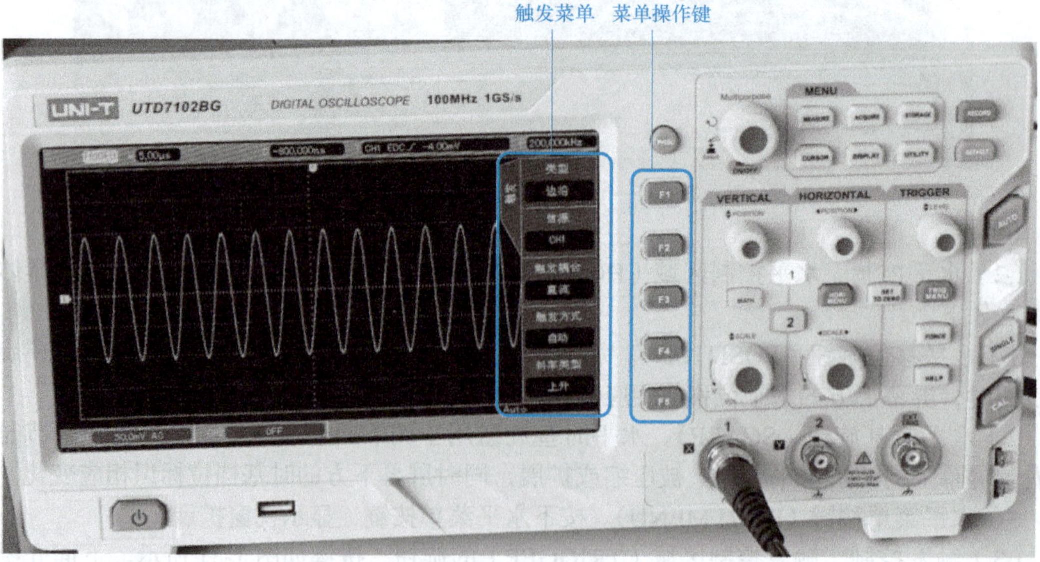

图 1-32　触发菜单

以上介绍的是数字示波器最基本的使用方法,有关其他的高级操作方法(辅助测量和自动测量等)可以在此基础上查阅其使用手册。

任务 1.2　12V 直流稳压电源电路的制作

1.2.1　任务布置

交流电经过整流滤波可以变成直流电,但是它的电压是不稳定的,电网电压的变化或用电电流的变化,都能引起电源电压的波动。要获得稳定不变的直流电源,还必须再增加稳压电路。在本任务中,我们要在整流滤波电路的基础上选择合适的稳压器件,完成项目要求的 12V 直流稳压电源的安装与测试。

直流稳压电源的整体安装与调试

为此,我们需要完成对硅稳压管并联稳压电路、三端集成稳压器以及稳压电路的性能指标等相关知识的信息收集,完成直流稳压电源的电路设计,并进行电路的整体安装和测试,在完成任务的过程中掌握相关知识和技能。

对任务 1.2 中的重要知识点的理解,可以通过扫描二维码学习。其他知识点和技能点的理解可查阅 1.2.2 节的内容。

1.2.2　信息收集:硅稳压管并联稳压电路、三端集成稳压器及其应用

1. 硅稳压管并联稳压电路

图 1-33 所示为由硅稳压管组成的稳压电路,其中 R 起限流与调压作用,负载电阻 R_L 与硅稳压管 VS 并联,所以又称为并联稳压电路。U_i 为整流滤波电路的输出电压,即稳压电路的输入电压。

首先,分析稳压电路的输入电压 U_i 保持不变、负载电阻器 R_L 改变时电路的稳压过程。设负载 R_L 增大时,输出电压 U_o 将升高,硅稳压管两端的电压 U_{VS} 上升,电流 I_{VS} 迅速增大,流过 R 的电流 I_R 也增大,导致 R 上的电压降 U_R 上升,从而使输出电压 U_o 下降。此过程可简单表述如下:

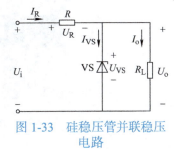

图 1-33　硅稳压管并联稳压电路

$$R_L\uparrow \rightarrow U_o\uparrow \rightarrow U_{VS}\uparrow \rightarrow I_{VS}\uparrow \rightarrow I_R\uparrow$$
$$\downarrow$$
$$U_o\downarrow \leftarrow U_R\uparrow$$

如果负载 R_L 减小,其工作过程与上述过程相反,输出电压 U_o 仍基本保持不变。

现在分析当负载电阻 R_L 保持不变,电网电压导致 U_i 波动时的稳压过程。当电源电压减小,即 U_i 下降时,输出电压 U_o 也将随之下降,但此时硅稳压管的电流 I_{VS} 急剧减小,则在电阻器 R 上的电压降减小,以此来补偿 U_i 的下降,使输出电压基本保持不变。此过程简单表述如下:

$$U_i \downarrow \to U_o \downarrow \to I_{VS} \downarrow \to I_R \downarrow$$

$$U_o \uparrow \leftarrow U_R \downarrow$$

如果输入电压 U_i 升高，R 上电压降增大，其工作过程与上述过程相反，输出电压 U_o 仍基本保持不变。

由以上分析可知，硅稳压管稳压原理是利用稳压管两端电压 U_{VS} 的微小变化引起电流 I_{VS} 的较大变化，通过电阻器 R 起电压调整作用，保证输出电压基本恒定，从而达到稳压的作用。

图 1-33 所示电路简单可靠，但是稳定电压不能调整，负载电流太小，一般多用作电路前级的稳压和其他电源的参考电压。

2. 集成稳压电路

集成稳压器（集成稳压电路）是模拟集成电路中的重要部件，具有稳定性高、体积小、成本低、使用方便等优点，已得到越来越广泛的应用。集成稳压器的种类很多，常见的有三端固定式、三端可调式等。

（1）三端固定集成稳压器 三端固定集成稳压器的输出电压固定不变，不可调节。通用产品有 78×× 正电压系列和 79×× 负电压系列。TO-220 封装的三端固定集成稳压器的外形和引脚排列如图 1-34 所示。由于它只有输入、输出和公共地三个端子，故称为三端稳压器。

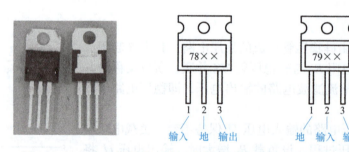

图 1-34 TO-220 封装的三端固定集成稳压器外形及引脚排列

78×× 系列三端固定集成稳压器有 7805、7806、7808、7809、7810、7812、7815、7818、7820 和 7824 共 10 个型号的产品，每个型号后两位数字表示该型号的稳压值。79×× 系列三端固定集成稳压器有 7905、7906、7908、7909、7910、7912、7915、7919、7920 和 7924 共 10 个型号的产品。

将三端固定集成稳压器与适当的外接元器件配合可组成许多应用电路。图 1-35a 为 78×× 系列集成稳压器的应用电路原理图，该电路输出为正电压；图 1-35b 为 79×× 系列集成稳压器的应用电路原理图，该电路输出为负电压。其中，U_i 为整流滤波电路的输出电压。为了保证稳压器正常工作，一般要求其输入电压 U_i 高于其输出电压 U_o 3V 以上，但不应超过 35V。因为在电流一定的情况下，输入三端集成稳压器的电压越高，其发热量就越大。查阅 78×× 系列和 79×× 系列三端固定集成稳压器技术文档可知，在不加装散热片的情况下，其最大输出电流为 1A。

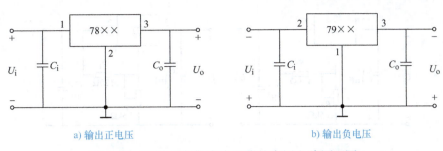

图 1-35 三端固定集成稳压器的应用电路原理图

在图 1-35 中，C_i 为输入滤波电容器，可以减小输入电压的纹波，也可以抵消输入端产生的电感效应，以防止自激振荡。输出端电容器 C_o 用以改善负载的瞬态响应和消除电路的高频噪声。

由三端固定集成稳压器构成的直流稳压电源电路测试过程可以通过扫描二维码观看。

稳压电路的实现

将两个 78×× 和 79×× 稳压器配合使用，可同时输出正、负两组电压。图 1-36 所示为由 7812 和 7912 构成的 ±12V 直流稳压电源电路。

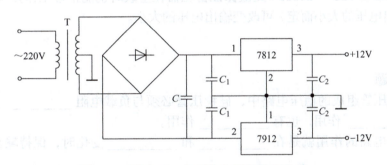

图 1-36 输出正、负对称电压的稳压电路

（2）三端可调集成稳压器 三端可调集成稳压器是在三端固定集成稳压器基础上发展起来的产品，它除了具备三端固定集成稳压器的优点外，还可用少量的外接元器件实现大范围的输出电压连续调节（调节范围为 1.2～37V），应用更为灵活。

三端可调集成稳压器典型产品有输出可调正电压的 317 系列和输出可调负电压的 337 系列，其最大输出电流为 1.5A。

图 1-37 所示为三端可调集成稳压器的外形及引脚排列。同一系列稳压器的内部电路和工作原理基本相同，只是工作温度不同。

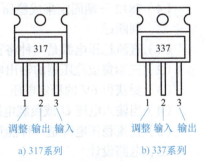

图 1-37 三端可调集成稳压器外形及引脚排列

三端可调集成稳压器的典型应用电路如图 1-38 所示，U_i 为整流滤波电路的输出电压。图 1-38a 输出正电压，图 1-38b 输出负电压。其中，R_1 和 R_P 组成输出电压的调节电路，调节 R_P 即可调节输出电压的大小。

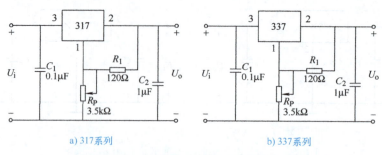

a) 317系列　　　　　　　　　b) 337系列

图 1-38　三端可调集成稳压器典型应用电路

电路正常工作时，三端可调集成稳压器输出端与调整端之间的电压为基准电压 U_{REF}，其典型值为 $U_{REF}=1.25V$。流过调整端的输出电流非常小（50μA）且恒定，故可将其忽略，则输出电压可表示为

$$U_o = (1+\frac{R_P}{R_1}) \times 1.25V \qquad (1-12)$$

其中，R_1 一般取值 120～240Ω（此值保证稳压器在空载时也能正常工作），调节 R_P（R_P 取值视 R_L 和输出电压的大小而定）可改变输出电压的大小。

考一考

一、填空题

（1）硅稳压管组成的稳压电路中，硅稳压管必须与负载电阻 _____，其中限流电阻不仅有 _____ 作用，也有 _____ 作用。

（2）稳压电路的作用就是在 _____ 和 _____ 变化时，保持输出电压基本不变。

（3）TO-220 封装的集成稳压器 7915 的三个引脚功能：1 脚为 _____，2 脚为 _____，3 脚为 _____。

（4）7812 三端固定集成稳压器的最大输出电流为 _____。

二、判断题

（1）直流稳压电源是一种将正弦信号转换为直流信号的波形变换电路。（　）

（2）三端集成稳压器的输出电压是不可调的。（　）

（3）要获得 6V 的稳定电压，集成稳压器的型号应选用 7906。（　）

（4）当输入电压 U_i 或负载电阻 R_L 变化时，稳压电路的输出电压 U_o 是绝对不变的。（　）

（5）直流稳压电源是一种能量转变电路，它将交流能量转变为直流能量。（　）

三、电路设计

请参考图 1-36 和图 1-38 画出双路可调输出直流稳压电源的原理图。

1.2.3　12V 直流稳压电源的电路设计

按照项目要求，我们要制作一个输出电压 $U_o=12V$、输出电流最大值 $I_{omax}=800mA$ 的直流稳压电源，由于电流没有超过 78×× 系列三端固定集成稳压器的最大电流（2A），故本设计中选用 7812 作为稳压器件。12V 直流稳压电源电路如图 1-39 所示。

项目1 为电子系统制作一个直流稳压电源

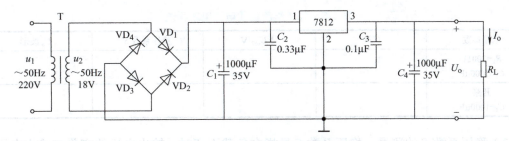

图 1-39　12V 直流稳压电源电路

在图 1-39 中，滤波由电解电容器 C_1 完成，如果对电源质量要求较高，其电容值也可以取 2200μF 以上；电容器 C_2、C_3 和 7812 固定搭配，可去除一些高频干扰，通常选用 0.33μF 和 0.1μF 的瓷介电容器，安装时要尽量靠近 7812 的引脚；C_4 可在进一步过滤信号的同时存储一些能量，在负载电流突然变大时释放，根据经验，C_4 选用 1000μF、16V 以上的电解电容器即可满足要求。

1.2.4　电路安装与测试

现在我们来完成 12V 直流稳压电源的整体安装与调试，并测试其性能指标，使其满足项目要求。通过本任务，应使学生掌握三端集成稳压器的使用方法和特性；学会电子电路的安装和测试方法；进一步熟悉万用表和示波器的使用方法。稳压电路设备及元器件清单见表 1-5。

表 1-5　稳压电路设备及元器件清单

序号	名称	规格、型号	数量
1	三端集成稳压器	7812	1
2	电解电容器	1000μF/35V	2
3	瓷介电容器	0.33μF	1
4	瓷介电容器	0.1μF	1
5	电阻器	200Ω	1
6	面包板	188 mm × 46 mm × 8.5mm	1
7	面包板插接线	0.5mm 单芯单股导线	若干
8	数字万用表	—	1
9	双踪示波器	—	1

如图 1-39 所示，电路正常工作时直流输出电压 U_o=12V。在安装完整流滤波电路的基础上按图接入稳压电路部分，并进行以下参数测量。

1）输出电压的测量。按表 1-6 的要求分别测量三种不同电路参数情况下直流输出电压 U_o 的大小，并用示波器观察 U_o 波形，将结果记入表 1-6 中。

2）输出纹波电压峰-峰值 ΔU_{oPP} 的测量。纹波电压是指叠加在输出直流电压上的交流分量，其峰-峰值 ΔU_{oPP} 可用示波器进行观测。此时需要将示波器 Y 轴灵敏度调到最高灵敏度的位置。分别观测两种不同电路参数情况下的 ΔU_{oPP}，看是否满足项目要求，将结果记入表 1-6 中。

表 1-6　12V 直流稳压电源电路测试

电路参数	U_o/V	ΔU_{oPP}/V	稳压系数 S	U_o 波形
$R_L=200\Omega$ $C_1=1000\mu F$				
开路 $C_1=1000\mu F$				

3）稳压系数 S 的测量。稳压系数 S 是指在负载不变时，输出电压的变化与输入电压的变化之比，即

$$S = \frac{\Delta U_o / U_o}{\Delta U_i / U_i}\bigg|_{\Delta I=0} \times 100\% \qquad (1\text{-}13)$$

稳压系数 S 是稳压电源的一个重要性能指标，可按图 1-40 所示电路进行测试。用自耦调压器改变输入电压 U_i，先测出输入电压 U_i=220V 时的输出电压 U_o，再调节自耦调压器，分别测量 U_i=242V（增加 10%）时的输出电压 U_{o1} 和 U_i=198V（减少 10%）时的输出电压 U_{o2}，则按式（1-13）可计算出稳压系数为

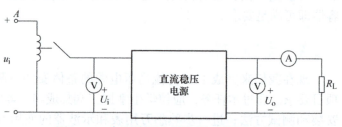

图 1-40　直流稳压电源稳压系数测试电路

$$S = \frac{\Delta U_o / U_o}{\Delta U_i / U_i}\bigg|_{\Delta I=0} \times 100\% = \frac{220}{242-198} \times \frac{U_{o2}-U_{o1}}{U_o} \times 100\%$$

将测试与计算结果记入表 1-6 中。

1.2.5　延伸阅读：开关型稳压电源介绍

线性稳压电源的优点是稳定性高、纹波小、可靠性高、动态响应好，适合于负载变化较频繁的场所，如音频功放机。但是线性稳压电源有一个特点就是效率较低（通常为 40%～60%）。同时，线性直流稳压电源需要电源变压器，所以体积大、耗材多。为了克服这些缺点，很多场合采用开关型稳压电源，它将直流电压通过半导体开关器件（调整管）先转换为高频脉冲电压，再经滤波得到纹波很小的直流输出电压。开关型稳压电源直接对电网电压进行整流滤波调整，然后由开关调整管进行稳压。所以开关型稳压电源不需要电源变压器，它具有体积小、重量轻、功耗小、效率高（可高达 70%～95%）等特点，因此得到了迅速的发展和广泛的应用。

开关型稳压电源也称为开关电源，按控制方式的不同可分为脉冲宽度调制（PWM）式和脉冲频率调制（PFM）式两种，在实际的应用中。脉冲宽度调制式使用较多，其结构框图如图 1-41 所示。

在图 1-41 中，AC 市电波经输入滤波器过滤后，再经整流滤波电路变换为较平滑的直流电 U_i；开关调整电路又称为高频变换器，负责将 U_i 变为高频交流电 u_{so}，其波形如图 1-42 所示。

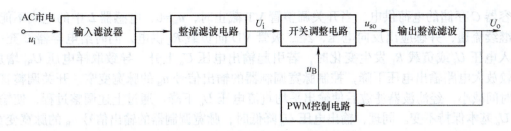

图 1-41 开关型稳压电源结构框图

在图 1-42 中,开关的开通时间 t_{on} 与开关周期 T 之比称为脉冲电压 u_{so} 的占空比。输出电压平均值 U_o 的大小与占空比成正比,其公式为

$$U_o = \frac{t_{on}}{T} U_i$$

开关调整电路是高频开关电源的核心部分,高频交流电 u_{so} 的频率越高,体积、重量与输出功率之比越小。开关器件有许多,经常使用的是场效应晶体管(MOSFET)、绝缘栅双极型晶体管(IGBT),在小功率开关电源中也使用大功率晶体管(GTR)。

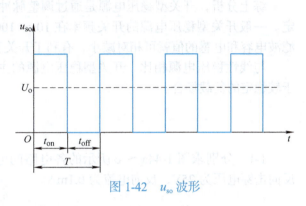

图 1-42 u_{so} 波形

输出整流滤波电路的作用是根据负载需要向负载提供稳定可靠的直流电源。

PWM 控制电路从输出端取样,与设定标准进行比较后得到脉冲控制信号 u_B,用 u_B 去控制开关调整电路中开关调整管的开关时间,改变其输出脉宽,达到输出电压稳定的目的。目前,PWM 控制电路已经集成化,如美国 Unitrode 公司(该公司现已被 TI 公司收购)生产的 UC3842 PWM 控制器和美国硅通用半导体公司生产的 SG3525 PWM 控制器。

在实际应用中,脉冲宽度调制式开关型稳压电源有多种电路类型,图 1-43 所示为其中一种。

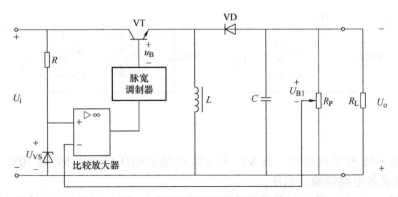

图 1-43 开关型稳压电路原理

开关调整管 VT 在控制脉冲 u_B 的作用下以一定的时间间隔重复地接通和断开,当控制脉冲 u_B 出现时,开关调整管导通,$u_{so}=U_i$,电感器 L 存储能量,二极管 VD 截止,负载 R_L

靠电容器 C 存储的电荷供电。当开关调整管 VT 截止时，$u_{so}=0$，电感器 L 中的电流不能突变，继续流通，并感应出反向电压，经二极管 VD 向负载 R_L 供电，同时给电容器 C 充电。当输入电压 U_i 或负载 R_L 发生变化时，若引起输出电压 U_o 上升，导致取样电压 U_{B1} 增加，则比较放大电路输出电压下降，控制脉宽调制器的输出信号 u_B 的脉宽变窄，开关调整管的导通时间减小，经滤波器滤波后使输出平均直流电压 U_o 下降。通过上述调整过程，使输出电压 U_o 基本保持不变。同理，输出电压 U_o 降低时，脉宽调制器的输出信号 u_B 的脉宽变宽，开关调整管的导通时间增加，使输出电压 U_o 基本保持不变。

综上分析，开关型稳压电源是通过调整脉冲的宽度（占空比）来保持输出电压 U_o 的稳定。一般开关型稳压电源的开关频率在 10～100kHz 之间，产生的脉冲频率较高，所需的滤波电容和电感的值就可相对减小，有利于开关型稳压电源降低成本和减小体积。

与线性稳压电源相比，开关型稳压电源的主要缺点是纹波较大，动态响应较差，适合于较稳定的负载场合。

习 题

1-1 分别求图 1-44a～c 所示的各电路的电流。设二极管的正向电压降可忽略不计，反向击穿电压为 25V，反向电流为 0.1mA。

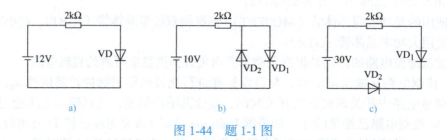

图 1-44 题 1-1 图

1-2 设图 1-45 所示二极管为理想二极管，分析图示电路中各二极管的工作状态，并求各电路的输出电压 U_o。

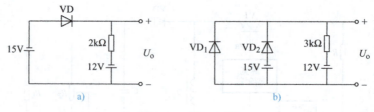

图 1-45 题 1-2 图

1-3 在图 1-46 所示电路中，设 VS_1 和 VS_2 的稳定电压分别为 5V 和 10V，正向电压降均为 0.7V，试求各电路的输出电压。

1-4 在图 1-47 中，设二极管为理想二极管，试求下列几种情况下输出端 F 点的电位及电阻 R、二极管 VD_A、VD_B 中流过的电流。1）$V_A=V_B=0V$；2）$V_A=3V$，$V_B=0$；3）$V_A=V_B=3V$。

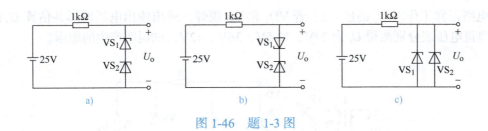

图 1-46 题 1-3 图

1-5 电路如图 1-48 所示，设 VD 为理想二极管，已知 $u_i = 12\sin\omega t$ V，试画出输出电压 u_o 的波形。

1-6 电路如图 1-49 所示，已知直流电压表读数为 18V，负载电阻 $R_L = 750\Omega$。忽略二极管的正向电压降，求直流电流表和交流电压表的的读数分别是多少？

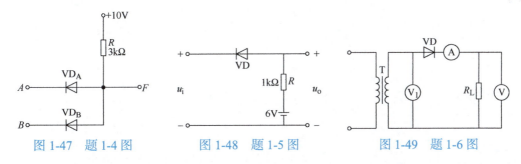

图 1-47 题 1-4 图　　　　图 1-48 题 1-5 图　　　　图 1-49 题 1-6 图

1-7 一个电阻性负载，需要直流电压 90V，电流 3A，现采用单相半波整流电路供电，试求变压器二次电压及流过整流二极管的平均电流。

1-8 有一单相半波整流电路，已知负载电阻 $R_L = 750\Omega$，变压器二次电压 $u_2 = 20$ V，试求 U_o、I_o 及 U_{DRM}，并选择二极管的型号。若加上电容滤波后上述各量又为多少？请选择合适的滤波电容器。

1-9 有一单相桥式整流电路。已知变压器二次电压 $u_2 = 60$V，负载电阻 $R_L = 2$kΩ，二极管的正向电压降忽略不计，试求：1）输出电压平均值 U_o；2）二极管中的电流 I_{VD} 和承受的最高反向工作电压 U_{DRM}。

1-10 有一单相桥式整流电容滤波电路。已知负载电阻 $R_L = 200\Omega$，负载电压 $U_L = 30$V。试选择合适的整流二极管型号及滤波电容器（交流电频率为工频）。

1-11 在下面几种情况中，可选用什么型号的三端集成稳压器？ 1）$U_o = +12$V，R_L 最小值为 15Ω ；2）$U_o = +6$V，最大负载电流 $I_{Lmax} = 300$ mA ；3）$U_o = -15$V，输出电流范围为 10～800mA。

1-12 由 CW317 组成的稳压电路如图 1-50 所示，设负载电压 $U_L = 10$V，负载电阻 $R_L = 12.5\Omega$。1）试确定电阻 R_2 的阻值；2）确定输入的直流电压 U_i 的数值。

1-13 利用三端稳压器构成一个输出电压为 ±15V 的稳压电源，并画出其原理图。

1-14 在图 1-51 所示电路中，$u_2 = 30$V，$U_{VS} = 9$V。

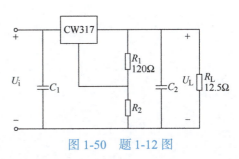

图 1-50 题 1-12 图

1）求电路正常工作时 U_o 的值；2）若 VD_1 和 VS 脱焊，画出输出电压波形并估算 U_o 的值；3）用直流电压表分别测得 U_i 为 27V、13.5V、36V、42V，试说明产生的原因。

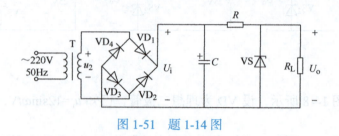

图 1-51　题 1-14 图

1-15　在题 1-14 中，如果稳压器件选用三端集成稳压器，电路该如何改进？请画出电路图。

项目 2
制作一个简易扩音机电路

在日常生活和生产中，很多地方要用到放大器（amplifier），如我们经常用到的扩音机，就是一个音频放大器。图 2-1 所示为扩音机的工作原理框图。由图 2-1 可知，扩音机电路由前置放大器（preamplifier）和主放大器（main amplifier）两部分组成。前置放大器用来放大输入信号的幅度（电压），也称为小信号放大器（small singal amplifier）或电压放大器（voltage amplifier）；主放大器又称为功率放大器（power amplifier），用于实现电流放大，从而输出足够大的功率。

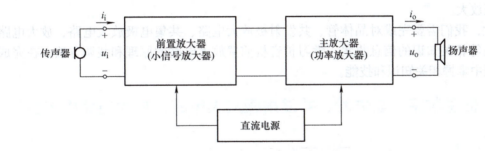

图 2-1　扩音机的工作原理框图

在图 2-1 中，声源发出的声波通过传声器转换为微弱的电信号，经过扩音机放大（电压放大和功率放大）后输出功率足够大的电信号，推动扬声器重放声音。在大家熟悉的电子产品中，如收音机、电视机、DVD 机和手机等，都含有各种类型的放大器。

放大器具有把外界送给它的弱小电信号不失真地放大至所需数值并传送给负载的能力。放大电路输出的能量多于输入的能量，差值部分由直流电源提供。因此，放大器实际上是一个受输入信号控制的能量转换器。构成放大器的核心元器件是双极型晶体管（简称晶体管）、场效应晶体管或集成运算放大器等有源器件。本项目将利用晶体管制作一个简易的扩音机电路。其具体要求为：能够实现对声音信号的放大。

以此项目为载体，学生将认识相关电子器件——晶体管，并学习其典型应用电路。

知识目标

1. 掌握晶体管的基本知识。
2. 掌握共发射极放大电路的结构、特点和分析方法。
3. 掌握集电极反馈式放大电路的特点及负反馈对放大电路的影响。
4. 掌握共集电极放大电路的特点和应用。

5. 掌握功率放大电路的特点和应用。

能力目标

1. 掌握晶体管的识别和检测方法。
2. 掌握小信号放大电路的测量和分析方法。
3. 能对扩音机电路进行整体安装和测试。

结合项目特点，设计了两个阶段的任务，分别是扩音机前置放大电路的制作和扩音机主放大电路的制作。

在完成任务的过程中要注意六大核心素养的养成训练。

任务 2.1　扩音机前置放大电路的制作

2.1.1　任务布置

在本任务中，我们要实现扩音机电路中前置放大电路的制作，声音信号通过传声器可以转换为微弱的电信号，通常只有毫伏级，通过前置放大电路可以实现对小的音频电信号进行电压放大。

为此，我们需要完成对晶体管、共发射极放大电路、共集电极放大电路、放大电路中的负反馈等相关知识的信息收集，学习扩音机前置放大电路的原理和装调方法，在完成任务的过程中掌握相关知识和技能。

2.1.2　信息收集：晶体管、共发射极放大电路、放大电路中的负反馈

1. 晶体管

晶体管，全称为双极型晶体管（bipolar junction transistor，BJT）。它是放大电路的最基本器件之一。由于晶体管在工作时其内部的电子和空穴两种载流子都起作用，因此属于双极型器件。晶体管通常由半导体材料硅或锗制成。

（1）晶体管的结构及符号　晶体管是由三层半导体引出三个电极而构成的器件。其结构示意图和电路符号如图 2-2 所示。由于各层半导体排列次序的不同，有 NPN 型和 PNP 型两种结构形式。

图 2-2a 是 NPN 型晶体管的结构示意图和电路符号。中间层是很薄的 P 型半导体（几微米至几十微米），两边各为 N 型半导体，从三层半导体上各自接出一根引线就成为晶体管的三个电极：发射极 E（emitter）、基极 B（base）和集电极 C（collector）。对应的每层半导体称为发射区（emitter region）、基区（base region）和集电区（collector region）。晶体管有两个 PN 结：基区与发射区之间的发射结和基区与集电区之间的集电结。两个 PN 结通过掺杂浓度很低且很薄的基区联系着。

图 2-2b 是 PNP 型晶体管的结构示意图和电路符号，注意 PNP 型晶体管电路符号中发射极的箭头是向内的。

由于晶体管三个区的作用不同，所以在制作时，每个区的掺杂浓度与面积均不同。其中发射区的掺杂浓度高；基区的掺杂浓度低，且做得很薄，一般只有几微米至几十微米；集

电结的面积比发射结要大得多。

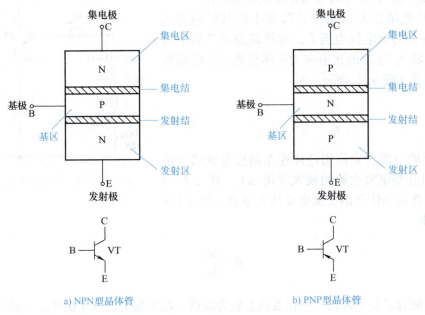

a) NPN型晶体管   b) PNP型晶体管

图 2-2 晶体管的结构示意图和电路符号

晶体管根据工作频率分为高频管、低频管和开关管；根据工作功率分为大功率管、中功率管和小功率管。晶体管的典型封装及引脚排列如图 2-3 所示。

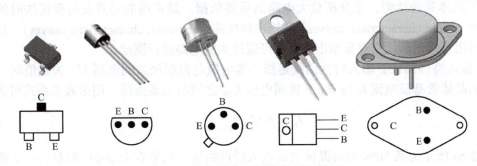

图 2-3 晶体管典型封装及引脚排列

大家可以扫描二维码观看如何利用万用表对晶体管进行检测与识别。

（2）晶体管中的电流分配和放大作用 晶体管是具有电流放大作用的电子器件。其电流放大作用是在满足一定的外部条件下实现的，这个外部条件就是必须保证发射结加正向电压，集电结加反向电压。在图 2-4 所示电路中，若 $U_{CC}>U_{BB}$，则可以满足晶体管具有电流放大作用的外部条件。

晶体管的检测与识别

在图 2-4 中，发射极是输入回路和输出回路的公共端，因此这种接法为晶体管的共发射极接法。如果选用的是 PNP 型晶体管，电源 U_{CC}、U_{BB} 的极性及电流方向与图 2-4 所示相反。

在图 2-4 中，改变可变电阻 R_B，则基极电流 I_B、集电极电流 I_C 和发射极电流 I_E 都发生变化。晶体管上各极电流关系如下。

1）$I_E = I_C + I_B$，此结果符合基尔霍夫电流定律。

2）I_C 的数值比 I_B 大得多，即很小的基极电流 I_B 可以产生很大的集电极电流 I_C，这就是晶体管的电流放大作用。将 I_C 与 I_B 的比值称为晶体管的直流电流放大倍数，用 $\bar{\beta}$（或 h_{FE}）表示，即

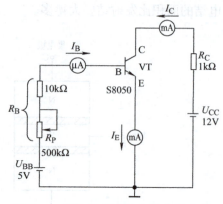

$$\bar{\beta} = \frac{I_C}{I_B} \qquad (2\text{-}1)$$

晶体管的电流放大作用还体现在基极电流的少量变化 ΔI_B 引起集电极电流的较大变化 ΔI_C。将 ΔI_C 与 ΔI_B 的比值称为晶体管的交流电流放大倍数，用 β（或 h_{fe}）表示，即

图 2-4　晶体管电流放大的实验电路

$$\beta = \frac{\Delta I_C}{\Delta I_B} \qquad (2\text{-}2)$$

$\bar{\beta}$ 和 β 的含义是不同的，但在数值上较为接近。在工程上，为了简便，一般认为 $\bar{\beta} = \beta$，以后不再区分。

由于晶体管通过控制基极电流 I_B 的大小，能实现对集电极电流 I_C 的控制，所以常把晶体管称为电流控制器件。

（3）晶体管的特性曲线　晶体管的特性曲线用来表示各极电压和电流之间的相互关系，它反映了晶体管的性能，是分析放大电路的重要依据。最常用的是共发射极接法时的输入特性曲线（input characteristic curves）和输出特性曲线（output characteristic curves）。这些特性曲线可用特性图示仪直观显示出来，也可通过实验电路进行测绘。

1）输入特性曲线。输入特性曲线是指当集电极与发射极之间电压 U_{CE} 为定值时，输入回路中的晶体管基极电流 I_B 与 B、E 极间电压 U_{BE} 之间的关系曲线，用函数关系式可表示为

$$I_B = f(U_{BE})\big|_{U_{CE}=\text{常数}} \qquad (2\text{-}3)$$

图 2-5a 所示为某 NPN 型硅晶体管的输入特性曲线，通常有 $U_{CE}=0\text{V}$ 和 $U_{CE} \geq 1\text{V}$ 两条曲线，在晶体管用作放大器件时，U_{CE} 总是大于 1V。

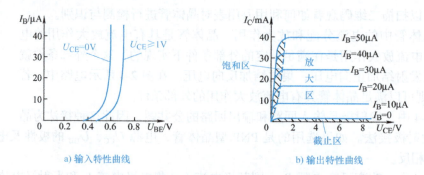

a) 输入特性曲线　　　　b) 输出特性曲线

图 2-5　晶体管的输入、输出特性曲线

与二极管相似，晶体管的输入特性曲线也存在死区：硅管约为 0.5V，锗管约为 0.1V，只有当 U_{BE} 大于死区电压时，晶体管才导通，输入回路才有电流 I_B 产生。当发射结正偏导通后，硅管的发射结电压降 U_{BE} 约为 0.7V，锗管约为 0.3V。

2）输出特性曲线。输出特性曲线是指在基极电流 I_B 一定时，晶体管的集电极输出回路中，C、E 极间电压 U_{CE} 和集电极电流 I_C 之间的关系曲线，用函数关系式可表示为

$$I_C = f(U_{CE})\big|_{I_B = 常数} \quad (2\text{-}4)$$

图 2-5b 所示为晶体管共发射极接法的输出特性曲线。由图可见，各条特性曲线的形状基本是相同的。曲线的起始部分很陡，当 U_{CE} 略有增加时，I_C 增加得很快，这是由于 U_{CE} 很小时，集电结的反向电压很小，对发射区扩散到基区的电子吸引力不够，从而使到达集电区的电子很少，所以 U_{CE} 稍有增大，集电结的电场加强，对基区电子的吸引力就增强，从而 I_C 就会有很大的增大。当 $U_{CE}>1V$ 以后，曲线变得比较平坦。这是由于 $U_{CE}>1V$ 以后，集电结的电场已足够强，足以把除在基区复合掉以外的几乎所有电子都吸引到集电区形成 I_C，而 I_B 一定时，从发射区扩散到基区的电子数是一定的，因此此时再增加 U_{CE}，以加大对电子的吸引力，到达集电区的电子数也只能略有增加或基本上不增加。若改变基极电流 I_B 的值，就可以得到另外一条输出特性曲线。若 ΔI_B 为一常数，将得到一组间隔基本均匀且比较平坦的曲线簇。按输出特性曲线的不同特点，可将其划分为 3 个区域：截止区（cut-off region）、放大区（amplification region）和饱和区（saturation region）。

① 截止区。习惯上将 $I_B=0$ 以下的区域称为截止区。若要使 $I_B \leq 0$，晶体管的发射结就必须在死区以内或反偏，为了使发射结能够可靠截止，通常给晶体管的发射结加反偏电压。所以截止区的特点是发射结与集电结均反偏。

晶体管处于截止区时，$I_B=0$，对应的集电极电流 $I_C \approx I_E = I_{CEO}$，其中 I_{CEO} 中的"O"代表该电流是在基极开路条件下获得的。如果 I_{CEO} 很小，可以认为截止区晶体管的三个电极电流均为 0，即 3 个电极间是开路的，C-E 等效为一个断开的开关，此时晶体管没有放大能力。

② 放大区。放大区处于输出特性曲线近似水平的部分。此时，晶体管的发射结正偏，集电结反偏。晶体管处于放大区时，I_B 一定，I_C 的值基本上不随 U_{CE} 变化；当基极电流发生微小的变化（ΔI_B）时，相应的集电极电流将产生较大的变化（ΔI_C），即 $\Delta I_C = \beta \Delta I_B$。曲线簇中各曲线间的间隔大小可体现 β 的大小，间隔越大，则 β 值越大。

③ 饱和区。将 $U_{CE} \leq U_{BE}$ 的区域称为饱和区。此时，发射结和集电结均处于正向偏置。晶体管处于饱和区时，I_C 由外电路决定，而与 I_B 无关。将此时所对应的 U_{CE} 称为饱和电压降，用 U_{CES} 表示。一般情况下，小功率晶体管 $U_{CES}<0.4V$（硅管约为 0.3V，锗管约为 0.1V），大功率晶体管 $U_{CES}=1 \sim 3V$。在理想条件下，$U_{CES} \approx 0$。C-E 等效为一个闭合的开关，此时晶体管没有放大能力。

需要注意的是，晶体管的输入、输出特性和主要参数都与温度有着密切的关系，具体如图 2-6 所示。

由图 2-6 可见，温度升高时，晶体管输入特性曲线将向左移动，使 U_{BE} 下降，I_B 将有所上升；输出特性曲线将向上移动，并且间距增大，使 β 值随之增大；具体为温度每升高 1℃，U_{BE} 减小 2～2.5mV，β 值增大 0.5%～1%。I_B 和 β 值的增大均使集电极电流增大，这是使用晶体管时必须注意的问题。

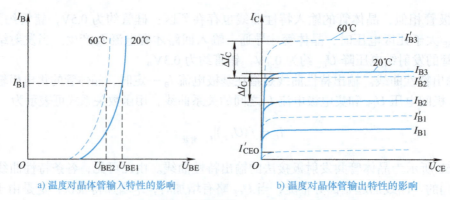

a) 温度对晶体管输入特性的影响　　b) 温度对晶体管输出特性的影响

图 2-6　温度对晶体管输入、输出特性的影响

由上述分析可知，晶体管在电路中既可以作为放大器件使用（工作在放大区），又可以作为开关器件使用（工作在饱和区和截止区）。

在实际应用中，小功率晶体管多直接焊接在印制电路板上，由于元器件的安装密度大，拆卸比较麻烦，所以在检测时常常通过用万用表直流电压档去测量晶体管各引脚的电压，从而推断其工作区域，进而判断晶体管的好坏。

【例 2-1】测得电路板中晶体管各极的电位如图 2-7 所示，判断各晶体管分别工作在哪个区（截止区、饱和区或放大区）。

解： 在图 2-7 中，晶体管为 NPN 型，根据晶体管各极的电位可知，图 2-7a 中晶体管的发射结正偏，集电结反偏，故处于放大状态；图 2-7b 中晶体管的发射结反偏，集电结反偏，故处于截止状态；图 2-7c 中晶体管的发射结正偏，集电结正偏，故处于饱和状态。

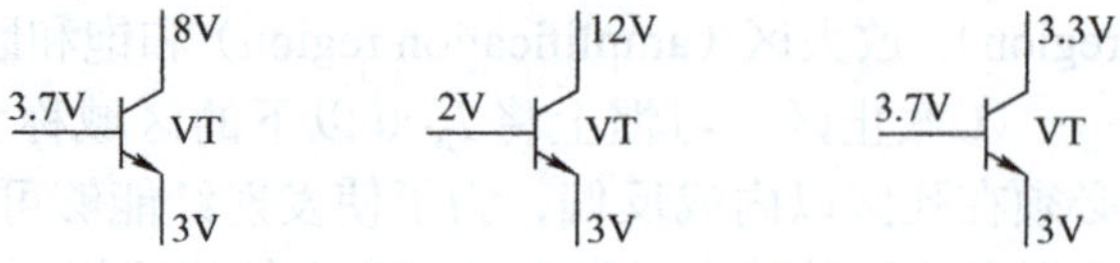

图 2-7　例 2-1 图

（4）晶体管开关　图 2-8a 所示为一个晶体管开关电路，通过控制 B 点的电位来控制 C、E 之间的开关状态。当晶体管处于截止状态时，$I_C \approx 0$，C、E 之间相当于一个断开的开关，没有电流流过灯泡，灯泡不发光，其等效电路如图 2-8b 所示；当晶体管处于饱和状态时，$U_{CE} \approx 0$，C、E 之间相当于一个闭合的开关，灯泡发光，其等效电路如图 2-8c 所示。流过灯泡的电流为

$$I_C = I_{CS} = \frac{U_{CC} - U_{CES}}{R_C} \approx \frac{U_{CC}}{R_C} \tag{2-5}$$

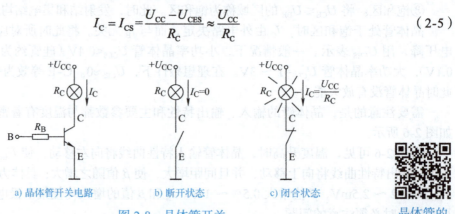

a) 晶体管开关电路　　b) 断开状态　　c) 闭合状态

图 2-8　晶体管开关

晶体管的开关作用

晶体管的开关作用可扫描二维码观看视频学习。

（5）晶体管的主要参数　晶体管的特性除了可用特性曲线表示外，还可用一些数据来说明，这些数据就是晶体管的参数。晶体管的参数也是设计电路时选用晶体管的依据。

晶体管的主要参数包含极限参数和电气参数。查阅晶体管的数据手册可以得到这些数值。表2-1所示为小功率晶体管S8050的极限参数，主要包括C、B极间电压U_{CBO}、C、E极间电压U_{CEO}、E、B极间电压U_{EBO}、集电极最大允许电流I_{CM}、集电极最大允许耗散功率P_{CM}及使用存储温度等。使用时，应保证实际加在晶体管的这些电压、电流和功率不能超过表中规定的极限参数值。其中，U_{CBO}、U_{CEO}、U_{EBO}中的"O"代表电压是在基极开路的情况下获得的。

表2-1　小功率晶体管S8050的极限参数

参数	符号	数值	单位
C、B极间电压	U_{CBO}	30	V
C、E极间电压	U_{CEO}	20	V
E、B极间电压	U_{EBO}	5	V
集电极最大允许耗散功率（T_a=25℃）	P_{CM}	1	W
集电极最大允许电流	I_{CM}	700	mA
结温	T_j	150	℃
存储温度	T_{STG}	−65～150	℃

注：表中数据为最大额定绝对值（T_a=25℃，除非另有说明）。

表2-2所示为小功率晶体管S8050的电气参数，主要包括C、B极间反向饱和电流I_{CBO}、直流电流放大倍数β（h_{FE}）、C、E极间饱和电压$U_{CE(sat)}$（U_{CES}）、截止频率f_T等。使用时应保证实际加在晶体管的这些电压、电流和频率不能超过表中规定的极限参数值。其中，I_{CBO}、I_{EBO}中的"O"代表电流是在基极开路的情况下获得的。

表2-2　小功率晶体管S8050的电气参数

参数	符号	测试条件	最小	典型值	最大	单位
集电极截止电流	I_{CBO}	U_{CB}=30V, I_E=0			1	μA
发射极截止电流	I_{EBO}	U_{EB}=5V, I_C=0			100	nA
直流电流放大倍数	β_1 β_2 β_3	U_{CE}=1V, I_C=1mA U_{CE}=1V, I_C=150mA U_{CE}=1V, I_C=500mA	100 120 40	110	400	
C、E极间饱和电压	$U_{CE(sat)}$	I_C=500mA, I_B=50mA			0.5	V
B、E极间饱和电压	$U_{BE(sat)}$	I_C=500mA, I_B=50mA			1.2	V
B、E极间饱和电压	U_{BE}	U_{CE}=1V, I_C=10mA			1.0	V
电流增益带宽积	f_T	U_{CE}=10V, I_C=50mA	100			MHz
输出电容	C_{ob}	U_{CB}=10V, I_E=0 f=1MHz		9.0		pF

注：表中参数的温度条件为T_a=25℃，除非另有说明。

电气参数主要反映晶体管的电气性能。其中 I_{CBO} 的大小标志集电结质量的好坏,并且受温度影响很大,其值越小越好,一般在工作环境温度变化较大的场所都选择硅管。由表 2-2 还可以看出,晶体管的电流放大倍数 β 不是一个常数,它随着集电极电流 I_C 的变化而变化,故晶体管放大电路的增益不能完全依靠 β。

考一考

一、填空题

(1)晶体管根据内部结构可分为_____型和_____型,其电路符号分别为_____和_____。

(2)若要使晶体管工作在放大状态,应使其发射结处于_____偏置,而集电结处于_____偏置。此时集电极电流 I_C 和基极电流 I_B 之间的关系为_____。

(3)晶体管在电路中若用于信号的放大应使其工作在_____状态;若用作开关,应工作在_____和_____状态,并且是一个_____(有/无)触点的控制开关。

(4)温度升高时,晶体管的电流放大倍数 β 将_____,穿透电流 I_{CEO} 将_____,发射结电压 U_{BE} 将_____。

(5)晶体管通过_____控制输出电流,所以属于_____(电流/电压)控制器件。

(6)在晶体管放大电路中,测得 I_C=3mA,I_E=3.03mA,则 I_B=_____,β=_____。

二、判断题

(1)NPN 型和 PNP 型晶体管的区别是结构不同,且工作原理也不同。( )

(2)晶体管具有电流放大作用,因此它具有能量放大作用。( )

(3)晶体管具有两个 PN 结,二极管具有一个 PN 结,因此可以把两个二极管反向连接起来当作一个晶体管使用。( )

(4)晶体管具有放大及开关作用。( )

练一练

请按表 2-3 要求对晶体管进行识别与检测。

表 2-3 晶体管的识别与检测

晶体管型号	管型判别(NPN/PNP)	发射结电压测量值/V	β 值	E、B、C 判别(画图标示)
9012				
9013				

想一想

晶体管为什么既可以当作放大器件使用,又可以当作开关器件使用?

2. 共发射极放大电路

由前文分析可知,若通过直流偏置电路使晶体管的发射结正偏,集电结反偏,则晶体管工作在放大区,此时晶体管可以作为放大器件构成放大电路。晶体管的三个电极可分别作为输入信号和输出信号的公共端，所以就有共发射极接法（common-emitter configuration）、共基极接法（common-base configuration）和共集电极接法（common-collector configuration）三种连接方式（或称三种组态），如图2-9所示。

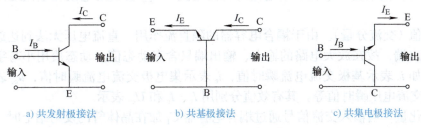

a) 共发射极接法　　　b) 共基极接法　　　c) 共集电极接法

图2-9　晶体管的三种组态

在进行低频小信号放大时，最常使用的是共发射极放大电路。晶体管采用共发射极接法时，为了保证晶体管处于放大区，常用的偏置电路有固定偏置电路和分压式偏置电路两种，如图2-10所示，对应的放大电路分别称为共发射极基本放大电路（又称固定偏置放大电路）和分压式偏置放大电路。

（1）共发射极基本放大电路　图2-11是最简单的单管共发射极基本放大电路示意图，是在图2-10a所示固定偏置电路的基础上将需要放大的交流信号 u_i 通过耦合电容器 C_1 接入到晶体管的输入端，放大后的电压 u_o 在晶体管的输出端通过耦合电容器 C_2 输出。

在图2-11中，符号"⊥"表示电路的参考零电位点，又称为公共参考端。电路中各点的电位实际上就是该点与公共端点之间的电压。符号"⊥"俗称"接地"，但实际上并不一定直接接大地。

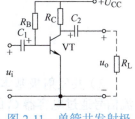

图2-11　单管共发射极基本放大电路

在图2-11中，晶体管VT是放大电路的核心器件。直流电源 U_{CC} 的作用有两个：一是为放大电路提供能源，二是保证晶体管的发射结正偏、集电结反偏，使晶体管工作在放大区。U_{CC} 一般为几伏至十几伏，R_B 称为偏置电阻（biasing resistance），U_{CC} 通过 R_B 为发射结提供正偏电压，并使晶体管获得合适的静态基极偏置电流 I_{BQ}，R_B 一般为几十千欧至几百千欧。R_C 称为集电极电阻，U_{CC} 通过 R_C 为集电结提供反偏电压，并将晶体管的电流放大作用转换成电压放大作用，R_C 一般为几千欧至十几千欧。耦合电容器 C_1 和 C_2 的作用是"隔直通交"，一方面隔离放大电路与信号源和负载之间的直流通路，另一方面使交流信号从信号源经放大电路后，将放大了的信号传给负载，C_1 和 C_2 通常为几微法至几十微法。

若晶体管为PNP型，则与图2-11中直流电源极性相反，耦合电容器的极性也相反。

1）放大电路的电压和电流符号写法的规定。由图2-11可知，输入的交流小信号 u_i 是叠加在直流分量上然后被放大的，所以电路中的电压和电流有静态值、动态值和总变化量，为了避免混淆，对放大电路的电压和电流符号写法的规定如下。

①静态值（直流分量）。在输入信号为零时（静态），等效电路如图 2-10a 所示，直流电源通过各偏置电阻器为晶体管提供直流的基极和集电极电流，并在晶体管的 3 个极间形成一定的直流电压，将它们称为放大电路的静态值。静态值用大写字母和大写下标表示，如 I_B 表示基极的直流电流，I_C 表示集电极的直流电流，U_{CE} 表示集电极和基极之间的直流电压等。

②动态值（交流分量）。由于耦合电容器的隔直流作用，直流电压无法到达放大电路的输入端和输出端，故在放大电路的输入、输出端只含有动态值。动态值用小写字母和小写下标表示，如 i_b 表示基极交流电流瞬时值，i_c 表示集电极交流电流瞬时值，u_{ce} 表示集电极和基极间的交流电压瞬时值等。其有效值分别用 I_b、I_c 和 U_{ce} 表示。

③总变化量。当输入交流信号通过耦合电容器 C_1 加在晶体管的发射结上时，发射结上的电压变成交、直流的叠加，导致晶体管基极电流、集电极电流和集电极、发射极之间的电压都是交、直流的叠加，称为总变化量。总变化量用小写字母和大写下标表示，如基极电流的总变化量 $i_B = I_B + i_b$。

晶体管中的三种波形及其表示符号如图 2-12 所示（以基极电流 i_B 为例）。

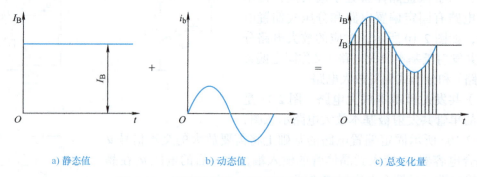

a) 静态值　　　　b) 动态值　　　　c) 总变化量

图 2-12　晶体管中的三种波形及其表示符号

2）共发射极基本放大电路的放大原理。在共发射极基本放大电路中，输入弱小的交流信号通过电容器 C_1 的耦合送到晶体管的基极和发射极，这时输入信号 u_i 叠加在直流电压 U_{BE} 上，相当于 B、E 极间电压 u_{BE} 发生了变化，即

$$u_{BE} = U_{BE} + u_{be} = U_{BE} + u_i$$

u_{BE} 的变化使晶体管的基极电流 i_B 发生变化，于是有

$$i_B = I_B + i_b$$

其中，i_b 是输入信号 u_i 引起的。基极电流放大 β 倍后使集电极电流 i_C 发生相应的变化，即

$$i_C = I_C + i_c$$

集电极电流流过电阻器 R_C，则 R_C 上电压也就发生了变化。负载开路时，有

$$u_{CE} = U_{CC} - i_C R_C = U_{CC} - (I_C + i_c) R_C = U_{CE} - i_c R_C$$

共发射极基本放大电路的信号传递过程为 $u_i \to u_{BE} \to i_B \to i_C \to u_{CE} \to u_o$,其电压、电流波形变化如图 2-13 所示。

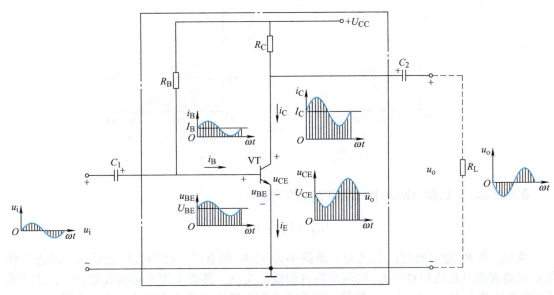

图 2-13 放大电路中各电压、电流波形

在图 2-13 中,点画线框内代表信号放大部分,各部分的电流和电压是总变化量,对外有两对接线端,一对接需要放大的小输入信号 u_i,一对输出放大的信号 u_o。在负载开路时,由于 $u_{CE} = U_{CE} - i_c R_C$,C、E 极间电压 u_{CE} 的变化与 i_C 变化情况正相反。u_{CE} 通过耦合电容器 C_2 隔离了直流成分 U_{CE},输出的只是放大信号的交流成分 $u_o = u_{ce} = -i_c R_C$,故 u_o 与 u_i 相位相反,这在共发射极放大电路中称为"倒相"。

晶体管放大电路的放大原理可以扫描二维码观看视频进一步学习。

通过上述分析可知:放大电路中各点的电压或电流都是在静态值上附加了小的交流信号。根据叠加定理可将放大电路分解为直流通路(direct current path)和交流通路(alternating current path)。在直流电源作用下,直流电流流经的路径为直流通路,用于研究静态工作点。对于直流通路,电容器因具有隔直流作用而被视为开路,信号源被视为短路,但应保留其内阻。在输入信号作用下,交流信号流经的路径为交流通路,用于研究动态参数。对于交流通路,容量大的电容器(如耦合电容器)被视为短路;无内阻的直流电源(如 $+U_{CC}$)被视为短路。图 2-11 所示放大电路的直流通路和交流通路如图 2-14 所示。

晶体管放大电路原理

3)共发射极基本放大电路的静态分析(quiescent analysis)。静态是指放大电路中的交流输入信号 $u_i=0$ 时的状态。静态情况下,电流和电压参数 I_B、U_{BE}、I_C、U_{CE} 在晶体管

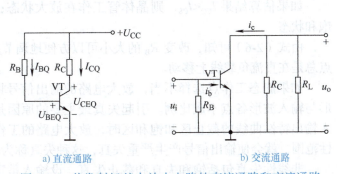

a) 直流通路   b) 交流通路

图 2-14 共发射极基本放大电路的直流通路和交流通路

输入、输出特性曲线簇上所确定的点称为静态工作点（quiescent point），用 Q 表示。故静态值习惯表示为 I_{BQ}、U_{BEQ}、I_{CQ}、U_{CEQ}，如图 2-15 所示。

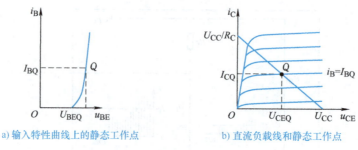

a) 输入特性曲线上的静态工作点　　b) 直流负载线和静态工作点

图 2-15　放大电路的静态工作点

在图 2-14a 所示输出回路中，I_C 和 U_{CE} 的关系为

$$U_{CE} = U_{CC} - I_C R_C$$

当 U_{CC} 和 R_C 为定值时，上式为一条斜率为 $-1/R_C$ 的直线，称为直流负载线。静态工作点 Q 就是直流负载线和对应 I_{BQ} 的输出特性曲线的交点。静态工作点必须设置合适，才能保证不失真地放大交流小信号。一般静态工作点设置在特性曲线的中间位置比较合适。

放大电路的静态分析就是分析静态工作点，即求出静态时的 I_{BQ}、I_{CQ}、U_{CEQ}，并确定其是否合适。静态工作点可以直接从放大电路的直流通路求得，由图 2-14a 可得

$$I_{BQ} = \frac{U_{CC} - U_{BEQ}}{R_B} \approx \frac{U_{CC}}{R_B} \tag{2-6}$$

$$I_{CQ} = \beta I_{BQ} \tag{2-7}$$

$$U_{CEQ} = U_{CC} - I_{CQ} R_C \tag{2-8}$$

U_{BEQ} 的估算值，对硅管取 0.7V，对锗管取 0.3V。当 $U_{CC} > 10 U_{BEQ}$ 时，U_{BEQ} 可略去。通常 I_{BQ} 为几十微安，U_{CEQ} 的值为 0.5U_{CC} 左右时的静态工作点合适。

使用式（2-7）的条件是晶体管工作在放大区。如果算得 $U_{CEQ} < 1V$，说明晶体管已处于或接近饱和状态，I_{CQ} 将不再与 I_{BQ} 成 β 倍关系，此时，I_{CQ} 被 R_C 限流，成为饱和电流 I_{CS}，可以根据式（2-5）估算其大小。

如果估算结果 $I_{CQ} < I_{CS}$，则晶体管工作在放大状态；如果 $I_{CQ} > I_{CS}$，则表明晶体管已进入饱和状态。

由式（2-6）可知，改变 R_B 的大小可以方便地调节放大电路的静态工作点。但静态工作点总是在直流负载线上移动。

如果静态工作点选择不当，放大电路的输出信号将产生失真。所谓失真，是指输出波形与输入波形各点不成比例。引起失真最主要的原因是晶体管为非线性器件，当工作点进入输出特性曲线的截止区和饱和区时，放大电路的工作范围超出了晶体管特性曲线上的线性范围，就会使输出信号产生严重失真，这种失真称为非线性失真。

非线性失真包括饱和失真和截止失真。设输入是正弦电压，如果静态工作点的位置太

低（I_{BQ}过小），则可能导致在输入电压的负半周，晶体管进入截止区工作，不能放大交流信号，从而使输出电压u_o产生失真。这种由于晶体管的截止而引起的失真称为截止失真。截止失真波形如图2-16a所示。如果静态工作点设置过高（I_{BQ}过大），则可能导致在输入电压的正半周，晶体管进入饱和区工作，不能放大交流信号，从而使输出电压u_o产生失真。这种由于晶体管饱和而引起的失真称为饱和失真。饱和失真波形如图2-16b所示。

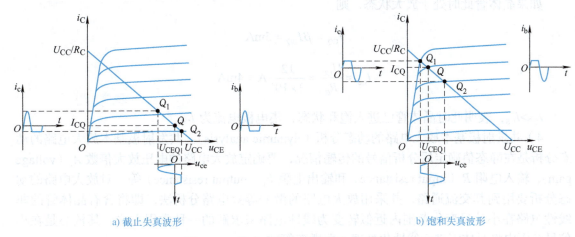

a) 截止失真波形　　　　　　　　　　　　b) 饱和失真波形

图2-16　静态工作点对波形失真的影响

截止失真和饱和失真可以通过调整静态工作点加以避免。将图2-11电路中的R_B换成可调电阻器，如图2-17所示，则根据式（2-6）可以很方便地调整静态工作点。当静态工作点过高时，可通过增大R_B来调整；当静态工作点过低时，可通过减小R_B来调整。

放大电路静态工作点的作用及调整方法可以扫描二维码进一步学习。

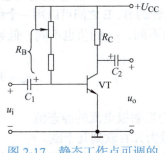

图2-17　静态工作点可调的放大电路

晶体管放大电路静态工作点的作用

【例2-2】在图2-17中，已知$U_{CC}=12V$，$R_C=3k\Omega$，$R_B=300k\Omega$，晶体管$\beta=50$，试求：（1）放大电路的静态值，并说明晶体管处于何种状态？（2）如果偏置电阻R_B由300kΩ减至120kΩ，晶体管的工作状态有何变化？

解：（1）根据式（2-6）~式（2-8），放大电路的静态值为

$$I_{BQ} \approx \frac{U_{CC}}{R_B} = \frac{12}{300 \times 10^3} A = 0.04mA = 40\mu A$$

$$I_{CQ} = \beta I_{BQ} = 50 \times 0.04mA = 2mA$$

$$U_{CEQ} = U_{CC} - I_{CQ}R_C = (12 - 2 \times 10^{-3} \times 3 \times 10^3) V = 6V$$

根据式（2-5）得

$$I_{CS} \approx \frac{U_{CC}}{R_C} = \frac{12}{3 \times 10^3} A = 4mA$$

$I_{CQ} < I_{CS}$，故该晶体管处于放大状态。

（2）若 R_B 减至 $120\text{k}\Omega$，则有

$$I_{BQ} \approx \frac{U_{CC}}{R_B} = \frac{12}{120 \times 10^3}\text{A} = 0.1\text{mA} = 100\mu\text{A}$$

如果晶体管此时处于放大状态，则

$$I_{CQ} = \beta I_{BQ} = 5\text{mA}$$

$$I_{CS} \approx \frac{U_{CC}}{R_C} = \frac{12}{3 \times 10^3}\text{A} = 4\text{mA}$$

$I_{CQ} > I_{CS}$，表明此时晶体管已进入饱和状态，集电极电流为 I_{CS}。

4）共发射极基本放大电路的动态分析（dynamic analysis）。共发射极基本放大电路的动态分析是在静态值确定后分析信号的传输情况，要确定放大电路的电压放大倍数 A_u（voltage gain）、输入电阻 R_i（input resistance）和输出电阻 R_o（output resistance）等。对放大电路的动态分析要用到其交流通路，并采用放大电路的微变等效电路分析法，即将含有晶体管的非线性电路在小信号变化范围内近似转变为线性电路来求解的一种常用方法。其核心是在小信号范围内将晶体管进行线性化处理，即微变等效。

①晶体管的微变等效电路。在图 2-15 中，设晶体管的工作点仅在 Q 附近的微小范围内变化。由图 2-15a 可见，在 Q 附近的输入特性曲线基本上可以看作直线，即 i_b 与 u_{be} 呈线性关系，则晶体管的 B、E 之间可以用一个线性的等效电阻 r_{be} 来代替。r_{be} 称为晶体管的输入电阻。工作点不同，r_{be} 的值也不同，低频小功率晶体管的输入电阻常用下式估算：

$$r_{be} = 300 + (1+\beta)\frac{26(\text{mV})}{I_{EQ}(\text{mA})} \tag{2-9}$$

式中，I_{EQ} 为发射极电流的静态值。

r_{be} 一般为几百欧到几千欧。

晶体管的输出特性曲线在线性工作区是一组近似等距离的平行直线，如图 2-15b 所示。当 u_{ce} 在较大范围内变化时，i_c 几乎不变，具有恒流特性。这样晶体管 C、E 间可等效为一个理想受控电流源，其输出电流为 $i_c = \beta i_b$。

综上所述，可画出共发射极接法晶体管的微变等效电路，如图 2-18 所示。

②共发射极基本放大电路的微变等效电路。由晶体管的微变等效电路和共发射极基本放大电路的交流通路可得出共发射极基本放大电路的微变等效电路，如图 2-19 所示。

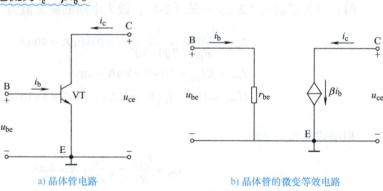

a）晶体管电路　　　　　　b）晶体管的微变等效电路

图 2-18　晶体管的微变等效电路模型

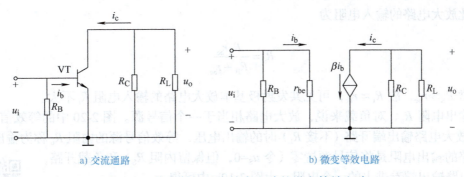

图 2-19 共发射极基本放大电路的微变等效电路

③共发射极基本放大电路的动态性能指标。

a. 电压放大倍数。放大电路的电压放大倍数定义为放大电路输出电压与输入电压之比，是衡量放大电路电压放大能力的指标，即

$$A_u = \frac{u_o}{u_i} \tag{2-10}$$

对于图 2-19b 所示的微变等效电路有

$$A_u = \frac{-i_c \dfrac{R_C R_L}{R_C + R_L}}{i_b r_{be}} = -\frac{\beta \dfrac{R_C R_L}{R_C + R_L}}{r_{be}} = -\frac{\beta R'_L}{r_{be}} \tag{2-11}$$

其中，负号表示输出电压与输入电压的相位相反。

当放大电路不接负载 R_L 时，电压放大倍数为

$$A_u = -\beta \frac{R_C}{r_{be}} \tag{2-12}$$

式（2-11）中 $R'_L = \dfrac{R_C R_L}{R_C + R_L}$，故接上负载后电压放大倍数会下降。

b. 输入电阻 R_i。放大电路对信号源来说是一个负载，如图 2-20 所示，这个负载电阻也就是放大电路的输入电阻 R_i，即

$$R_i = \frac{u_i}{i_i} \tag{2-13}$$

由式（2-13）可知，R_i 越大，输入回路所取用的信号电流 i_i 越小。对电压信号源来说，R_i 是与信号源内阻 R_S 串联的，如图 2-20 所示。R_i 大就意味着 R_S 上的电压降小，则放大电路的输入端电压 u_i 占信号源电压 u_S 的比例大。因此要设法提高放大电路的输入电阻 R_i，尤其当信号源内阻较高时更应如此。

观察图 2-19 所示放大电路及其微变等效电路图，不

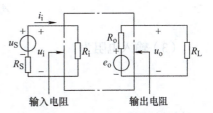

图 2-20 输入电阻与输出电阻

难看出此放大电路的输入电阻为

$$R_i = \frac{R_B r_{be}}{R_B + r_{be}} \qquad (2\text{-}14)$$

通常 $R_B \gg r_{be}$，故 $R_i \approx r_{be}$，可见共发射极基本放大电路的输入电阻 R_i 不大。

c. 输出电阻 R_o。对负载来说，放大电路相当于一个信号源。图 2-20 中的等效信号源电压 e_o 为放大电路输出端开路（不接 R_L）时的输出电压，等效信号源的内阻 R_o 称为输出电阻。放大电路的输出电阻是将信号源置零（令 $u_S=0$，但保留内阻 R_S）和负载开路，从放大电路输出端看进去的一个电阻，由图 2-19b 中可得

$$R_o \approx R_C \qquad (2\text{-}15)$$

放大电路的分析可以扫描二维码观看视频进一步学习。

晶体管放大电路的分析

【例 2-3】在图 2-21 所示的单管放大电路中，已知晶体管的 $\beta=50$。（1）试估算晶体管的 r_{be}；（2）分别求不带负载和带负载两种情况下的电压放大倍数 A_u；（3）输入电阻 R_i；（4）输出电阻 R_o。

解：（1）由直流通路可得

$$I_{BQ} = \frac{U_{CC} - U_{BEQ}}{R_B} = \frac{12 - 0.7}{283 \times 10^3}\text{A} \approx 0.04\text{mA}$$

$$I_{EQ} \approx I_{CQ} = \beta I_{BQ} = 50 \times 0.04\text{mA} = 2\text{mA}$$

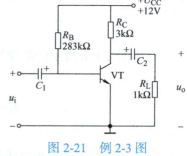

图 2-21 例 2-3 图

则晶体管的输入电阻为

$$r_{be} = \left[300 + (1+\beta)\frac{26(\text{mV})}{I_{EQ}(\text{mA})}\right]\Omega \approx \left[300 + \frac{26(\text{mV})}{I_{BQ}(\text{mA})}\right]\Omega = \left(300 + \frac{26}{0.04}\right)\Omega = 950\Omega = 0.95\text{k}\Omega$$

（2）放大电路不带负载时的放大倍数为

$$A_u = -\beta \frac{R_C}{r_{be}} = -50 \times \frac{3}{0.95} \approx -158$$

放大电路带负载时，有

$$R'_L = \frac{R_C R_L}{R_C + R_L} = \frac{3 \times 1}{3 + 1}\text{k}\Omega = 0.75\text{k}\Omega$$

$$A_u = -\beta \frac{R'_L}{r_{be}} = -50 \times \frac{0.75}{0.95} \approx -39$$

（3）输入电阻为

$$R_i = \frac{R_B r_{be}}{R_B + r_{be}} \approx r_{be} = 0.95\text{k}\Omega$$

（4）输出电阻为

$$R_o \approx R_C = 3\text{k}\Omega$$

（2）分压式偏置放大电路　前面介绍的共发射极基本放大电路结构简单，电压和电流放大作用都比较强，其缺点是静态工作点不稳定，电路本身没有自动稳定静态工作点的能力。

造成静态工作点不稳定的原因很多，如电源电压波动、电路参数变化、晶体管老化等，但主要原因是晶体管特性参数（U_{BE}、β、I_{CBO}）随温度变化造成静态工作点移动。由前面的知识可知，晶体管的 I_{CBO} 和 β 均随环境温度的升高而增大，U_{BE} 则随温度的升高而减小，这些都会使放大电路中的集电极电流 I_C 随温度升高而增加，严重时，将使晶体管进入饱和区而失去放大能力。

为了克服上述问题，可以从电路结构上采取措施，图 2-22a 所示放大电路是最常应用的工作点稳定电路，是在图 2-10b 所示分压式偏置电路的输入端接交流信号源，输入电压为 u_i，输出端接负载电阻 R_L，输出电压为 u_o。为了不影响电压放大倍数，在 R_E 的两端并联一个大电容器 C_E，C_E 称为旁路电容器。图 2-10b 即为其直流通路。

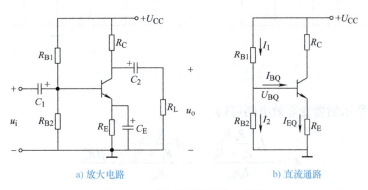

a）放大电路　　　　　　　　　　b）直流通路

图 2-22　分压式偏置放大电路

实际工作中通常选取合适中的 R_{B1} 和 R_{B2}，使电流 I_1 和 I_2 满足如下条件：

$I_1=（5～10）I_{BQ}$（硅管）　　$U_{BQ}=3～5\text{V}$（硅管）　　　　（2-16）

$I_1=（10～20）I_{BQ}$（锗管）　　$U_{BQ}=1～3\text{V}$（锗管）　　　　（2-17）

1）分压式偏置放大电路的静态分析。当图 2-22a 所示放大电路满足式（2-16）的条件时，有 $I_1 \gg I_{BQ}$、$U_{BQ} \gg U_{BEQ}$，则由图 2-22b 所示直流通路可求得

$$U_{BQ} \approx \frac{R_{B2}}{R_{B1}+R_{B2}} U_{CC} \quad (2\text{-}18)$$

$$I_{CQ} \approx I_{EQ} = \frac{U_{BQ}-U_{BEQ}}{R_E} \approx \frac{U_{BQ}}{R_E} \quad (2\text{-}19)$$

$$U_{CEQ}=U_{CC}-I_{CQ}R_C-I_{EQ}R_E \approx U_{CC}-I_{CQ}(R_C+R_E) \quad (2\text{-}20)$$

由式（2-18）和式（2-19）可知，基极电位 U_{BQ} 和集电极电流 I_{CQ} 由 U_{CC}、R_{B1}、R_{B2} 和 R_E 所决定，不随温度而变。稳定 Q 点的关键在于利用发射极电阻 R_E 两端的电压来反映集电

极电流的变化情况，并控制 I_{CQ} 的变化，最后达到稳定静态工作点的目的。当温度升高时，其静态工作点稳定过程如下：

$$t(℃)\uparrow \to I_{CQ}\uparrow \to I_{EQ}\uparrow \to U_{EQ}\uparrow \to U_{BEQ}\downarrow$$
$$I_{CQ}\downarrow \leftarrow I_{BQ}\downarrow$$

2）分压式偏置放大电路的动态分析。将图 2-22a 所示分压式偏置放大电路中的电容器和直流电源作短路处理，则可画出其交流通路，如图 2-23a 所示。由图 2-23a 可知，对交流信号而言，晶体管的发射极仍然是输入信号和输出信号的公共端，故分压式偏置电路本质上也是一个共发射极放大电路。根据交流通路可画出其微变等效电路，如图 2-23b 所示。

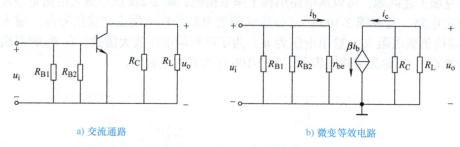

a）交流通路　　　　　　　　　b）微变等效电路

图 2-23　分压式偏置放大电路的交流通路和微变等效电路

由图 2-23b 所示的微变等效电路可得

$$A_u = -\frac{I_c\dfrac{R_C R_L}{R_C+R_L}}{I_b r_{be}} = -\frac{\beta\dfrac{R_C R_L}{R_C+R_L}}{r_{be}} = -\frac{\beta R_L'}{r_{be}} \qquad (2\text{-}21)$$

$$R_i = R_{B1}\,/\!/\,R_{B2}\,/\!/\,r_{be} \approx r_{be} \qquad (2\text{-}22)$$

$$R_o = R_C \qquad (2\text{-}23)$$

【例 2-4】分压式偏置放大电路如 2-22a 所示，已知晶体管 $\beta=50$，$U_{CC}=12\text{V}$，$R_{B1}=20\text{k}\Omega$，$R_{B2}=10\text{k}\Omega$，$R_L=4\text{k}\Omega$，$R_C=2\text{k}\Omega$，$R_E=2\text{k}\Omega$，C_E 足够大。试求：(1) 静态工作点 I_{CQ} 和 U_{CEQ}；(2) 电压放大倍数 A_u；(3) 输入电阻 R_i 和输出电阻 R_o。

解：(1) 估算静态工作点 I_{CQ} 和 U_{CEQ}：

$$U_{BQ} \approx \frac{R_{B2}}{R_{B1}+R_{B2}}U_{CC} = \frac{10}{20+10}\times 12\text{V} = 4\text{V}$$

$$I_{CQ} \approx I_{EQ} = \frac{U_{BQ}-U_{BEQ}}{R_E} \approx \frac{U_{BQ}}{R_E} = \frac{4}{2000}\text{A} = 2\text{mA}$$

$$U_{CEQ} \approx U_{CC} - I_{CQ}(R_C+R_E) = [12-2\times(2+2)]\text{V} = 4\text{V}$$

(2) 估算电压放大倍数 A_u：

项目 2　制作一个简易扩音机电路

$$r_{be} = \left[300 + (1+\beta)\frac{26(\text{mV})}{I_{EQ}(\text{mA})}\right]\Omega = \left(300 + 51 \times \frac{26}{2}\right)\Omega = 963\Omega \approx 0.96\text{k}\Omega$$

$$R'_L = \frac{R_C R_L}{R_C + R_L} = \frac{2 \times 4}{2+4}\text{k}\Omega \approx 1.33\text{k}\Omega$$

$$A_u = -\beta\frac{R'_L}{r_{be}} = -50 \times \frac{1.33}{0.96} \approx -69$$

（3）估算输入电阻 R_i 和输出电阻 R_o：

$$R_i \approx r_{be} = 0.96\text{k}\Omega$$
$$R_o = R_C = 2\text{k}\Omega$$

共发射极放大电路能够提供比较高的电压增益，常用作低频放大系统的前置放大。共基极放大电路可以提供和共发射极放大电路相同的电压增益，相比于共发射极放大电路，其输出电压和输入电压是同相位的，而且高频放大性能比较好，因此常用于高频小信号放大。其分析方法与共发射极放大电路相同，需要时可以查阅相关资料。

考一考

一、填空题

（1）放大电路没有输入信号作用时的工作状态称为 _____，有输入信号作用时的工作状态称为 _____。

（2）放大电路中的直流通路是指 _____，交流通路是指 _____。

（3）造成静态工作点不稳定的因素很多，如温度变化、U_{CC} 波动、电路参数变化等，其中以 _____ 影响最大。

（4）在晶体管共发射极放大电路中，若静态工作点偏高，容易出现 _____ 失真；若静态工作点偏低，容易出现 _____ 失真。

（5）放大电路的输入电阻越大，放大电路向信号源索取的电流就越 _____，其输入电压就越接近于 _____。放大电路的输出电阻越小，其带负载能力就越 _____，输出电压就越接近于 _____。

（6）在共发射极基本放大电路中，当输出波形在一定范围内出现失真时，可通过调整偏置电阻器 R_B 加以调节。当出现截止失真时，应将 R_B 调 _____，使 I_C _____，工作点上移；当出现饱和失真时，应将 R_B 调 _____，使 I_C _____，工作点下移。

二、判断题

（1）放大电路的放大作用是针对电流或电压变化量而言的，其放大倍数是输出信号与输入信号的变化量之比。（　　）

（2）要使电路中的 NPN 型晶体管具有电流放大作用，晶体管的各极电位应满足 $V_C<V_B<V_E$。（　　）

（3）交流放大电路之所以能把小信号放大，是晶体管提供了较大的输出信号的能量。（　　）

（4）在交流放大电路中，同时存在直流、交流两个量，都能同时被电路放大。（　　）

（5）放大电路中晶体管的管压降 U_{CES} 越大，晶体管越容易进入饱和区工作。（　　）

（6）放大电路的微变等效是将电路的非线性局部线性化。（　）

（7）共发射极放大电路的输出信号和输入信号反相。（　）

练一练　单管放大电路的测试

单管放大电路如图2-24所示。其中，$R_B=100\text{k}\Omega$，$R_C=2\text{k}\Omega$，$R_L=100\Omega$，$R_{P1}=1\text{M}\Omega$，$R_{P2}=2.2\text{ k}\Omega$，$C_1=C_2=10\mu\text{F}/15\text{V}$，晶体管VT可选用9013或S8050。

1）请将电路补充完整，然后先将R_{P2}调至最大位置，检查无误后接通12V直流电源。

2）调整静态工作点。使用万用表测量晶体管电压U_{CE}，同时调节电位器R_{P1}，使$U_{CE}=5\text{V}$左右，从而使静态工作点位于负载线的中点。为了校验放大电路的工作点是否合适，把信号发生器输出的$f=1\text{kHz}$的信号加到放大电路的输入端，从零逐渐增加u_i的幅值，用示波器观察放大电路的输出电压u_o的波形。若放大电路工作点调整合适，则放大电路的截止失真和饱和失真应该都出现，若不是都出现，只要稍微改变R_{P1}的阻值便可得到合适的工作点。

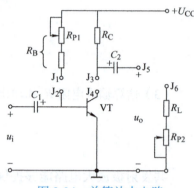

图 2-24　单管放大电路

此时把信号u_i移出，即使$u_i=0$，用万用表分别测量晶体管各极对地电压U_C、U_B、U_E和R_B，并填入表2-4中。

表2-4　静态工作点的测试

测量值					计算值		
U_C/V	U_B/V	U_E/V	U_{CE}/V	R_B/Ω	I_B/A	I_C/A	β

表2-4中计算值可按下面公式估算：

$$I_B=\frac{U_{CC}-U_{BE}}{R_B},\quad I_C=\frac{U_{CC}-U_{CE}}{R_C},\quad \beta=\frac{I_C}{I_E}$$

3）测量放大电路的电压放大倍数，观察R_C和R_L对放大倍数的影响。在步骤1）的基础上将信号发生器调至$f=1\text{kHz}$、输出电压为5mV。随后接入单级放大电路的输入端，即$u_i=5\text{mV}$，观察输出端u_o的波形，并在不失真的情况下分两种情况用晶体管毫伏表测量输出电压u'_o和u_o，并将所有测量结果填入表2-5中。

表2-5　电压放大倍数的测量

电阻		测量值			计算值	
		u_i/V	u_o/V	u'_o/V	A_u	A_u
$R_C=5\text{k}\Omega$	$R_L=\infty$					
	$R_L=2.7\text{k}\Omega$					

①带负载 R_L，即 J_5、J_6 相连，测 u'_o。
②不带负载 R_L，即 J_5、J_6 不相连，测 u_o。

4）放大电路输出电压波形的影响。在步骤 2）的基础上将 R_{P1} 减小，同时增大信号发生器的输入电压 u_i，直到示波器上产生输出信号有明显饱和失真后，立即加大 R_{P1} 直到出现截止失真为止。请分别测试饱和失真和截止失真波形。

5）分析与讨论。
①解释 A_u 随 R_L 变化的原因。
②静态工作点对放大电路输出波形的影响如何？

>>> 想一想

通过对两种共发射极放大电路的分析，你是否能够总结出分析放大电路的一般方法，做到举一反三，并能应用到接下来的共集电极放大电路中？

3. 共集电极放大电路

共集电极放大电路如图 2-25 所示。由于 U_{CC} 端为交流地电位，所以可以看成它是由基极和集电极输入信号，从发射极和集电极输出信号，从图 2-25b 所示的交流通路上可以看到，集电极是输入回路与输出回路的公共端，故称为共集电极电路。又由于是从发射极输出，故又称为射极输出器。

（1）静态分析 图 2-26 所示为共集电极放大电路的直流通路，其静态工作点的分析过程如下：

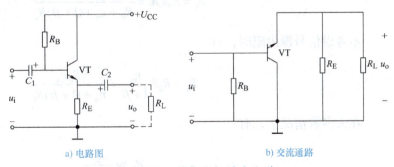

图 2-25　共集电极放大电路

$$U_{CC} = I_{BQ}R_B + U_{BEQ} + (1+\beta)I_{BQ}R_E$$

于是得

$$I_{BQ} = \frac{U_{CC} - U_{BEQ}}{R_B + (1+\beta)R_E} \quad (2\text{-}24)$$

$$I_{EQ} \approx I_{CQ} = \beta I_{BQ} \quad (2\text{-}25)$$

$$U_{CEQ} \approx U_{CC} - I_{EQ}R_E \quad (2\text{-}26)$$

射极电阻器 R_E 起负反馈作用，故具有稳定静态工作点的作用。

（2）动态分析　图 2-27 所示为共集电极放大电路的微变等效电路，

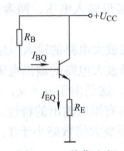

图 2-26　共集电极放大电路的直流通路

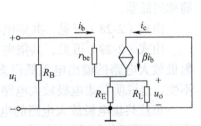

图 2-27　共集电极放大电路的微变等效电路

其动态工作点的分析过程如下。

1）电压放大倍数的估算。由图 2-27 所示的微变等效电路可列出：

$$u_o = (1+\beta)i_b R'_L$$

式中，$R'_L = \dfrac{R_E R_L}{R_E + R_L}$。

$$u_i = [r_{be} + (1+\beta)R'_L]i_b$$

得

$$A_u = \dfrac{u_o}{u_i} = \dfrac{(1+\beta)R'_L}{r_{be} + (1+\beta)R'_L} < 1 \tag{2-27}$$

通常 $r_{be} \ll (1+\beta)R'_L$，故 $A_u \approx 1$。

2）输入电阻和输出电阻的估算。由图 2-27 可知

$$R'_i = r_{be} + (1+\beta)R'_L$$

$$R_i = R_B // R'_i = \dfrac{R_B[r_{be} + (1+\beta)R'_L]}{R_B + r_{be} + (1+\beta)R'_L} \tag{2-28}$$

不考虑信号源内阻时，有

$$R_o = R_E // \dfrac{r_{be}}{1+\beta} = \dfrac{R_E r_{be}}{r_{be} + (1+\beta)R_E}$$

在大多数情况下，有

$$R_E \gg \dfrac{r_{be}}{1+\beta}$$

所以

$$R_o \approx \dfrac{r_{be}}{1+\beta} \tag{2-29}$$

3）共集电极放大电路的特点。由式（2-27）可见，共集电极放大电路的电压放大倍数略小于 1（近似为 1），即该电路没有电压放大作用，但因 $i_e = (1+\beta)i_b$，故仍具有电流放大和功率放大作用。正因为输出电压接近输入电压，两者相位又相同，故又称之为射极跟随器，简称射随器。

由式（2-28）可见，共集电极放大电路的输入电阻很高，可达几十千欧到几百千欧。

由式（2-29）可见，共集电极放大电路的输出电阻很小，一般为几欧至几百欧，比共发射极放大电路的输出电阻低得多。这是由于 $u_o \approx u_i$，当 u_i 一定时，输出电压 u_o 基本上保持不变，这说明共集电极放大电路具有恒压输出的特性。

虽然共集电极放大电路的电压放大倍数略小于 1，但由于输入电阻高、输出电阻低的突出特点而得到了广泛的应用。

在多级放大电路中，可以把共集电极放大电路作为输入级，与内阻较大的信号源相匹

配，用来获得较大的信号源电压，从而避免在信号源内阻上不必要的损耗。

用共集电极放大电路作为输出级，可使放大电路具有较低的输出电阻和较强的带负载能力。

用共集电极放大电路作为中间级，可以隔离前后级之间的相互影响，并利用输入电阻高和输出电阻低的特点在电路中起阻抗变换的作用。

【例2-5】图2-28所示电路为一个用共集电极放大电路作输出缓冲带电扬声器工作的放大电路。已知两个晶体管的电流放大倍数 $\beta_1=\beta_2=100$。试分析：（1）电路总的电压放大倍数；（2）如果没有共集电极放大电路作输出缓冲，电路的电压放大倍数应为多少？

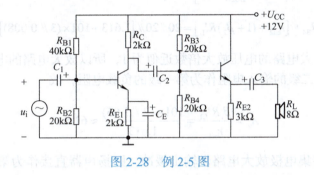

图2-28 例2-5图

解：（1）图2-29所示为该放大电路的第一级和第二级直流通路。

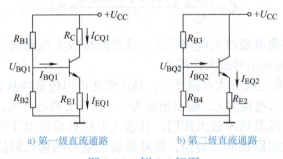

a) 第一级直流通路　　　　b) 第二级直流通路

图2-29 例2-5解图

由图2-29a可得

$$U_{BQ1} \approx \frac{R_{B2}}{R_{B1}+R_{B2}} U_{CC} = \frac{20}{40+20} \times 12\text{V} = 4\text{V}$$

$$I_{EQ1} = \frac{U_{BQ1}-U_{BEQ1}}{R_{E1}} \approx \frac{U_{BQ1}}{R_{E1}} = \frac{4}{2000}\text{A} = 2\text{mA}$$

则

$$r_{be1} = \left[300+(1+\beta_1)\frac{26(\text{mV})}{I_{EQ1}(\text{mA})}\right]\Omega = \left(300+101\times\frac{26}{2}\right)\Omega = 1613\Omega = 1.613\text{k}\Omega$$

由图2-29b可得

$$U_{BQ2} \approx \frac{R_{B4}}{R_{B3}+R_{B4}}U_{CC} = \frac{20}{20+20} \times 12V = 6V$$

$$I_{EQ2} = \frac{U_{BQ2}-U_{BEQ2}}{R_{E2}} \approx \frac{U_{BQ2}}{R_{E2}} = \frac{6}{3000}A = 2mA$$

则

$$r_{be2} = \left[300+(1+\beta_2)\frac{26(mV)}{I_{EQ2}(mA)}\right]\Omega = \left(300+101\times\frac{26}{2}\right)\Omega = 1613\Omega = 1.613k\Omega$$

$$R_{i2} = R_{B3} /\!/ R_{B4} /\!/ [r_{be2}+(1+\beta_2)R'_L] = 20/\!/20/\!/[1.613+101\times(3/\!/0.008)] = 1.95k\Omega$$

由于共集电极放大电路的电压放大倍数近似为1，所以放大电路的电压放大倍数主要由第一级决定，同时第二级的输入电阻作为第一级的负载电阻，故

$$A_u = \frac{\beta_1 R'_{L1}}{r_{be1}} = \frac{101\times(2/\!/1.95)}{1.613} \approx 61.8$$

（2）如果没有共集电极放大电路做输出缓冲，则扬声器直接作为第一级放大电路的负载，此时有

$$A'_u = \frac{\beta_1 R'_L}{r_{be1}} = \frac{101\times(2/\!/0.008)}{1.613} \approx 0.5$$

可见，如果没有共集电极放大电路存在，共发射极放大电路直接驱动扬声器时电压放大倍数小于1，是不能起到信号放大作用的。

除了共发射极和共集电极放大电路之外，晶体管还可以组成共基极放大电路。由图2-9b可知，共基极电路的输入电流为i_e，输出电流为i_c，由于i_c略小于i_e，所以共基极电路无电流放大作用，但仍有电压及功率放大作用，且输入电压和输出电压同相位，电压放大倍数的估算与共发射极放大电路相同。但是，共基极放大电路的输入阻抗很小，会使输入信号严重衰减，不过它的频宽很大，因此通常用作宽频或高频放大器。有兴趣的读者可以查阅相关资料。

▶▶▶ 考一考

一、填空题

（1）按晶体管在电路中不同的连接方式，可组成_____、_____和_____3种基本放大电路。其中，_____电路输出电阻低，带负载能力强；_____电路兼有电压放大和电流放大作用；_____电路通常用作宽频或高频放大器。

（2）共集电极放大电路的特点是：电压放大倍数_____，输入电阻_____，输出电阻_____。

（3）共集电极放大电路作为输入级，可以避免_____；用共集电极放大电路作为输出级，可使放大电路具有_____；用共集电极放大电路作为中间级，可以隔离_____，并利用输入电阻高和输出电阻低的特点，在电路中起

_____的作用。

（4）共集电极放大电路又称为_____或_____。

二、判断题

（1）共基极放大电路的输出信号和输入信号同相，共集电极放大电路也是一样。（　）

（2）共集电极放大电路没有电压放大作用，但仍有电流和功率放大作用。（　）

（3）在共集电极放大电路中集电极信号电压与基极信号电压同相。（　）

（4）共集电极放大电路的 $A_u \approx 1$，故无功率放大作用。（　）

（5）共基极放大电路的高频性能好，可以用作高频放大器。（　）

4. 放大电路中的负反馈

反馈（feedback）在电子电路中应用十分广泛，特别是负反馈可以改善放大电路的性能。实际中常见的放大电路都离不开负反馈，前面介绍的分压式偏置放大电路就是应用负反馈技术来实现静态工作点稳定的。扩音机的小信号放大电路中也要用到负反馈技术。

（1）反馈的概念　图 2-30 所示为一般反馈放大电路的框图，主要由基本放大电路 A 与反馈网络 F 组成。在基本放大电路中，信号 X_i 从输入端向输出端正向传输；在反馈网络中，反馈信号 X_f 由输出端反送到输入端，并在输入端与输入信号比较（叠加）。

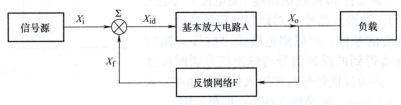

图 2-30　一般反馈放大电路框图

X 可以表示电压，也可以表示电流。在图 2-30 中，X_i、X_o、X_f、X_{id} 分别表示输入信号、输出信号、反馈信号和净输入信号，$\sum$ 表示信号相叠加，输入信号 X_i 和反馈信号 X_f 在 $\sum$ 处叠加，产生放大电路的净输入信号 X_{id}。

在图 2-30 所示的框图中，如果反馈信号 X_f 与输入信号 X_i 比较后使净输入信号 X_{id} 增加，这种反馈称为正反馈（positive feedback）；相反，如果反馈信号 X_f 与输入信号 X_i 比较后使净输入信号 X_{id} 减小，这种反馈称为负反馈（negative feedback）。放大电路中主要应用的是负反馈。正反馈主要应用在振荡电路中。

负反馈放大电路的一般关系式如下。

1）输入端各量关系

$$X_{id} = X_i - X_f \tag{2-30}$$

2）开环放大倍数

$$A = \frac{X_o}{X_{id}} \tag{2-31}$$

3）反馈系数

$$F = \frac{X_f}{X_o} \quad (2\text{-}32)$$

4）闭环放大倍数

$$A_f = \frac{X_o}{X_i} \quad (2\text{-}33)$$

将式（2-30）～式（2-33）进行运算，得

$$A_f = \frac{X_o}{X_i} = \frac{X_o}{X_{id} + X_f} = \frac{X_o}{X_{id} + AFX_{id}} = \frac{A}{1+AF} \quad (2\text{-}34)$$

式（2-34）称为负反馈放大电路的闭环放大倍数，或称为闭环增益。它表示加了负反馈后的闭环增益 A_f 是开环增益 A 的 $1/(1+AF)$ 倍，其中 $1+AF$ 称为反馈深度。

判别反馈的极性（正反馈还是负反馈）通常采用<u>瞬时极性法</u>。以图 2-31 所示的<u>集电极反馈式共发射极放大电路</u>为例，反馈元件 R_f 接在输出端（集电极）与输入端（基极）之间，设输入信号 u_i 对地瞬时极性为正。因为 u_i 加在晶体管的基极，所以集电极输出信号 u_o 瞬时极性为负，经 R_f 得到的反馈信号与输出信号瞬时极性相同，也为负。因为反馈信号与原输入信号同加在输入端，所以净输入 $i_b = i_i - i_f$，使净输入减小，即负反馈。

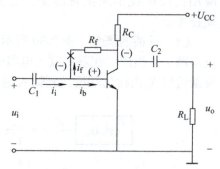

图 2-31 反馈极性的判断

由上述分析可得瞬时极性法判别反馈极性的具体步骤为：

1）将反馈支路与放大电路输入的连接断开，先假设放大电路输入端信号对地的瞬时极性为正，说明该点瞬时电位的变化是升高，在图 2-31 中用（+）表示。反之，瞬时电位降低，在图 2-31 中用（-）表示。

2）沿闭环系统，逐级标出有关点的瞬时极性是升高还是降低，最后得到反馈信号的瞬时极性。

3）最后将反馈连上，在输入回路比较反馈信号与原输入信号的瞬时极性，看净输入是增加还是减小，从而决定是正反馈还是负反馈。净输入减小是负反馈，净输入增加是正反馈。

综上所述，<u>如果反馈信号和输入信号加到输入级的同一个电极上，则二者极性相同为正反馈，极性相反为负反馈；如果反馈信号和输入信号加到输入级的两个不同电极上，则二者极性相同为负反馈，极性相反为正反馈。</u>

【例 2-6】试判别图 2-32 所示电路的反馈极性。

解：瞬时极性的判断如图 2-32 所示，即 u_i 经两级放大后，通过极间反馈元件 R_f、C_f 引回到 VT_1 基极的瞬时极性为负，可以看出，反馈信号和输入信号加到输入级的同一个电极上，且极性相反，故为负反馈，因此 R_f、C_f 引入了负反馈。

（2）负反馈的分类及判别

1）电压反馈和电流反馈。按照反馈信号从输出端的取样对象为电压还是电流，反馈可

分为电压反馈和电流反馈。简单判别方法为：除公共地线外，若反馈线与输出线接在同一点上，则为电压反馈；若反馈线与输出线接在不同点上，则为电流反馈。

如图 2-31 所示，R_f 构成的反馈线与输出线接在同一点上，必然为电压反馈。而图 2-32 中，R_f、C_f 构成的反馈线与输出线未接在同一点上，必然为电流反馈。

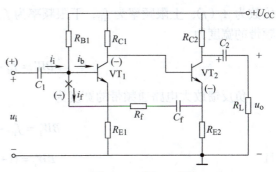

图 2-32　例 2-6 图

2）串联反馈和并联反馈。按照反馈信号与输入信号在放大电路输入端的连接方式是串联还是并联，可将反馈分为串联反馈和并联反馈。简单判断方法为：当反馈信号与输入信号在输入端同一节点引入时，为并联反馈；若反馈信号与输入信号不在输入端同一节点引入时，则为串联反馈。

如图 2-31 和图 2-32 中，反馈信号与输入信号加在输入端的同一节点上，则为并联反馈。

综合以上分析，考虑到反馈信号在输出端的取样对象以及在输入端连接方式的不同组合，负反馈可以分为 4 种组态，即电压串联负反馈、电压并联负反馈、电流串联负反馈、电流并联负反馈。

（3）负反馈对放大电路性能的影响　负反馈使放大电路的电压放大倍数下降，但可改善放大电路的很多性能，是改善放大电路性能的重要技术措施，广泛应用于放大电路和反馈控制系统之中。

1）提高电压放大倍数的稳定性。由于负载和环境温度的变化、电源电压的波动和元器件老化等因素的影响，即使输入信号一定，也会引起输出信号的变化，即放大电路的放大倍数会发生变化。通常用电压放大倍数相对变化量的大小来表示放大倍数稳定性的好坏，即相对变化量越小，稳定性越好。

引入负反馈后，由于它的自动调节作用，使放大电路的输出信号变化得到抑制，放大倍数趋于稳定。当反馈深度（$1+AF$）$\gg 1$ 时，则称深度负反馈，此时放大倍数为常数，即

$$A_f = \frac{A}{1+AF} \approx \frac{A}{AF} = \frac{1}{F} \tag{2-35}$$

可以证明负反馈放大电路的放大倍数 A_f 的稳定性是 A 的（$1+AF$）倍。

2）扩展通频带。图 2-33 所示为基本放大电路和负反馈放大电路的幅频特性 $A(f)$ 和 $A_f(f)$。由图 2-33 可见，在低频段和高频段，电压放大倍数下降。规定当电压放大倍数降低为原来的 0.707 时，对应的两个频率 f_L 和 f_H 分别称为下限频率和上限频率。

为了研究的方便，设反馈网络为纯电阻网络且在放大电路波特图的低频段和高频段各仅有一个拐点，则放大电路无反馈时上限频率为 f_H，下限频率为 f_L，通频带宽度为 BW；有负反馈时的中频放大

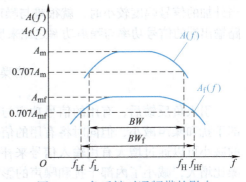

图 2-33　负反馈对通频带的影响

倍数为 $A_f(f)$，上限频率为 f_{Hf}，下限频率为 f_{Lf}，通频带宽度为 BW_f。因此，基本放大电路通频带的宽度为

$$BW = f_H - f_L \approx f_H \qquad (2-36)$$

负反馈放大电路通频带的宽度为

$$BW_f = f_{Hf} - f_{Lf} \approx f_{Hf} \qquad (2-37)$$

且

$$BW_f = (1+AF)BW \qquad (2-38)$$

这表明，引入负反馈后，通频带扩展了（1+AF）倍，但这是以降低放大倍数为代价的。

3）减小非线性失真。由于放大电路含有非线性器件，输出信号可能产生非线性失真。从图 2-34a 所示电路中可以看出，输入为正弦信号，经放大电路 A 放大输出的信号正半周幅度大，负半周幅度小，出现了失真。

引入负反馈后，可通过图 2-34b 来加以说明。反馈信号的波形与输出信号波形相似，也是正半周大，负半周小，经过比较环节，使净输入量变成正半周小，负半周大的波形，再通过放大电路 A，就把输出信号的前半周压缩，后半周扩大，结果使前后半周的输出幅度趋于一致，输出波形接近正弦波。当然减小非线性失真的程度也与反馈深度有关。

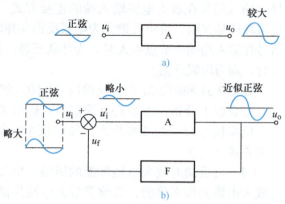

图 2-34 负反馈改善输出波形的原理

应当指出，由于负反馈的引入，在减小非线性失真的同时，降低了输出幅度。此外，输入信号本身固有的失真是不能用引入负反馈来改善的。

4）抑制内部干扰和噪声。放大电路的内部干扰和噪声，是指在没有输入信号作用时，输出级仍有杂乱无章的波形输出的情况。这些内部干扰和噪声，有的来自外部，与信号同时混入，有的由放大电路本身产生，如晶体管、电阻器中有载流子随机性不规则的热运动引起的热噪声，电源电压的波动等原因造成的电路内部干扰等。噪声对放大电路是有害的，它的影响并不单纯由噪声本身的大小来决定。当外加信号的幅度较大时，噪声的影响较小，当外加的信号幅度较小时，就很难与噪声分开，甚至被噪声所"淹没"。工程上常用放大电路输出端的信号功率与噪声功率之比来反映噪声的影响，这个比值称为信噪比，即

$$信噪比 = \frac{信号功率}{噪声功率}$$

引入负反馈后，有用的信号功率与噪声功率同时减小，也就是说，负反馈虽然能使内部干扰和噪声减小，但同时将有用的信号也减小了，信噪比并没有改变。但是，有用信号的减小可以通过增大有用输入信号来补偿，而噪声的幅度是固定的，从而使整个电路的信噪比增大，减小了内部干扰和噪声的影响。因此，哪一级有内部干扰和噪声，就在那一级

引入深度负反馈。

需要指出的是，负反馈对来自外部的干扰和与输入同时混入的噪声是无能为力的。

5）改变输入电阻和输出电阻。负反馈对放大电路输入电阻的影响主要取决于串联、并联反馈。串联负反馈使输入电阻增大，并联负反馈使输入电阻减小。负反馈对放大电路输出电阻的影响主要取决于采用电压反馈还是电流反馈。电压负反馈能稳定输出电压，输出电压稳定与输出电阻减小密切相关。对于负载 R_L 来说，电压负反馈放大电路相当于一个内阻很小的电压源，这个电压源的内阻就是电压负反馈放大电路的输出电阻。因为输出电压稳定，其信号源的内阻必然很小，所以引入电压负反馈后输出电阻下降。电流负反馈能稳定输出电流，输出电流的稳定与输出电阻的大小密切相关。对负载 R_L 来说，电流负反馈放大电路相当于一个内阻很大的恒流源。引入电流负反馈后，将使输出电阻增大。

考一考

一、填空题

（1）反馈放大电路中的几个重要指标的数学表达式分别为：反馈系数 $F=$_____，开环放大倍数 $A=$_____，闭环放大倍数 $A_f=$_____。

（2）通常使用_____法来判断反馈放大电路的反馈极性。对共发射极放大电路而言，输入端反馈信号加到晶体管的基极称为_____反馈，反馈信号加到晶体管的发射极称为_____反馈，在输出端，反馈信号从集电极取出属于_____反馈。

（3）负反馈的4种组态分别是_____、_____、_____和_____。

（4）负反馈主要应用在_____电路中，正反馈主要应用在_____电路中。

二、请判别图 2-35 所示电路的反馈组态。

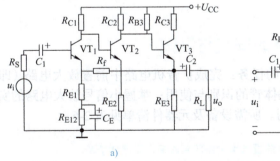
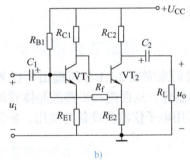

a)　　　　　　　　　　　　　　b)

图 2-35　题二图

想一想

我们的学习和生活中哪些地方用到反馈的概念？有什么好处？

2.1.3　扩音机前置放大电路的设计

共集电极放大电路具有较高的输入电阻，可以作为扩音机电路的输入级，与送话器提供的信号源相匹配，用来获得较多的信号源电压；共发射极放大电路的电压放大倍数较大，常用作低频小信号放大；同时，引入负反馈可以改善放大电路的静态和动态性能。因此，可以采用图 2-31 所示的集电极反馈式共发射极放大电路作为电压放大部分。故扩音机前置放大电路可以采用图 2-36 所示的两级放大电路来完成。

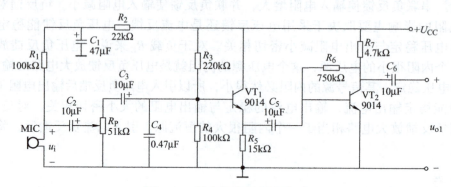

图 2-36　扩音机前置放大电路

在图 2-36 中，由晶体管 VT_1、电阻器 R_3、R_4 和电容器 C_3、C_5 构成的共集电极放大电路作为扩音机的输入级电路。由于信号源的送话器内阻较高，利用共集电极电路作为放大电路的输入级，可以从送话器处得到幅度较大的输入信号电压，使送话器的输入信号得到有效的放大。图中电位器 R_P 可以用来调节输入信号的强度，控制音量的大小。晶体管 VT_2、电阻器 R_6、R_7 和电容器 C_6 构成集电极反馈式共发射极放大电路。反馈电阻器 R_6 连接在晶体管 VT_2 基极和集电极之间，由集电极 C 向晶体管的发射结提供偏置电压，R_6 构成电压并联负反馈，能够稳定静态工作点和电压放大倍数。

电阻器 R_2 和电容器 C_1 构成滤波退耦电路，避免自激振荡，保证电路稳定工作。电容器 C_4 是为滤除杂波而设置的，采用无极性电容器即可。放大后的信号 u_{o1} 作为后续主放大电路的输入信号。

2.1.4　扩音机前置放大电路的安装与测试

现在我们来完成 2.1.1 节所提出的任务：完成扩音机电路中前置放大电路（即小信号放大电路）的制作，从而进一步熟悉晶体管的识别与使用；掌握小信号放大电路的实际应用场合；熟悉常用电子仪器及设备的使用。所需设备及元器件清单见表 2-6。

表 2-6　扩音机前置放大电路所需设备及元器件清单

序号	名称	规格、型号	数量
1	晶体管	9014	2
2	电解电容器	10μF	4
3	电解电容器	47μF	1
4	电容器	0.47μF	1
5	电阻器	4.7kΩ	1
6	电阻器	15kΩ	1
7	电阻器	22 kΩ	1

(续)

序号	名称	规格、型号	数量
8	电阻器	100 kΩ	2
9	电阻器	220 kΩ	1
10	电阻器	750 kΩ	1
11	电位器	51 kΩ	1
12	驻极体送话器	—	1
13	面包板	188mm × 46mm × 8.5mm	1
14	面包板插接线	0.5mm 单芯单股导线	若干
15	数字万用表	—	1
16	直流电源	12V	1

按图 2-36 在面包板上安装扩音机前置放大电路。电路的测试步骤如下：

1）静态测试：先不接入驻极体送话器，用导线将输入端短路，用万用表分别测试两级放大电路的静态值 U_B、U_C、U_E、I_B 和 I_C，将结果记入表 2-7 中，并根据测试结果分析晶体管的工作状态和晶体管的电流放大倍数 β。

2）动态测试：在输入端接入一个 10mV、1000Hz 的正弦交流电压，用交流电压表分别测量两级放大电路的输出电压，并计算电压放大倍数；用示波器观察输入和输出波形，将结果记入表 2-8 中。

表 2-7 静态测试

电路	U_B/V	U_C/V	U_E/V	$I_B/\mu A$	I_C/mA
第一级放大电路					
第二级放大电路					

表 2-8 动态测试

电路	U_o/V	输入波形	输出波形	A_u
第一级放大电路				
第二级放大电路				

3）接入驻极体送话器并对着送话器说话，用示波器分别观测输入和输出波形。

2.1.5 延伸阅读：正弦波振荡电路

由 2.1.2 节中介绍的反馈概念可知，按照反馈极性可将反馈分为正反馈和负反馈。其中，负反馈主要用在放大电路中，用以改善放大电路的性能；而正反馈主要用在振荡电路中。所谓振荡电路，即不需要输入信号就有输出信号的电路，因此又称为自激振荡电路。

正弦波振荡电路是一种不需外加信号作用，能够输出不同频率正弦信号的自激振荡电路。图 2-37 所示为应用比较广泛的反馈式正弦波振荡电路框图。

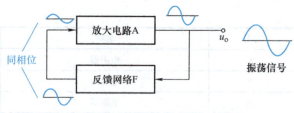

图 2-37 反馈式正弦波振荡电路框图

凡是振荡电路，均没有外加输入信号，那么，电路接通电源后是如何产生自激振荡的呢？这是由于在电路中存在着各种电的扰动（如通电时的瞬变过程、无线电干扰、工业干扰及各种噪声等），使输入端有一个扰动信号。这个不规则的扰动信号可用傅里叶级数展开成一个直流和多次谐波的正弦波叠加。如果电路本身具有选频、放大及正反馈能力，电路会自动从扰动信号中选出适当的振荡频率分量，经正反馈，再放大，再正反馈，使 |AF|>1，从而使微弱的振荡信号不断增大，自激振荡就逐步建立起来，这个过程称为起振。

当振荡建立起来之后，由于放大电路中晶体管本身的非线性或反馈支路自身输出与输入关系的非线性，当振荡幅度增大到一定程度时，A 或 F 便会降低，使 |AF|>1 自动转变成 |AF|=1，振荡电路就会稳定在某一振荡幅度，这个过程称为稳幅。

根据振荡电路对起振、稳幅和振荡频率的要求，产生振荡的基本条件可表述为以下两点。

1）相位平衡条件：必须引入正反馈，即反馈信号与输入信号同相位。
2）幅值平衡条件：|AF|=1，其中 A 为放大电路开环电压放大倍数，F 为反馈系数。

为了满足以上两点，一般振荡电路由以下 4 部分组成。

1）放大电路。它具有放大信号作用，并将直流电源转换成振荡的能量。
2）反馈网络。它形成正反馈，能满足相位平衡条件。
3）选频网络。在正弦波振荡电路中，它的作用是选择某一频率 f_0，使之满足振荡条件，形成单一频率的振荡。
4）稳幅电路。它用于稳定振幅，改善波形，有利用放大器非线性的内稳幅和利用其他元器件非线性的外稳幅，即振荡电路中必须包含非线性环节。

通常根据组成选频网络的元器件，可将正弦波振荡电路分为 RC、LC 和石英晶体振荡电路。

（1）RC 振荡电路　图 2-38 所示为 RC 正弦波振荡电路，其中放大电路由集成运算放大器 A 构成（也可由晶体管构成），集成运算放大器将在任务 3 中介绍。RC 串并联网络作为选频电路，同时还作为正反馈电路。R_2 组成的反馈电路作为稳幅电路，能减小失真。电路中有 RC 串联电路、RC 并联电路，R_2 和 R_1 接成电桥电路，因而电路又称为 RC 桥式振荡电路或文氏电桥振荡电路。常用的 RC 振荡电路还有移相式 RC 振荡电路。RC 正弦波振荡电路适用于低频振荡，一般用于产生零点几赫兹到数百千赫兹的低频信号。

RC 正弦波振荡电路的振荡频率为

$$f_0 = \frac{1}{2\pi RC} \tag{2-39}$$

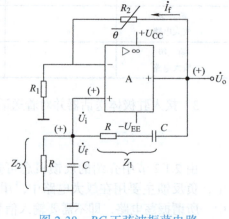

图 2-38　RC 正弦波振荡电路

可见，改变 R、C 的参数值，就可以调节振荡频率。为了保证相移 $\varphi=0$，必须同时改变两个电阻 R 的阻值或两个电容 C 的容量，可采用双联电位器或双联可变电容器来实现。

电路中 R_2 采用负温度系数的热敏元件作放大电路的负反馈元件，以实现外稳幅。

（2）LC 振荡电路　　LC 正弦波振荡电路采用 LC 并联回路作选频网络。它主要用来产生频率高于 1MHz 的高频正弦波信号。按反馈电路的形式不同，常见的 LC 正弦波振荡电路有调谐式振荡电路、电感三点式振荡电路和电容三点式振荡电路。

图 2-39 所示为调谐式振荡电路，也称为变压器反馈式 LC 振荡电路。分压式偏置的共发射极放大电路起放大和控制振荡幅度作用。L_1C 并联谐振网络接在集电极，构成选频网络，能选择振荡频率，使得在谐振频率处获得振荡电压输出，其振荡频率为

$$f_0 = \frac{1}{2\pi\sqrt{L_1 C}} \quad (2\text{-}40)$$

变压器二次绕组 L_2 作为反馈绕组。为了使振荡电路自激起振，必须正确连接反馈绕组 L_2 的极性，使之符合正反馈的要求，满足相位平衡条件。其过程可表示为：假设反馈端 K 点断开，并引入输入信号 u_i 为（+），则各点瞬时极性的变化如图 2-39 所示。

若图 2-39 中 L_1、L_2 的同名端接错，则为负反馈，就不满足相位平衡条件，不能产生自激振荡。

调谐式振荡电路的优点是容易起振，若用可变电容器代替固定电容器 C，则调频比较方便，缺点是输出波形不理想。由于反馈电压取自电感器两端，它对高次谐波的阻抗大，反馈也强，因此在输出波形中含有较多高次谐波成分，振荡频率不高，通常为几兆赫到十几兆赫的正弦信号。

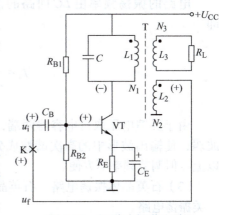

图 2-39　调谐式振荡电路

图 2-40 所示为一个电感三点式振荡电路，又称为哈特莱振荡电路。

从图 2-40 可以看出，反馈电压取自电感器 L_2 两端，加到晶体管 B、E 间。设基极瞬时极性为正，由于放大器的倒相作用，集电极电位为负，与基极相位相反，则电感器的③端为负，②端为公共端，①端为正。反馈电压由①端引至晶体管的基极，故为正反馈，满足相位平衡条件。

电路的振荡频率为

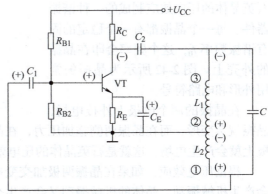

图 2-40　电感三点式振荡电路

$$f_0 = \frac{1}{2\pi\sqrt{LC}} = \frac{1}{2\pi\sqrt{(L_1 + L_2 + 2M)C}} \quad (2\text{-}41)$$

式中，(L_1+L_2+2M) 为 LC 回路的总电感；M 为 L_1 与 L_2 间的互感耦合系数。

若将 LC 回路中的电容器换为可变电容器，则可以很方便地改变电路的振荡频率。

电感三点式振荡电路结构简单，容易起振，调频方便。由于反馈信号取自电感器 L_2，电感器对高次谐波感抗大，所以高次谐波的正反馈比基波强，使输出波形含有较多的高次谐波成分，波形较差。它常用于对波形要求不高的设备中，其振荡频率通常在几百千赫到几兆赫。

图 2-41 所示为一个电容三点式振荡电路，又称考毕兹振荡电路。

由图 2-41 可以看出，反馈电压取自电容器 C_2 两端，加到晶体管 B、E 间。设基极瞬时极性为正，由于放大器的倒相作用，集电极电位为负，与基极相位相反，则电容器的③端为负，②端为公共端，①端为正。反馈电压由①端引至晶体管的基极，故为正反馈，满足相位平衡条件。

电路的振荡频率由 LC 回路的谐振频率确定，即

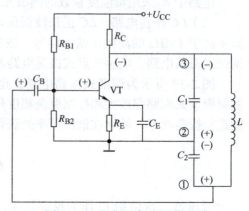

图 2-41　电容三点式振荡电路

$$f_0 \approx \frac{1}{2\pi\sqrt{LC}} = \frac{1}{2\pi\sqrt{L\dfrac{C_1 C_2}{C_1 + C_2}}} \qquad (2\text{-}42)$$

由于反馈电压取自电容器两端，电容器对高次谐波容抗小，对高次谐波的正反馈比基波弱，使输出波形中的高次谐波成分少，波形较好。电路的振荡频率较高，可达 100MHz 以上，但调节频率不方便。

（3）石英晶体振荡电路　石英晶体振荡电路是利用晶体振荡器作为反馈和选频网络的一类振荡电路。

晶体振荡器简称晶振，是利用石英晶体的压电效应制成的一种谐振器件。每一个晶振都有一个稳定的固有谐振频率 f_0，这个频率会印在晶振的外壳上。图 2-42 所示为晶振的常用外形和电路符号。

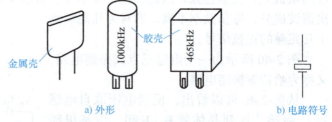

a) 外形　　　　　　　　b) 电路符号

图 2-42　晶振的常用外形和电路符号

在晶振的两个电极上外接电场，晶振就会变形，而在晶振两侧施加压力，在晶体的两个电极上就会产生电场，这就是石英晶体的压电效应。

根据压电效应，如果在晶振两极加交变电压，晶体就会产生机械振动，晶体的机械振动又会产生交变电压。在一般情况下，晶体振动的振幅和交变电压的值非常微小，但当外加交变电压的频率等于晶振的固有频率 f_0 时，晶体振动的振幅显著增大，这种现象称为压电谐振。石英晶体振荡电路选用晶振作为选频网络，具有极高的频率稳定性。一般石英晶体振荡电路的频率稳定性可达 $10^{-11} \sim 10^{-9}$。

图 2-43 所示为一种常见的石英晶体正弦波振荡电路，

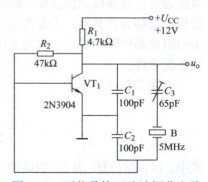

图 2-43　石英晶体正弦波振荡电路

它实际上是一个晶振版本的电容三点式振荡电路,晶振 B 相当于电容三点式选频网络中的 L,微调电容器 C_3 可以对振荡电路的输出信号频率进行微调。它可以产生 $1\sim10MHz$ 的正弦波信号,具体由晶振的固有频率决定。假设晶振的固有频率为 5MHz,则输出电压 u_o 即为频率为 5MHz 的正弦波。

任务 2.2 扩音机主放大电路的制作

2.2.1 任务布置

在本任务中,我们要实现扩音机电路中主放大电路的制作。主放大电路又称为功率放大电路,音频信号经过前置放大电路进行电压放大后即进入功率放大电路,功率放大电路的主要任务是在允许失真的限度内,尽可能高效率地向负载提供足够大的功率以驱动执行机构工作。对于扩音机电路的主放大电路,本任务要求能够能驱动一个 8Ω 的扬声器发声。

在晶体管构成的功率放大电路中,多以共集电极放大电路构成的互补对称功率放大电路为基础,放大系统中还要用到多级放大电路。为此,我们需要完成对功率放大电路的分类特点、互补对称功率放大电路及多级放大电路等相关知识的信息收集,从而完成扩音机主放大电路的设计,并对扩音机电路进行整体安装和测试,在完成任务的过程中掌握相关知识和技能。

2.2.2 信息收集:功率放大电路的特点及分类、互补对称功率放大电路、多级放大电路

1. 功率放大电路的特点及分类

相比于小信号放大电路,可以把功率放大电路理解成"大信号放大电路"。因此,对功率放大电路有以下要求。

(1) 功率放大电路的特点

1) 输出功率大。为此,要求放大电路的输出电压和输出电流都要有足够大的变化量,所以晶体管工作在极限状态,要求它的极限参数 I_{CM}、$U_{(BR)CEO}$、P_{CM} 等应满足实际电路工作时的需要,并要留有一定的余量。

2) 效率尽可能高。放大电路输出给负载的功率是由直流电源提供的。在输出功率比较大的情况下,效率问题尤为突出。如果功率放大电路的效率不高,不仅将造成能量的浪费,而且消耗在电路内部的电能将转换成为热量,使晶体管、元件等温度升高,因而要求选用较大容量的放大器和其他设备,很不经济。放大电路的效率为

$$\eta = \frac{P_o}{P_E} \times 100\% \qquad (2\text{-}43)$$

式中,P_o 为放大电路输出给负载的功率;P_E 为直流电源所提供的功率。

3) 尽量减小非线性失真。由于在功率放大电路中,晶体管的工作点在大范围内变化,使晶体管特性曲线的非线性问题充分暴露出来,因此输出波形的非线性失真比小信号放大电路要严重得多。在实际的功率放大电路中,应根据负载的要求来规定允许的失真度范围。

4）性能指标分析以功率为主。着重计算输出功率 P_o、晶体管消耗功率 P_V、电源供给功率 P_E 和效率 η。由于晶体管处于大信号工作状态，分析计算时只能采用图解法估算，不能用微变等效电路法分析。

5）晶体管的散热问题。功率放大电路中很大一部分功率被集电结消耗掉，使结温上升，为了充分利用允许的管耗（晶体管消耗的功率）输出足够大的功率，散热非常重要，在使用时一般要加散热器，以降低结温，确保晶体管安全地工作。

（2）功率放大电路的分类

目前，功率放大电路已具有很多种形式。按晶体管工作状态的不同，可分为甲类、乙类、甲乙类、丙类、丁类和超甲类功率放大电路。

1）甲类功率放大电路。静态工作点 Q 设置在直流负载线的中间，为了获得最大幅度的输出功率，i_C 和 u_{CE} 几乎都在各自的极限幅度内变化。设输入信号为正弦波，则甲类功率放大电路中 i_C 和 u_{CE} 的波形变换如图 2-44a 所示。在输入电压信号的整个周期中，晶体管都处于导通状态。设正弦波周期为 T，晶体管导通时间为 t，则甲类功率放大电路工作时，$t=T$。

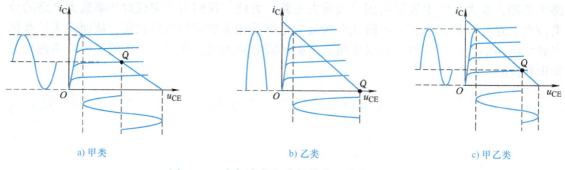

a) 甲类　　　　　　　　　　b) 乙类　　　　　　　　　　c) 甲乙类

图 2-44　功率放大电路的静态工作点设置

甲类功率放大电路的优点是波形失真小，但由于静态工作电流大，故管耗大，放大电路效率低，理想状态下其效率的最大值为 25%，75% 的能量都白白浪费掉了，所以主要应用于小功率放大电路中。

2）乙类功率放大电路。如图 2-44b 所示，静态工作点 Q 设置在截止区。故 $t=T/2$，晶体管只导通半个周期，另半个周期截止。通常使用两个晶体管轮流工作来获得完整的输出波形。

乙类功率放大电路的效率最高，理想情况下最高可达 78.5%。其缺点是容易产生交越失真。

3）甲乙类功率放大电路。如图 2-44c 所示，静态工作点 Q 略高于截止区。$T/2<t<T$，晶体管的导通时间大于半个周期，截止时间小于半个周期。

甲乙类功率放大电路是为了克服乙类功率放大电路的失真而改进的，其效率略低于乙类功率放大电路。由于甲乙类功率放大电路具有管耗小、效率高，可以克服交越失真等优点在功率放大电路中已获得广泛的应用。

4）丙类功率放大电路。丙类功率放大电路的 $t<T/2$，晶体管的导通时间小于半个周期，大部分时间截止，因此输出信号有比较严重的失真，一般不会应用在音频放大电路中。但是其效率最高可达 99.9%，因此常用在一些特定场合，如射频放大。

5）丁类功率放大电路。丁类功率放大电路与前面几种功率放大电路有本质的区别，又称为开关型功率放大电路,晶体管工作于开关状态,即"饱和导通—完全截止"两个极端状态。丁类功率放大电路效率很高,理论上可达 90%,可用于音频放大,但电路复杂。

2. 互补对称功率放大电路

(1)双电源互补对称功率放大电路——OCL 电路 由前面的学习可知,共集电极放大电路具有输入电阻高、输出电阻低、带负载能力强等特点,它很适合于作功率放大电路,但单管共集电极放大电路的静态功耗大。为了解决这个问题,多采用双电源互补对称电路,简称 OCL 电路。

采用正、负电源构成的乙类互补对称功率放大电路如图 2-45b 所示,VT_1 和 VT_2 分别为 NPN 型晶体管和 PNP 型晶体管,两个晶体管的基极和发射极分别连接在一起,信号从基极输入,从发射极输出,R_L 为负载。要求两个晶体管特性相同,且 $U_{CC}=U_{EE}$。

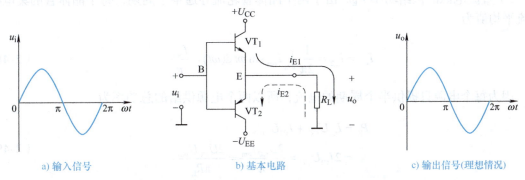

a) 输入信号   b) 基本电路   c) 输出信号(理想情况)

图 2-45 双电源互补对称功率放大电路及其工作波形

静态时,即 $u_i=0$,VT_1、VT_2 均零偏置,它们的 I_{BQ}、I_{CQ} 均为零,因此输出电压 $u_o=0$,此时电路不消耗功率。

当放大电路有正弦信号 u_i 输入时,在 u_i 正半周,VT_2 因发射结反偏而截止,VT_1 正偏导通,U_{CC} 通过 VT_1 向 R_L 提供电流 i_{E1},产生输出电压 u_o 的正半周;在 u_i 的负半周,VT_1 发射结反偏截止,VT_2 正偏导通,$-U_{EE}$ 通过 VT_2 向 R_L 提供电流 i_{E2},产生输出电压 u_o 的负半周。由此可见,由于 VT_1、VT_2 管轮流导通,相互补充对方缺少的半个周期,R_L 上仍得到与输入信号波形相近的电流和电压,如图 2-45c 所示,故称这种电路为乙类互补对称功率放大电路。又因为静态时公共发射极电位为零,不必采用电容器耦合,故又称为 OCL 电路。由图 2-45b 可见,乙类互补对称功率放大电路是由两个工作在乙类的共集电极放大电路组成,所以输出电压 u_o 与输入电压 u_i 的大小相近,即 $u_i \approx u_o$。又因为共集电极放大电路输出电阻很低,所以互补对称放大电路具有较强的负载能力,即它能向负载提供较大的功率,实现功率放大作用。

电路参数计算如下:

1)输出功率 P_o。负载 R_L 上的电流 i_o 和电压 u_o 有效值的乘积就是放大电路的输出功率,即

$$P_o = \frac{I_{om}}{\sqrt{2}} \times \frac{U_{om}}{\sqrt{2}} = \frac{1}{2} I_{om} U_{om} \tag{2-44}$$

由于 $I_{om} = U_{om}/R_L$,故

$$P_o = \frac{U_{om}^2}{2R_L} = \frac{1}{2}I_{om}^2 R_L \qquad (2\text{-}45)$$

由图 2-45b 可知，乙类互补对称功率放大电路的最大不失真输出电压幅度为

$$U_{omm} = U_{CC} - U_{CES} \approx U_{CC} \qquad (2\text{-}46)$$

式中，U_{CES} 为晶体管的饱和压降，通常很小，可以略去。

所以，放大器最大输出功率为

$$P_{om} = \frac{U_{omm}^2}{2R_L} \approx \frac{U_{CC}^2}{2R_L} \qquad (2\text{-}47)$$

2）直流电源的供给功率 P_E。由于两个晶体管轮流导通半个周期，每个晶体管的集电极电流平均值为

$$I_{C1} = I_{C2} = \frac{1}{2\pi}\int_0^\pi I_{om}\sin\omega t\, d(\omega t) = \frac{I_{om}}{\pi} \qquad (2\text{-}48)$$

因为每个电源只提供半个周期的电流，所以两个电源供给的总功率为

$$\begin{aligned}P_E &= I_{C1}U_{CC} + I_{C2}U_{EE} \\ &= 2I_{C1}U_{CC} = \frac{2U_{CC}I_{om}}{\pi} = \frac{2U_{CC}U_{om}}{\pi R_L}\end{aligned} \qquad (2\text{-}49)$$

3）效率 η。效率是负载获得的信号功率 P_o 与直流电源供给功率 P_E 之比，则

$$\eta = \frac{P_o}{P_E}\times 100\% = \frac{\pi}{4}\times\frac{U_{om}}{U_{CC}}\times 100\% \qquad (2\text{-}50)$$

可得乙类互补对称功率放大电路的最高效率为

$$\eta_m = \frac{\pi}{4}\times\frac{U_{omm}}{U_{CC}}\times 100\% \approx \frac{\pi}{4}\times 100\% \approx 78.5\% \qquad (2\text{-}51)$$

实用中，放大电路很难达到最大效率，由于饱和电压降及元器件损耗等因素，乙类互补对称功率放大电路的效率仅能达到 60% 左右。

4）管耗。直流电源提供的功率除了负载获得的功率外便为 VT_1、VT_2 消耗的功率，即管耗，用 P_V 表示。由式（2-45）和式（2-49）可得每个晶体管的管耗为

$$\begin{aligned}P_{V1} = P_{V2} = P_V &= \frac{1}{2}(P_E - P_o) \\ &= \frac{1}{2}\left(\frac{2U_{om}U_{CC}}{\pi R_L} - \frac{U_{om}^2}{2R_L}\right) \\ &= \frac{U_{om}}{R_L}\left(\frac{U_{CC}}{\pi} - \frac{U_{om}}{4}\right)\end{aligned} \qquad (2\text{-}52)$$

可见，管耗 P_V 与输出信号 U_{om} 有关。可以证明，当 $U_{om}=2U_{CC}/\pi$ 时，P_V 达到最大值，即

$$P_{Vm} = \frac{U_{CC}^2}{\pi^2 R_L} \approx 0.2 P_{om} \tag{2-53}$$

由式（2-50）可得，此时的效率 $\eta \approx 47\%$，即管耗最大时，效率并不是最大的，也就是说此时的输出功率不是最大的；而输出功率为最大时，管耗却不是最大的，这一点必须注意。<u>必须注意，在选择晶体管时最大管耗不应超过晶体管的最大允许管耗，即 $P_{Vm}<P_{CM}$。</u>由于上面的计算是在理想的情况下进行的，所以实际选择晶体管时，还需留有充分余量。

【例 2-7】已知互补对称功率放大电路如图 2-45 所示，已知 $U_{CC}=U_{EE}=24V$，$R_L=6\Omega$，试估算该放大电路最大输出功率 P_{om} 及此时电源供给的功率 P_E 和管耗 P_{V1}，并说明该功率放大电路对晶体管的要求。

解： $U_{omm} \approx U_{CC}=24V$，根据式（2-47），放大电路最大输出功率为

$$P_{om} = \frac{U_{omm}^2}{2R_L} \approx \frac{24^2}{2 \times 6}W = 48W$$

电源供给功率为

$$P_E = \frac{2U_{CC}U_{om}}{\pi R_L} \approx \frac{2U_{CC}^2}{\pi R_L} = \frac{2 \times 24^2}{6\pi}W = 61.1W$$

此时每个晶体管的管耗为

$$P_V = \frac{1}{2}(P_E - P_{om}) = \frac{1}{2} \times (61.1-48)W \approx 6.6W$$

该功放晶体管实际承受的最大管耗 P_{Vm} 为

$$P_{Vm} = 0.2P_{om} = 0.2 \times 48W = 9.6W$$

因此，为了保证晶体管不损坏，要求晶体管的集电极最大允许损耗功率 P_{CM} 为

$$P_{CM} > P_{Vm} = 9.6W$$

由于乙类互补对称功率放大电路中一个晶体管导通时，另一个晶体管截止，由图 2-45 可知，当输出电压 u_o 达到最大不失真输出幅度时，截止晶体管所承受的反向电压最大，且近似等于 $2U_{CC}$。为了保证晶体管不被反向电压击穿，要求晶体管的反向击穿电压为

$$U_{(BR)CEO} > 2U_{CC} = 2 \times 24V = 48V$$

放大电路在最大功率输出状态时，集电极电流幅度达最大值 I_{om}，为了使放大电路失真不致太大，则要求晶体管最大允许集电极电流 I_{CM} 满足

$$I_{CM} > I_{om} = \frac{U_{CC}}{R_L} = 4A$$

对于 OCL 乙类双电源互补对称功率放大电路,严格地说,输入信号很小时,达不到晶体管的开启电压,晶体管不导电。因此,在正、负半周交替过零处会出现一些非线性失真,这个失真称为交越失真,如图 2-46 所示。

为了消除交越失真,可分别给两个晶体管的发射结加很小的正偏电压,使两个晶体管处于微导通状态,即让晶体管工作在甲乙类工作状态,如图 2-47a 所示。两个晶体管轮流导通时,交替得比较平滑,从而减小了交越失真。

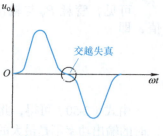

图 2-46 交越失真波形

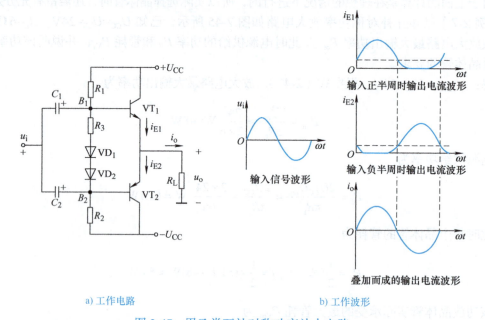

a) 工作电路　　　　　　　　　　　　b) 工作波形

图 2-47 甲乙类互补对称功率放大电路

图 2-47a 所示电路利用两个二极管和电阻 R_3 上的直流电压降作为两个晶体管基极间的直流偏压,其值约为两管(VT_1、VT_2)死区电压之和。静态时,两管处于微导通的甲乙类工作状态,使工作点都进入放大区。调整 R_3 可调整 VT_1、VT_2 发射极的偏压,从而改变 VT_1、VT_2 的静态工作电流,达到消除交越失真的目的。由于 I_{CQ} 的存在,甲乙类功率放大电路的效率较乙类推挽功率放大电路低一些,加上输入交流信号 u_i 后,由于二极管的动态电阻很小,而且电阻 R_3 也很小,故 B_1 点和 B_2 点之间的交流电压降很小,这样可近似认为加在两管基极的电压相等,均为 u_i。在信号 u_i 作用下 i_{E1} 和 i_{E2} 的波形如图 2-47b 所示。负载上获得的电流 i_o 为 i_{E1} 与 i_{E2} 之差,从图 2-47b 中可以看出负载上的电压波形得到改善,交越失真大大减小。

在实际电路中,静态电流通常取得很小,所以定量分析时,仍可以用 OCL 乙类互补对称功率放大电路的有关公式近似估算输出功率和效率等指标。

(2) 单电源互补对称功率放大电路——OTL 电路　OCL 电路采用双电源供电,给使用和维修带来不便,因此可在放大器输出端接入一个电容器 C,利用这个电容器的充放电来代替负电源,将这样的电路称为单电源互补对称功率放大电路(或无输出变压器功率放大电路),简称 OTL 电路。甲乙类单电源互补对称功率放大电路的组成如图 2-48 所示。

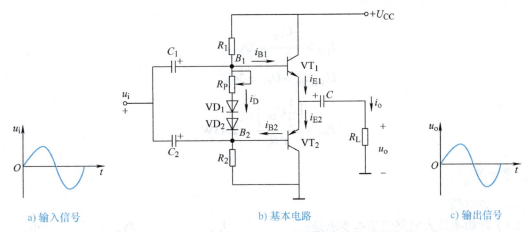

图 2-48 单电源互补对称功率放大电路及其工作波形

两个晶体管 VT_1 和 VT_2 的发射极连在一起，然后通过大电容器 C 接至负载 R_L。晶体管的管型不同，分别为 NPN 型和 PNP 型。电路中只需用一路直流电源 U_{CC}。电阻器 R_1、R_2 和 R_P 的作用是确定放大电路的静态电位。

假设调整电位器 R_P 的值，使静态时两个晶体管的发射极电位为 $U_{CC}/2$，则电容器 C 两端的电压 u_C 也等于 $U_{CC}/2$。加上正弦波输入电压 u_i 时，如果电容足够大，可认为当输入电压按正弦规律变化时，电容器两端电压保持 $U_{CC}/2$ 不变。在 u_i 的正半周，NPN 型晶体管 VT_1 导通，PNP 型晶体管 VT_2 截止。i_{E1} 经过 VT_1 和电容器后流过负载至公共端。此时，VT_1 集电极回路的直流电源电压为 U_{CC} 与电容器两端电压之差，即等于 $U_{CC}/2$。在 u_i 的负半周，VT_2 导通，VT_1 截止。VT_2 导通时依靠电容器上的电压供电，i_{E2} 从电容器的正端流出，经 VT_2 流至公共端，再流过负载，然后回到电容器的负端。VT_2 集电极回路的电源电压等于 $-U_{CC}/2$。

在 OTL 电路中有关输出功率、效率、管耗等指标的计算与 OCL 电路相同，但 OTL 电路中每个晶体管的工作电压仅为 $U_{CC}/2$，因此在应用 OCL 电路的有关公式时，应用 $U_{CC}/2$ 取代 U_{CC}。

【例 2-8】已知单电源乙类互补对称功率放大电路如图 2-48 所示，已知 U_{CC}=24V，R_L=6Ω。（1）若输入电压足够大，则电路的最大输出功率 P_{om} 和效率 η 各为多少？（2）VT_1 和 VT_2 应如何选择？

解：（1）最大输出功率和效率分别为

$$P_{om} \approx \frac{\left(\frac{1}{2}U_{CC}\right)^2}{2R_L} = \frac{12^2}{2 \times 6}\text{W} = 12\text{W}$$

$$\eta_m = \frac{\pi}{4}\frac{U_{omm}}{\frac{1}{2}U_{CC}} \times 100\% \approx \frac{\pi}{4}\frac{\frac{1}{2}U_{CC}}{\frac{1}{2}U_{CC}} \times 100\% \approx 78.5\%$$

（2）VT_1 和 VT_2 的选择原则应满足：

$$I_{CM} > \frac{\frac{1}{2}U_{CC}}{R_L} = 2\text{A}$$

$$U_{(BR)CEO} > U_{CC} = 24\text{V}$$

$$P_{CM} > \frac{\left(\frac{1}{2}U_{CC}\right)^2}{\pi^2 R_L} \approx 2.43\text{W}$$

考一考

一、填空题

（1）对功率放大电路的基本要求是：_____ 大、_____ 高、_____ 小。

（2）电压放大电路主要研究的指标是 _____、_____ 和 _____；而功率放大电路主要研究的指标是 _____、_____、_____ 和 _____。

（3）根据功率放大电路的静态工作点位置的不同，可将功率放大电路分为 _____、_____ 和 _____。

（4）乙类功率放大电路的效率较高，在理想状态下可达 _____，但这种电路会产生 _____ 失真。为了消除这种失真，应使电路工作在 _____ 状态。

（5）输出功率为 100W 的扩音机电路采用甲乙类功率放大电路，则应选择 $P_{CM} \geq$ _____ 的晶体管。

二、判断题

（1）在功率放大电路中，输出功率越大，晶体管的管耗越大。（　　）

（2）功率放大电路的最大输出功率是指在基本不失真的情况下，负载上可能获得的最大交流功率。（　　）

（3）功率放大电路与电压放大电路、电流放大电路的共同点是：

1）都使输出电压大于输入电压。（　　）

2）都使输出电流大于输入电流。（　　）

3）都使输出功率大于信号源提供的输入功率。（　　）

4）都使静态工作点设置在直流负载线的中间。（　　）

（4）当 OCL 电路的最大输出功率为 1W 时，晶体管的集电极最大耗散功率应大于 1W。（　　）

（5）音频放大电路中普遍采用甲乙类功率放大电路，可以克服交越失真。（　　）

想一想

你还了解哪些功率放大器件？

3. 多级放大电路

一般情况下放大器的输入信号都较微弱，有时可低到毫伏或微伏级。为了在输出端获得必要的电压幅值或足够的功率推动负载工作，在实际应用中，常将若干个单级放大电路串联起来，组成多级放大电路对微弱信号进行连续放大。图 2-49 所示为多级放大电路的组成框图，其中输入级和中间级主要用作电压放大，可将微弱的输入电压放大到足够的幅度。后面的末前级和输出级用作功率放大，以输出负载所需要的功率。

（1）级间耦合方式及特点　多级放大电路前后两级间的连接方式称为耦合。常用的级间耦合有阻容耦合、直接耦合、变压器耦合和光电耦合四种方式，如图2-50所示。

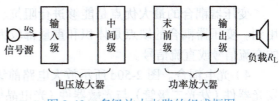

图2-49　多级放大电路的组成框图

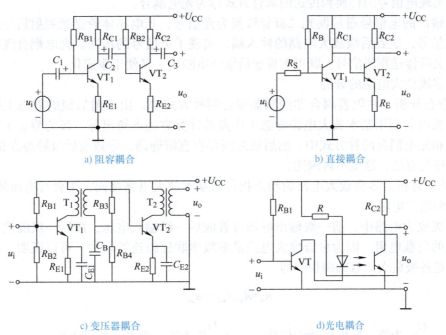

图2-50　多级放大电路的级间耦合

1）阻容耦合。阻容耦合前后级之间通过前级输出电阻器、耦合电容器和后级的输入电阻器完成信号传送任务。图2-50a为两级阻容耦合放大电路。由于电容器的"通交隔直"作用，前一级的输出信号可以通过耦合电容器传送到后一级的输入端，而各级的直流工作状态相互之间无影响，各级放大电路的静态工作点可以单独考虑。此外，它还具有体积小、重量轻的优点。这些优点使它在放大高频交流信号的分立元器件多级放大电路中得到广泛的应用。但由于电容器的存在，使电路具有局限性：不适合传送缓慢变化的信号，更不能传送恒定的直流信号，再有就是不适合集成电路。

2）直接耦合。为了避免耦合电容器对缓慢信号造成衰减，可以把前一级的输出端直接接到下一级的输入端，如图2-50b所示，把这种连接方式称为直接耦合。直接耦合放大电路不仅能放大交流信号，也能放大直流或缓慢变化的信号。但直接耦合使各级的直流通路互相沟通，各级的静态工作点互相影响。温度造成的直流工作点漂移会被逐级放大。直接耦合电路是集成电路内部电路常用的耦合方式。

3）变压器耦合。图2-50c所示多级放大电路通过变压器一次、二次绕组之间"隔直流耦合交流"实现级间耦合，并使前后级的静态工作点相互独立。变压器T_1将第一级的输出信号电压变换成第二级的输入信号电压，变压器T_2将第二级的输出信号电压变换成负载R_L所要求的电压。

变压器耦合的最大优点是能够进行阻抗、电压和电流的变换，这在功率放大器中常常用到。变压器耦合的缺点是体积和重量都较大，高频性能差，价格高，不能传送变化缓慢的交流信号或直流信号。

4）光电耦合。图 2-50d 所示放大电路前级与后级的耦合元件是光电耦合器件，它是将发光器件（发光二极管）与光敏器件（光电晶体管）相互绝缘地组合在一起。这种以光信号为媒介来实现电信号的转换和传送的耦合方式称为光电耦合。

前级输出的电信号通过发光二极管转换为光信号，光电晶体管受光照射后导通，输出相应的电信号，送到后级放大电路的输入端，实现了电信号的传送。光电耦合既可传送交流信号，又可传送直流信号；既可实现前后级的电隔离，又便于集成化。

(2) 多级放大电路的分析

1）静态分析。在阻容耦合和变压器耦合两种方式中，由于前后级的静态工作点相对独立，因此可分别用基本放大电路静态工作点的计算方法求解出每一级的静态工作点。而直接耦合和光电耦合两种方式中，前后级之间存在直流通路，导致前后级静态点相互影响，分析计算较为复杂，这里不再阐述。

2）动态分析。多级放大电路的动态指标与基本放大电路相同，主要有电压放大倍数、输入电阻和输出电阻。

在多级放大电路中，前一级输出电压可看成后一级输入电压，而后一级的输入电阻又是前一级的负载电阻。因为多级放大电路是多级串联逐级连续放大，可以证明，总的电压放大倍数是各级放大倍数的乘积，即

$$A_u = A_{u1} A_{u2} \cdots A_{un} \tag{2-54}$$

式中，$A_{u1} = \dfrac{U_{o1}}{U_{i1}}$ 为第一级电压放大倍数；$A_{un} = \dfrac{U_{on}}{U_{in}}$ 为第 n 级电压放大倍数。

多级放大电路的输入电阻等于第一级的输入电阻，输出电阻等于最后一级的输出电阻。

3）放大倍数（增益）的分贝表示法。多级放大电路的放大倍数为每一级放大倍数的连乘积，通过前面分析可知，级数越多，所得放大倍数就越大，有时计算和表示都很不方便，在工程上，电压、电流放大倍数常用分贝 (dB) 表示，折算公式为

$$A_u(\text{dB}) = 20\lg \dfrac{U_o}{U_i} (\text{dB}) \tag{2-55}$$

必须指出，当输出量大于输入量时，放大倍数取正值；当输出量小于输入量时称为衰减，放大倍数为负值；当输出量等于输入量时，放大倍数为 "0" dB。

放大倍数采用分贝表示的好处是可将多级放大电路的乘、除关系转化成加、减关系，给计算使用带来很多方便。

【例 2-9】电路如图 2-51 所示，已知 U_{CC}=6V，R_{B1}=430kΩ，R_{C1}=2kΩ，R_{B2}=270kΩ，R_{C2}=1.5kΩ，r_{be2}=1.2kΩ，$\beta_1=\beta_2$=50，$C_1=C_2=C_3$=10μF，r_{be1}=1.6kΩ，求：(1) 电压放大倍数；(2) 输入电阻、输出电阻。

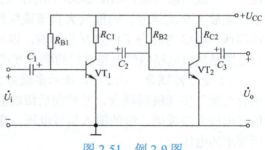

图 2-51　例 2-9 图

解：(1) 电压放大倍数：

$$R_{i2} = \frac{R_{B2} r_{be2}}{R_{B2} + r_{be2}} = \frac{270 \times 1.2}{270 + 1.2} \text{k}\Omega \approx 1.2 \text{k}\Omega$$

$$R'_{L1} = \frac{R_{C1} R_{i2}}{R_{C1} + R_{i2}} = \frac{2 \times 1.2}{2 + 1.2} \text{k}\Omega = 0.75 \text{k}\Omega$$

$$A_{u1} = -\beta \frac{R'_{L1}}{r_{be1}} = -50 \times \frac{0.75}{1.6} \approx -23.4$$

$$A_{u2} = -\beta \frac{R_{C2}}{r_{be2}} = -50 \times \frac{1.5}{1.2} = -62.5$$

$$A_u = A_{u1} A_{u2} = -23.4 \times (-62.5) = 1462.5$$

(2) 输入电阻、输出电阻：

$$R_i = R_{i1} = \frac{R_{B1} r_{be1}}{R_{B1} + r_{be1}} \approx r_{be1} = 1.6 \text{k}\Omega$$

$$R_o = R_{C2} = 1.5 \text{k}\Omega$$

如果例 2-9 中电压放大倍数用分贝表示，则

$$A_u(\text{dB}) = 20\lg A_u = 20\lg(A_{u1} A_{u2}) = 20\lg A_{u1} + 20\lg A_{u2}$$
$$= A_{u1}(\text{dB}) + A_{u2}(\text{dB})$$
$$A_{u1}(\text{dB}) = 20\lg 23.4(\text{dB}) = 27.4(\text{dB})$$
$$A_{u2}(\text{dB}) = 20\lg 62.5(\text{dB}) = 35.9(\text{dB})$$
$$A_u(\text{dB}) = (27.6 + 35.9)\text{dB} = 63.5(\text{dB})$$

2.2.3 扩音机主放大电路的设计

综合对功率放大电路的理解，可以采用甲乙类 OTL 电路作为扩音机电路的主放大电路。图 2-48 所示 OTL 电路的输入信号是由两个电容器分别耦合到两个晶体管的基极。除了这种输入方式外，还有一种更常见的输入方式，即利用甲类功率放大电路作为 OTL 电路的驱动级，这样能够更有效地与前面的小信号放大电路接口，从而实现对信号进行功率放大，具体电路如图 2-52 所示。

在图 2-52 中，输入信号 u_{o1} 取自图 2-36 中小信号放大电路（前置放大电路）的输出端。晶体管 VT_4 和 VT_5 构成的甲乙类互补对称功率放大电路的直流偏置电流由晶体管 VT_3 构成的放大电路提供，电位器 R_P 和电阻器 R_9、R_{11} 是晶体管 VT_3 的偏置电阻器，电阻器 R_{10} 和二极管 VD_1、VD_2 是晶体管 VT_3 的集电极负载，为晶体管 VT_4 和 VT_5 提

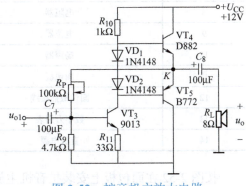

图 2-52 扩音机主放大电路

供静态偏置，静态时要求输出端中点 K 的电位 $U_K=U_{CC}/2$，可以通过调节 R_P 来实现，又由于 R_P 的一端接在 K 点，因此在电路中引入交、直流电压并联负反馈，一方面能够稳定放大器的静态工作点，同时也改善了非线性失真。电容 C_3 与电阻 R_3 构成自举电路，用于提供输出电压的动态范围。

2.2.4 扩音机主放大电路的安装与测试

现在我们来完成 2.2.1 节所提出的任务：完成扩音机电路中主放大电路（即功率放大电路）的制作。对于图 2-52 所示的功率放大电路中晶体管的选择要满足 I_{CM}、$U_{(BR)CEO}$ 和 P_{CM} 三个极限参数的要求，即

$$P_{CM} > 0.2P_{om} \approx 0.2 \times \frac{\left(\frac{1}{2}U_{CC}\right)^2}{2R_L} = 0.2 \times \frac{\left(\frac{1}{2}\times 12\right)^2}{2\times 8} W = 0.45W$$

$$I_{CM} > I_{om} \approx \frac{\frac{1}{2}U_{CC}}{R_L} = \frac{\frac{1}{2}\times 12}{8} A = 0.75A = 750mA$$

$$U_{(BR)CEO} > U_{CC} = 12V$$

根据以上参数要求，VT_4 可以选择 TO-126 封装的中功率晶体管 D882，其 I_{CM}、$U_{(BR)CEO}$ 和 P_{CM} 三个极限参数的值分别为 3A、40V 和 1.25W，它可以和 B772 组成对管。

扩音机主放大电路所需设备及元器件清单见表 2-9。

表 2-9　扩音机主放大电路所需设备及元器件清单

序号	名称	规格、型号	数量
1	晶体管	D882	1
2	晶体管	B772	1
3	晶体管	9013	1
4	电解电容器	100μF	2
5	二极管	1N4148	2
6	电阻器	33Ω	1
7	电阻器	1kΩ	1
8	电阻器	4.7kΩ	1
9	电位器	100kΩ	1
10	扬声器	8Ω	1
11	面包板	188mm×46mm×8.5mm	1
12	面包板插接线	0.5mm 单芯单股导线	若干
13	数字万用表	—	1
14	直流电源	12V	1

按图 2-52 在面包板上安装扩音机主放大电路。电路的测试步骤如下：

1）静态测试：接通电源，调节电位器 R_P，使 K 点电位为 6V。

2）动态测试：测量最大的输出功率 P_{om}。在放大电路的输入端输入 1kHz 的正弦信号，逐渐提高输入正弦电压的幅值，使输出达到最大值，但失真尽可能小，测量此时 u_o 的有效值 U_o，并计算最大输出功率 $P_{om}=U_o^2/(8R_L)$。将结果记入表 2-10 中。

表 2-10 动态测试

项目	U_i/V	U_o/V	R_L/V	$P_{om}=U_o^2/8R_L$
测试结果				

3）将输入端连接任务 2.1 中扩音机前置放大电路的输出端，对着送话器说话，观测扬声器是否正常工作。

2.2.5 延伸阅读：集成功率放大器

功率放大器可由分立元器件组成，也可由集成电路实现。集成功率放大器（integrated power amplifier）具有输出功率大、外围连接电路简单、使用方便等优点。集成功率放大器品种很多，本节以 TDA2030A 型集成功率放大器为例做简单介绍，希望大家能举一反三。

TDA2030A 型集成功率放大器适用于收录机和有源音箱中，作音频功率放大器，也可作其他电子设备的中功率放大器。TDA2030A 型集成功率放大器的电气性能稳定，能适应长时间连续工作，具有过载保护和过热保护功能。

TDA2030A 型集成功率放大器采用 TO-220 封装结构，图 2-53 所示为其外形与引脚的排列。其中，1～5 引脚的功能依次为同相输入端（+IN）、反相输入端（–IN）、负电源（$-U_{CC}$）、输出端（OUTPUT）和正电源（$+U_{CC}$）。

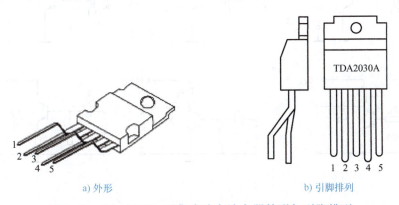

a) 外形　　　　　　　　　b) 引脚排列

图 2-53　TDA2030A 型集成功率放大器外形与引脚排列

TDA2030A 型集成功率放大器是目前性能价格比较高的一种集成功率放大器，与性能类似的其他功率放大器相比，它的引脚较少且外部元件较少。其金属外壳与负电源引脚相连，所以在单电源使用时，金属外壳可直接固定在散热片上并与地线（金属机箱）相接，无须绝缘，使用很方便。

图 2-54 所示为由 TDA2030A 型集成功率放大器构成的 OTL 电路。R_1、R_2 组成分压电

路，K 点电位为 $U_{CC}/2$，通过 R_3 向输入级提供直流偏置，静态时，放大器正、负输入端和输出端电压皆为 $U_{CC}/2$。信号 u_i 由相同端输入，R_4、R_5、C_5 构成交流电压串联负反馈。R_6、C_6 为高频校正网络，用以消除自激振荡。VD_1、VD_2 起保护作用，用来泄放 R_L 产生的自感应电压，将输出端的最大电压钳位在（$U_{CC}/2+0.7V$）上，C_1、C_2 为去耦电容器，用于减少电源内阻对交流信号的影响。布线时，去耦电容器应当尽量靠近相关功率器件的电源引脚。图中，$R_1=R_2=R_3=100k\Omega$，$R_4=150k\Omega$，$R_5=680\Omega$，$R_6=1\Omega$，$C_1=100pF$，$C_2=0.1\mu F$，$C_3=2.2\mu F$，$C_4=C_5=2.2\mu F$，$C_6=0.22\mu F$，$C_7=2200\mu F$，VD_1、VD_2 采用 1N4001 型二极管。

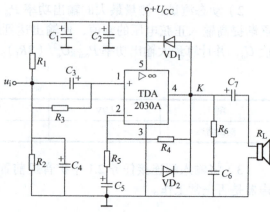

图 2-54　TDA2030A 型集成功率放大器构成的 OTL 电路

习　题

2-1　什么是放大电路的静态工作点？为什么要设置静态工作点？

2-2　说明列举的电压和电流符号的含义：I_B、i_B、i_b、U_{BE}、U_{be}、u_o。

2-3　在图 2-55 所示的各电路中，哪些能实现正常的交流放大？哪些不能？请说明理由。

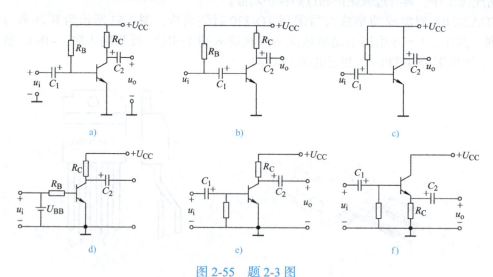

图 2-55　题 2-3 图

2-4　用示波器观察 NPN 型晶体管共发射极单级放大电路的输出电压，得到图 2-56 所示的 3 种失真波形。试分析失真的类型，并给出电路改进方案。

2-5　若某放大电路的电压放大倍数为 100，则换算为对数电压增益是多少 dB？另一放大电路的对数电压增益为 80dB，则相当于电压放大倍数为多少？

2-6　放大电路如图 2-57 所示。其中，$U_{CC}=12V$，$\beta=50$，$R_C=3k\Omega$，调节电位器可调整放大器的静态工作点。试问：（1）如果要求 $I_{CQ}=2mA$，则 R_B 应为多大？（2）如果要求

U_{CEQ}=4.5V，则 R_B 又应为多大？

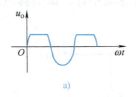
a)

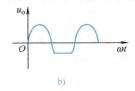
b)

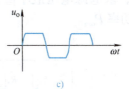
c)

图 2-56　题 2-4 图

2-7　在图 2-58 所示的基本放大电路中，设晶体管 β=100，U_{BEQ}=-0.3V，C_1、C_2 足够大，它们在工作频率所呈现的电抗分别远小于放大级的输入电阻和负载电阻。（1）估算静态时的 I_{BQ}、I_{CQ} 和 U_{CEQ}；（2）估算晶体管的 r_{be} 值；（3）求电压放大倍数。

2-8　电路如图 2-59 所示，已知 U_{CC}=15V，R_{B1}=27kΩ，R_{B2}=12kΩ，R_E=2kΩ，R_C=3kΩ，晶体管的 β=40，U_{BE}=0.7V。（1）估算放大电路的静态工作点 I_B、I_C、U_{CE}；（2）估算放大电路的电压放大倍数 A_u、输入电阻 R_i、输出电阻 R_o；（3）若 R_L=3kΩ，估算电压放大倍数；（4）画出微变等效电路。

2-9　电路如图 2-60 所示，已知晶体管的 β=60。（1）求静态工作点；（2）求 A_u、R_i、R_o；（3）说明放大电路中各元器件的作用；（4）说明分压式偏置放大电路是如何稳定静态工作点的。

2-10　某两级放大电路如图 2-61 所示。已知 VT_1、VT_2 的 β_1=β_2=100，r_{be1}=r_{be2}=1.8kΩ。（1）画出放大电路的微变等效电路；（2）求放大电路的输入电阻 R_i、输出电阻 R_o 和电压放大倍数 A_u。

2-11　已知在图 2-62 所示的两级放大电路中，R_1=15kΩ，R_2=R_3=5kΩ，R_4=2.3kΩ，R_5=100kΩ，R_6=R_L=5kΩ，U_{CC}=12V，晶体管的 β 均为 50，r_{be1}=1.2kΩ，r_{be2}=1kΩ，U_{BEQ1}=U_{BEQ2}=0.7V。试估算：（1）放大电路的静态工作点 Q；（2）放大电路的电压放大倍数 A_u；（3）输入电阻 R_i 和输出电阻 R_o。

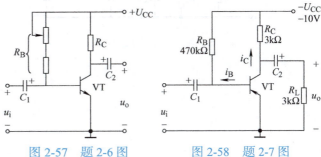

图 2-57　题 2-6 图　　　图 2-58　题 2-7 图

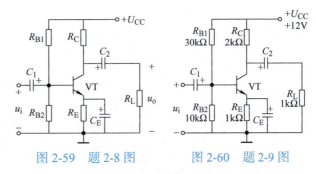

图 2-59　题 2-8 图　　　图 2-60　题 2-9 图

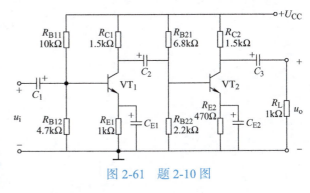

图 2-61　题 2-10 图

2-12　OTL 电路如图 2-63 所示，电容器 C 容量足够大。（1）已知 u_i 为正弦波电压，

$R_L=8\,\Omega$,晶体管饱和电压降 U_{CES} 忽略不计,若要求最大不失真输出功率(不考虑交越失真)为 10W,求电源电压最小值;(2)设 $U_{CC}=20V$,$R_L=8\,\Omega$,U_{CES} 忽略不计,试估算电路的最大输出功率 P_{om}。

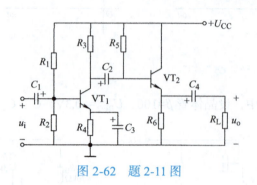

图 2-62 题 2-11 图

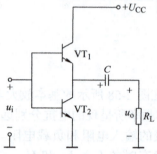

图 2-63 题 2-12 图

项目 3
制作一个简易电子温度控制器

项目描述

在日常生活中，很多地方要用到温度控制器（temperature controller），如热水器和电熨斗等。这些家用电器中的温度控制器通常要实现两个方面的功能，一是对检测到的温度进行显示，二是能将温度控制在一定范围。对于初学者，可以用一些简单的电子元器件制作一个简易的温度控制器。其具体指标要求：

1）能用电压表对温度进行显示。

2）温度低于 40℃时自动接通加热装置进行加热，温度高于 60℃时自动断开加热装置停止加热，从而实现对温度的控制。

3）测温范围：0 ~ 100℃。

以此项目为载体，学生将认识相关电子器件——集成运算放大器，并学习其典型应用电路。

知识目标

1. 掌握集成运算放大器的基本知识。
2. 掌握比例、加法、减法运算电路的结构原理及应用。
3. 了解微分、积分等其他形式运算电路的构成原理。
4. 掌握电压比较器的原理和应用。

能力目标

1. 掌握集成运算放大器的识别和使用方法。
2. 能设计和安装各种模拟运算电路。
3. 能对温度控制器进行整体安装和测试。

结合项目特点，设计了两个阶段的任务，分别是简易电子温度计电路的制作和温度控制电路的实现。

在完成任务的过程中要注意六大核心素养的养成。

任务 3.1　简易电子温度计电路的制作

3.1.1　任务布置

在本任务中，我们要实现温度控制器中对温度的采集和显示部分的制作，这部分电路也可以独立地作为一个电子温度计来使用。对于温度的采集，可以通过温度传感器来实现；由集成运算放大器构成的各种运算电路可以对传感器采集的温度信号进行处理，最后通过电压表对温度进行显示。

为此，需要完成对集成运算放大器、模拟运算电路等相关知识的信息收集，学习简易电子温度计的原理和装调方法，在完成任务的过程中掌握相关知识和技能。

3.1.2 信息收集：集成运算放大器、比例运算电路、加法运算电路、减法运算电路等

1. 集成运算放大器

集成电路（integrated circuit，IC）是20世纪60年代初发展起来的一种新型器件。它把整个电路中的各个元器件以及元器件之间的连线，采用半导体集成工艺同时制作在一块半导体芯片上，再将芯片封装并引出相应引脚，做成具有特定功能的集成电子线路。与分立元器件电路相比，集成电路实现了元器件、连线和系统的一体化，外接线少，具有可靠性高、性能优良、重量轻、造价低廉、使用方便等优点。集成电路按其功能的不同分为数字集成电路和模拟集成电路两大类。集成运算放大器（integrated operational amplifier）是模拟集成电路中发展最早、通用性最强的器件，其内部实际是一个高放大倍数的直接耦合多级放大电路，通常简称为集成运放。

（1）集成运放的外形和电路符号　实际应用中，集成运放的主要封装外形和引脚排列规律如图3-1a、b所示。不同类型运放的引脚排列规律是相同的，但各引脚的功能不同，使用时可查阅产品手册。集成运放的电路符号如图3-1c所示。

a) DIP-14封装　　　　　b) SOP-14封装　　　　　c) 集成运放的电路符号

图3-1　集成运放的封装形式和电路符号

在图3-1中，"▷"表示信号的传输方向，"∞"表示放大器为理想运算放大器。两个输入端中，符号"−"表示反相输入端，电压用"u_-"表示；"+"表示同相输入端，电压用"u_+"表示。输出端的"+"表示输出电压为正极性，输出端电压用"u_o"表示。通常只画出输入和输出端，其余各端可不画出。一个集成芯片中可以集成一个或多个集成运放。常见的有单运放（如μA741）、双运放（如LM358）、四运放（如LM324）等。

（2）集成运放的电压传输特性　在实际应用中，可以把集成运放看作一个理想运放。所谓理想运放就是将各项技术指标理想化的集成运放，具有下面特性的运放称为理想运放：

1）输入为零时，输出恒为零。

2）开环差模电压放大倍数 $A_{ud}= \infty$。

3）差模输入电阻 $r_{id}= \infty$。

4）差模输出电阻 $r_o=0$。

5）共模抑制比 $K_{CMRR}=\infty$。

表示集成运放输出电压 u_o 与其输入电压 u_{id} 之间关系的曲线称为电压传输特性，可分为线性区和非线性区，如图 3-2 所示。

a) 集成运放的电压传输特性　　　　b) 理想集成运放的电压传输特性

图 3-2　电压传输特性

1）线性区。当对集成运放引入负反馈（闭环状态）时，它就会工作在传输特性的线性区，在线性工作状态下输出电压为

$$u_o = A_{ud}(u_+ - u_-) \tag{3-1}$$

此时输出电压 u_o 为有限值，而集成运放的 A_{ud} 很大（$10^3 \sim 10^4$ 以上），所以净输入电压 u_{id} 只为几毫伏甚至更小，在理想条件下可认为 u_{id} 接近零，即

$$u_+ = u_- \tag{3-2}$$

即同相输入端与反相输入端相当于短路，但实际上这两端并没有真正地接在一起，故称为"虚假短路"（virtual short circuit），简称"虚短"。

同时，r_{id} 为无穷大，这就是说净输入电流 i_+ 和 i_- 也接近零，即

$$i_+ = i_- = 0 \tag{3-3}$$

即运放的两个输入端之间"虚假断路"（virtual cut circuit），简称"虚断"。

"虚短"和"虚断"是理想集成运放工作在线性区时的两个主要特点。

要使集成运放工作在线性状态，必须引入深度负反馈。否则，由于集成运放的开环电压增益很高，很小的输入电压或集成运放本身的失调都可使它超出线性范围。集成运放工作在线性状态时，使用不同的输入形式，外加不同的负反馈网络，可以实现多种数学运算，如比例运算电路、加法运算电路、减法运算电路、微分运算电路、积分运算电路等。在本任务中，我们将利用运算电路实现对温度信号的处理。

2）非线性区。当集成运放开环工作或加正反馈时，其处于非线性工作状态。此时，由于理想集成运放的电压放大倍数为无穷大，所以输出电压就会趋向最大电压值。考虑到运放输出管内部饱和电压降的影响，输出电压受到限制，只能达到电源电压的 90% 左右，称这样的输出电压为正、负饱和输出电压。

当 $u_+ > u_-$ 时,

$$u_o = +U_{om} \tag{3-4}$$

当 $u_+ < u_-$ 时,

$$u_o = -U_{om} \tag{3-5}$$

在非线性区内,"虚短"现象不复存在。但因为 $r_{id} = \infty$,所以 $i_+ = i_- = 0$,即"虚断"现象仍然存在。

集成运放工作在非线性状态的典型应用是构成各种电压比较器。在任务 3.2 中我们将应用电压比较器实现对温度的控制。

▶▶ 考一考

一、填空题

(1) 理想集成运放的特点表现在以下几个方面:输入为零时,输出_____;开环差模电压放大倍数 A_{ud}=_____;差模输入电阻 r_{id}=_____;差模输出电阻 r_o=_____;共模抑制比 K_{CMRR}=_____。

(2) 要使集成运放工作在线性状态,必须引入_____。

(3) _____ 和 _____ 是理想集成运放工作在线性区时的两个主要特点。

(4) 当集成运放 _____ 工作或 _____ 馈时,处于非线性工作状态,此时输出电压的特点是 _____ 和 _____。

二、判断题

(1) 集成运放是一种采用阻容耦合方式的放大电路。( )
(2) 理想集成运放的开环差模电压放大倍数无穷大,共模抑制比非常小。( )
(3) 无论理想运放工作在线性状态还是非线性状态,均有"虚断"特性。( )
(4) 无论理想运放工作在线性状态还是非线性状态,均有"虚短"特性。( )
(5) 电压比较器中集成运放一定工作于非线性状态。( )

▶▶ 练一练

请查阅相关资料画出集成运放 LM358、LM324 和 μA741 的引脚排列图,并说明它们所含的运放个数及使用时是否需要调零,将结果填入表 3-1 中。

表 3-1　不同型号运放引脚图和特点

运放型号	引脚图	内含运放个数	是否需要调零
LM358			
LM324			
μA741			

▶▶ 想一想

我国集成电路起步虽晚,但发展快。想一想,我国在集成电路的发展上取得了哪些成就?

2. 比例运算电路

比例运算（scaling operation）是实现输出信号相对于输入信号按一定比例变化的运算，比例运算电路包含同相比例运算电路和反相比例运算电路，它们是构成各种复杂运算电路的基础，是最基本的运算电路。

（1）反相比例运算电路　图3-3是反相比例运算电路。输入信号u_i通过R_1接于运放的反相输入端。输出信号u_o经反馈电阻R_f接回反相端，形成深度负反馈，故该电路工作在线性区。

根据"虚短"和"虚断"可知，$u_-=u_+=0$，即反相输入端为"虚地"，该特征表明运放输入端无共模信号。

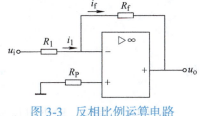

图3-3　反相比例运算电路

由图3-3可得

$$u_o = -i_f R_f$$

而

$$i_f = i_1 = \frac{u_i - 0}{R_1} = \frac{u_i}{R_1}$$

所以得

$$u_o = -\frac{R_f}{R_1} u_i \tag{3-6}$$

式（3-6）表明，输出电压u_o与输入电压u_i为比例运算关系，比例系数仅由R_f和R_1的比值确定，与集成运放的参数无关。式中负号表示输出电压u_o与输入电压u_i相位相反。该电路也称为反相放大器。由于反相端虚地，故电路的输入电阻为

$$R_i = R_1 \tag{3-7}$$

反相比例运算电路的输出电阻为零，即$R_o \approx 0$。

图3-3中的R_P是平衡电阻器，用于消除失调电流、偏置电流带来的误差，一般取$R_P = R_1 R_f /(R_1 + R_f)$。

当$R_f = R_1$时，有$u_o = -u_i$。此时，图3-3所示的电路称为反相器，这种运算称为变号运算。

【例3-1】在图3-3中，已知$R_1 = 10\text{k}\Omega$，$R_f = 100\text{k}\Omega$，求电压放大倍数A_{uf}、输入电阻R_i及平衡电阻R_P。

解： $A_{uf} = -\dfrac{R_f}{R_1} = -\dfrac{100}{10} = -10$

$$R_i = R_1 = 10\text{k}\Omega$$

$$R_P = \frac{R_1 R_f}{R_1 + R_f} = \frac{10 \times 100}{10 + 100}\text{k}\Omega \approx 9.1\text{k}\Omega$$

（2）同相比例运算电路　图3-4所示为同相比例运算电路。输入信号u_i通过R_P接于运放的同相输入端。反相输入端通过电阻器R_1接地。R_P是平衡电阻器，且$R_P = R_1 R_f /(R_1 + R_f)$。

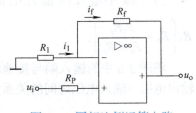

图3-4　同相比例运算电路

根据"虚短"和"虚断",有

$$u_-=u_+=u_i, \quad i_-=i_+ \approx 0$$

则由图 3-4 可得

$$i_f = i_1 = -\frac{u_-}{R_1} = -\frac{u_i}{R_1}$$

则

$$u_o = -i_f R_f - i_1 R_1 = \left(1 + \frac{R_f}{R_1}\right) u_i \tag{3-8}$$

式(3-8)表明,输出电压 u_o 与输入电压 u_i 为比例运算关系,比例系数为 $(1+R_f/R_1)$,与集成运放的参数无关,且输出电压 u_o 与输入电压 u_i 同相。该电路也称为同相放大器。<u>同相输入放大器是一个电压串联负反馈电路,理想情况下,输入电阻为无穷大,即 $R_{if} \approx \infty$,而输出电阻为零,即 $R_o \approx 0$。即使考虑到实际参数,输入电阻仍然很大,可达 20MΩ 以上,近似为无穷大。</u>

如果将图 3-4 中的反馈电阻器 R_f 短路,R_1 开路,就得到图 3-5 所示的电路,由式(3-8)可得到 $u_o=u_i$,即输出电压等于输入电压且相位相同,故称它为电压跟随器,与射极跟随电路类似。但由于运放的反馈深度比单管跟随电路大得多,因此跟随性能要好得多。因为它的输入电阻极高,输出电阻很低,常用作阻抗变换器或缓冲器,在电子电路中应用十分广泛。

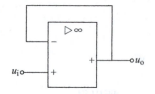

图 3-5 电压跟随器

应当指出,<u>在同相输入放大器中,"虚短"仍然成立,但因反相端不为地电位,因此不再有"虚地"存在。由于两个输入端都不为地,使得集成运放的共模输入电压较高。</u>

大家可以扫描二维码观看视频,进一步熟悉比例运算电路的工作原理。

比例运算电路

▶▶ **练一练** 比例运算电路的连接与测试

由集成运放 μA741 构成的反相比例运算电路如图 3-6 所示。相比于图 3-3,这里将电源端和调零端都按使用要求画在了电路图中,这是保障电路正常工作的前提,无论是否画在电路图中,连线时都要按不同集成运放的使用要求接入这部分。对于理想运放,图 3-6 所示电路的输出电压与输入电压之间的关系为

$$u_o = -\frac{R_f}{R_1} u_i$$

为了减小输入级偏置电流引起的运算误差,在同相输入端应接入平衡电阻器 $R_2 \left(R_2 = \dfrac{R_1 R_f}{R_1 + R_f} \right)$。

将图 3-6 中的输入端与接地端互换,就构成了同相比例运算电路,如图 3-7 所示,它的输出电压与输入电压之间的关系为

$$u_o = \left(1 + \frac{R_f}{R_1}\right)u_i$$

1)按图 3-6 连接反相比例运算电路,接通 ±12V 电源,输入端对地短路,进行调零和消振。

2)输入 f=100Hz、u_i=0.5V 的正弦交流信号,测量相应的 u_o,并用示波器观察 u_o 和 u_i 的相位关系,将结果记入表 3-2 中。

3)将图 3-6 所示电路的输入端和接地端对调,改接成图 3-7 所示的同相比例运算电路,进行调零和消振。

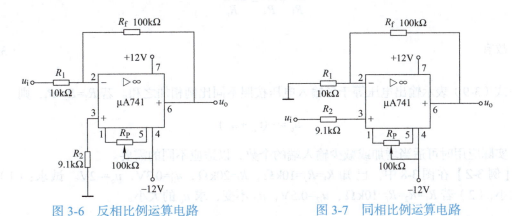

图 3-6　反相比例运算电路　　　　图 3-7　同相比例运算电路

4)输入 f=100Hz、u_i=0.5V 的正弦交流信号,测量相应的 u_o,并用示波器观察 u_o 和 u_i 的相位关系,将结果记入表 3-2 中。

表 3-2　比例运算电路的测试

	u_i/V	u_o/V(测量值)	u_o/V(理论值)	u_i 和 u_o 波形
反相比例 运算电路				
同相比例 运算电路				

5)对所测数据进行全面分析,总结比例运算电路的特点;分析讨论训练中出现的故障及其排除方法。

想一想

如果将多个比例运算电路叠加,会产生哪几种运算电路?画出电路并对照后面的学习检查自己独立思考的能力。

3. 加法运算电路

进行加法运算(additive operation)时,可采用反相输入方式,也可以采用同相输入方式。在反相比例运算放大电路的基础上增加几条输入支路,便可组成反相加法运算电路,也称为反相加法器,图 3-8 所示为两个输入端的反相加法运算电路。图中,R_P 是平衡电阻器,一般满足 $R_P=R_1R_2R_f/(R_1R_f+R_2R_f+R_1R_2)$。在要求不高的场合也可将同相输入端直接接地。

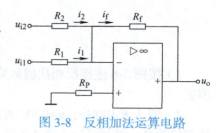

图 3-8 反相加法运算电路

根据"虚短"及"虚断"的概念,在理想情况下,由于反相输入端"虚地",可得

$$i_1 + i_2 = i_f$$

即

$$\frac{u_{i1}}{R_1} + \frac{u_{i2}}{R_2} = -\frac{u_o}{R_f}$$

故有

$$u_o = -\left(\frac{R_f}{R_1}u_{i1} + \frac{R_f}{R_2}u_{i2}\right) \tag{3-9}$$

式(3-9)表示输出电压等于各输入电压按照不同比例相加之和。若 $R_1=R_2=R_f$,则

$$u_o = -(u_{i1} + u_{i2})$$

实际应用时可适当增加或减少输入端的个数,以适应不同的需要。

【例 3-2】在图 3-8 中,已知 $R_1=R_2=10\text{k}\Omega$,$R_f=20\text{k}\Omega$,$u_{i1}=0.3\text{V}$,$u_o=-2\text{V}$。试求:(1) u_{i2} 的大小;(2) 若 $R_1=R_2=R_f=10\text{k}\Omega$,$u_{i2}=0.5\text{V}$,$u_{i1}$ 不变,求 u_o 的大小。

解:(1) 由于 $u_o = -\dfrac{R_f}{R_1}(u_{i1} + u_{i2})$,则

$$u_{i2} = 0.7\text{V}$$

(2) 当 $R_1=R_2=R_f=10\text{k}\Omega$ 时,有

$$u_o = -(u_{i1} + u_{i2}) = -(0.3+0.5)\text{V} = -0.8\text{V}$$

4. 减法运算电路

减法运算(subtraction operation)是指电路的输出电压与两个输入电压之差成比例。减法运算可采用双端输入方式,图 3-9 所示的电路是运放双端输入放大电路。

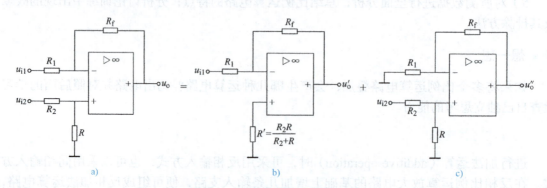

图 3-9 运放双端输入放大电路

图 3-9 中 u_{i1} 通过 R_1 加到反相端，u_{i2} 通过 R_2、R 分压后加到同相端。输出信号通过 R_f、R_1 组成反馈网络反馈到反相端。双端输入放大电路的输出电压在线性工作条件下，按电工学中的叠加定理分析如下。

当 u_{i1} 单独作用时，等效电路如图 3-9b 所示。电路属于反相输入式放大电路，有

$$u_o' = -\frac{R_f}{R_1}u_{i1}$$

当 u_{i2} 单独作用时，等效电路如图 3-9c 所示。电路属于同相输入式放大电路，有

$$u_o'' = \left(1+\frac{R_f}{R_1}\right)u_+ = \left(1+\frac{R_f}{R_1}\right)\frac{R}{R_2+R}u_{i2}$$

叠加后可得输出电压为

$$u_o = u_o' + u_o'' = \left(1+\frac{R_f}{R_1}\right)\frac{R}{R_2+R}u_{i2} - \frac{R_f}{R_1}u_{i1} \quad (3\text{-}10)$$

在电路中，如果选取电阻满足 $R_1=R_2$，$R_f=R$，则式（3-10）经推导可得到如下关系式

$$u_o = \frac{R_f}{R_1}(u_{i2}-u_{i1}) \quad (3\text{-}11)$$

即输出电压与两个输入电压之差（$u_{i2}-u_{i1}$）成正比。

【例 3-3】如图 3-10 所示电路，已知 $R_1=10\text{k}\Omega$，$R_2=30\text{k}\Omega$，$u_{i1}=-2\text{V}$，$u_{i2}=1\text{V}$。求输出电压 u_o 的值。

解：由图 3-10 可知：

$$u_{o1} = u_{i1} = -2\text{V}$$

$$u_{o2} = \left(1+\frac{R_2}{R_1}\right)u_{i2} = \left(1+\frac{30}{10}\right)\times 1\text{V} = 4\text{V}$$

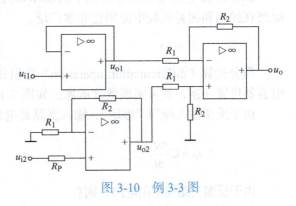

图 3-10 例 3-3 图

则

$$u_o = \frac{R_2}{R_1}(u_{o2}-u_{o1}) = \frac{30}{10}\times[4-(-2)]\text{V} = 18\text{V}$$

5. 积分运算电路

积分运算（integration operation）电路如图 3-11a 所示，也称之为积分器。

根据"虚断"可得 $i_i=i_C$，同时反相输入放大电路的反相输入端为"虚地"，则有

$$u_o = -u_C = -\frac{1}{C}\int_{t_0}^{t}\frac{u_i}{R}\text{d}t + u_C\big|_{t_0} = -\frac{1}{RC}\int_{t_0}^{t}u_i\text{d}t + u_C\big|_{t_0} \quad (3\text{-}12)$$

式（3-12）表明，输出电压与输入电压对时间的积分成比例，实现了积分运算。其中，$u_C|_{t_0}$ 是电容器两端在 t_0 时刻的电压，即电容的初始电压值。R_P 是平衡电阻器，一般取值等于 R。

若 u_i 是恒定电压 U，代入式（3-12）中，可得

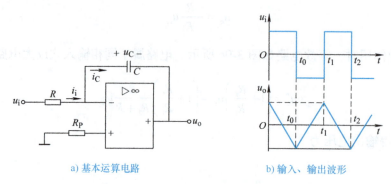

a) 基本运算电路 b) 输入、输出波形

图 3-11 积分运算电路

$$u_o = -\frac{1}{RC}Ut \quad (3\text{-}13)$$

输出波形如图 3-11b 所示，它可将输入的方波转换为三角波输出。

积分运算电路是模拟计算机中的基本单元，能对信号进行积分运算。此外，积分运算电路在控制和测量系统中应用也非常广泛。

6. 微分运算电路

微分运算（differentiation operation）是积分运算的逆运算，将积分运算电路的电阻器和电容器位置互换，就可实现微分运算，如图 3-12a 所示。

由于反相输入端为"虚地"，输入支路是电容电路，输入电流与输入电压成微分关系，即

$$i_C = C\frac{du_i}{dt}$$

由于反馈支路是电阻电路，则有

$$u_o = -i_f R = -i_C R = -RC\frac{du_i}{dt} \quad (3\text{-}14)$$

式（3-14）表明，输入电压 u_i 与输出电压 u_o 为微分关系。

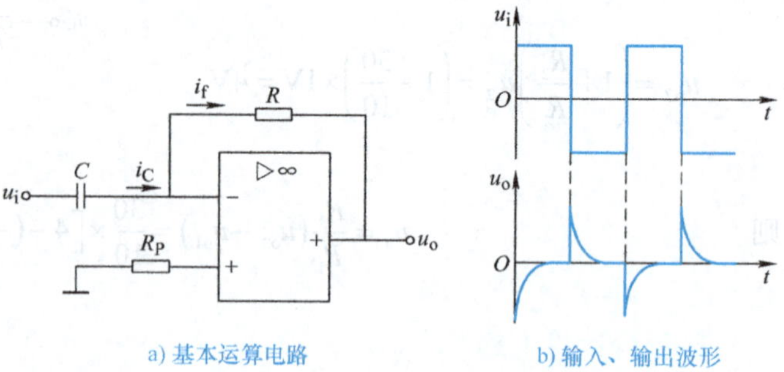

当输入电压为一矩形波时，在矩形波的变化沿运放有尖脉冲输出，而当输入电压不变时，即 $du_i/dt=0$，运放将无电压输出，如图 3-12b 所示。

a) 基本运算电路 b) 输入、输出波形

图 3-12 微分运算电路

由图 3-12b 可知，RC 微分电路可把方波转换为尖脉冲波，即只有输入波形发生突变的瞬间才有输出，且输出的尖脉冲波形的宽度与 RC（即电路的时间常数）有关，RC 越小，尖脉冲波形越尖，反之越宽。而对恒定部分则没有输出。此电路的 RC 必须远远小于输入波形

的宽度，否则就失去了波形变换的作用，成为一般的 RC 耦合电路，一般 RC 不大于输入波形宽度的 1/10 就可以了。

由以上 6 种运算电路分析可知，运放大多采用反相输入方式，这是因为反相输入式放大电路的输出电压只取决于反馈电流与反馈支路的伏安特性，输入电流只取决于输入电压与输入支路元器件的伏安特性，输入电流等于反馈电流，因此给组成运算电路带来极大方便。如果要实现 y=f(x) 的运算，只要选用伏安特性符合 y=f(x) 关系的元器件接入反馈支路，电阻器接入输入支路即可。若要实现逆运算，只要将两支路的元器件互换即可。用这种方法，可以实现对数运算、指数运算、乘法运算、除法运算等，这里不再叙述。

>>> 考一考

一、填空题

（1）＿＿＿＿＿＿＿运算电路可实现 $A_u>1$ 的放大器。

（2）＿＿＿＿＿＿＿运算电路可实现 $A_u<0$ 的放大器。

（3）＿＿＿＿＿＿＿运算电路可将方波电压转换成三角波电压。

（4）＿＿＿＿＿＿＿运算电路可将方波电压转换成尖脉冲波电压。

（5）在反相比例运算电路中，若反馈电阻 $R_f=R_1$，则 u_o 与 u_i 大小＿＿＿＿＿＿＿，相位＿＿＿＿＿＿＿，电路成为＿＿＿＿＿＿＿。

（6）在同相比例运算电路中，若反馈电阻 $R_f=0$，则 u_o 与 u_i 大小＿＿＿＿＿＿＿，相位＿＿＿＿＿＿＿，电路成为＿＿＿＿＿＿＿。

二、请写出图 3-13 所示各电路的名称及输出电压与输入电压的关系。

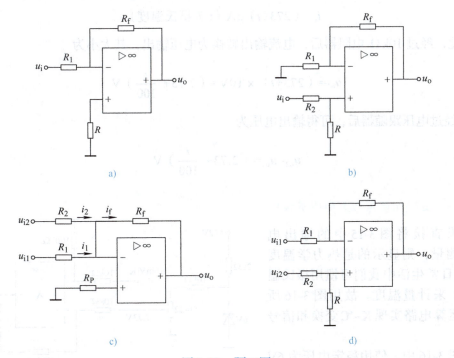

图 3-13　题二图

3.1.3 简易电子温度计电路的设计

在本任务中选用温度传感器 AD590 作为测温元件，其测温范围为 –55 ~ 150℃，能够满足本任务的测温要求。相关知识可参见 3.1.5 延伸阅读部分。简易电子温度计原理框图如图 3-14 所示。AD590 采集到的温度信号经变换后转换为电压输出，其电压与温度的转换系数为 0.1V/℃，借助电压表显示出来。

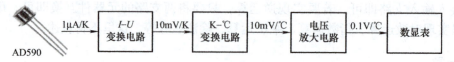

图 3-14　简易电子温度计原理框图

1. I-U 变换电路的设计

AD590 可以将采集到的温度信号转换为电流输出，其输出电流大小与绝对温度成比例。经过电路变换可以将电流输出转换为电压输出。故为了将输出电压测量出来，必须使输出电流不分流。由集成运放构成的电压跟随器具有输入电阻极高、输出电阻很低的特点，在这里我们使用电压跟随器作为缓冲器。具体电路如图 3-15 所示。

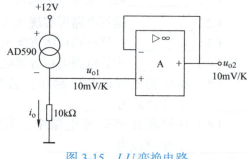

图 3-15　I-U 变换电路

在图 3-15 中，AD590 的输出电流为

$$i_o = (273+t)\ \mu A\ (t\ 为摄氏温度)$$

因此，经过 10kΩ 电阻器后，电流输出转换为电压输出，其大小为

$$u_{o1} = (273+t) \times 10V = \left(2.73 + \frac{t}{100}\right) V$$

u_{o1} 经过电压跟随器后，可得输出电压为

$$u_{o2} = u_{o1} = \left(2.73 + \frac{t}{100}\right) V$$

2. K-℃变换和信号放大电路的设计

如果直接将图 3-15 中的输出电压放大测量，则显示的是热力学温度（K），而日常生活中我们习惯用摄氏温度（℃）来计量温度。故用图 3-16 所示减法运算电路实现 K-℃变换和信号放大。

在图 3-16 中，使用稳定电压为 6V 的稳压二极管作为稳压器件，再利用

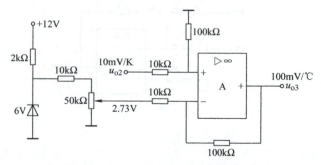

图 3-16　K-℃变换和信号放大电路

50kΩ 可变电阻器分压，其输出电压需调整至 2.73V，送至集成运放的反相输入端，其同相输入端的输入信号为图 3-15 所示电路的输出信号 u_{o2}，则由式（3-11）可得

$$u_{o3} = \frac{100}{10} \times (u_{o2} - 2.73)$$
$$= \frac{100}{10} \times \left[\left(2.73 + \frac{t}{100}\right) - 2.73\right] \quad (3-15)$$
$$= 0.1t\,(\text{V})$$

由式（3-15）可知，图 3-16 所示电路的输出电压 u_{o3} 与摄氏温度 t 成线性比例关系。如果现在温度为 65℃，则输出电压为 6.5V，通过一个电压表可以实现对温度的显示。

如果将图 3-16 所示电路的输出信号再接入一个 A_u=10 的比例运算电路，则可使输出电压值和所测温度值相等，再经过 A/D 变换后直接用数码管进行数字显示。随着后续内容的学习，读者可以自行设计。

3.1.4 简易电子温度计电路的安装与测试

现在我们来完成 3.1.1 节所提出的任务：连接一个简易电子温度计并用其进行温度测试，从而进一步熟悉集成运放的识别与使用；掌握由集成运放构成的模拟运算电路的实际应用场合；熟悉常用电子仪器及设备的使用。所需设备及元器件清单见表 3-3。

表 3-3 简易电子温度计所需设备及元器件清单

序号	名称	规格、型号	数量
1	温度传感器	AD590	1
2	集成运算放大器	LM358	2
3	稳压二极管	1N4735	1
4	电位器	50kΩ	1
5	电阻器	2kΩ	1
6	电阻器	10 kΩ	4
7	电阻器	100 kΩ	2
8	面包板	188mm × 46mm × 8.5mm	1
9	面包板插接线	0.5mm 单芯单股导线	若干
10	数字万用表	—	1
11	直流电源	12V	1

简易电子温度计电路如图 3-17 所示。电路输出电压 u_o 与摄氏温度 t 的关系为

$$u_o = 0.1t\,(\text{V})$$

按图 3-17 所示连接简易电子温度计电路。电路的测试步骤如下：
1）检查电路无误后接通电源，测试环境温度值，将结果记入表 3-4 中。
2）用加热的电烙铁逐渐靠近温度传感器 AD590，测试两组数据，将结果记入表 3-4 中。

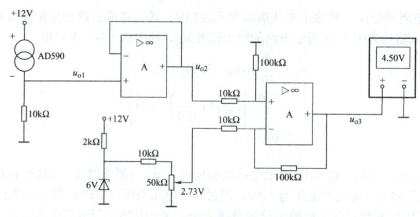

图 3-17 简易电子温度计电路

表 3-4 简易电子温度计电路测试

测试条件	室温	电烙铁靠近（距离 2cm）	电烙铁靠近（距离 1cm）
测试结果 /V			
测试温度 /℃			

3.1.5 延伸阅读：温度传感器

1. AD590

AD590 是美国 Analog Devices 公司的单片集成、两端感温电流源，其输出电流与绝对温度成比例，即输出电流是以绝对零度（-273℃）为基准，每增加 1℃，它会增加 1μA 输出电流，因此在室温 25℃ 时，其输出电流 i_o=（273+25）μA=298μA。在 4～30V 电源电压范围内，该器件可视为一个高阻抗、恒流调节器，调节系数为 1μA。AD590 的外形、俯视图和电路符号如图 3-18 所示。

a) 外形　　　　b) 俯视图　　　　c) 电路符号

图 3-18 AD590 外形、俯视图和电路符号

由图 3-18 可见，AD590 有三个引脚，即 +、- 和 CAN。使用时，+、- 两个引脚接到电路中，CAN 引脚接外壳，起屏蔽作用。实际应用中常用一个 10kΩ 电阻器将 1μA/K 的电流输出转换为 10mV/K 的电压输出，其转换电路如图 3-19 所示。

AD590 适用于 150℃ 以下、采用传统电气温度传感器的任何温度检测应用。由于是电流输出，对长线路上的电压降不敏感，因此特别适合远程检测应用。低成本的单芯片集成电路及无须支持电路的特点，使它成为许多温度测量应用的一种很有吸引力的备选方案。AD590 的主要参数如下：

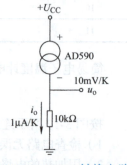

图 3-19 AD590 转换电路

1）测温范围为 –55 ～ 150℃。

2）电源电压范围为 4 ～ 30V，可以承受 44 V 正向电压和 20 V 反向电压，因而器件即使反接也不会被损坏。

3）输出电阻为 710 mΩ。

4）精度高，在 –55 ～ 150℃ 范围内的非线性误差仅为 ±0.3℃。

2. LM35

LM35 是由 National Semiconductor 公司生产的温度传感器，其输出电压与摄氏温度成正比。由于它采用内部补偿，其输出电压是以摄氏零度（0℃）为基准，每增加 1℃，它会增加 10mV 输出电压，即其灵敏度为 10mV/℃，准确率可达到 ±0.25℃。因此在室温 25℃ 时，其输出电压 u_o=250mV。

LM35 有多种封装形式，常见的 TO-92 封装外形、引脚排列和电路符号如图 3-20 所示。

LM35 的电源供应模式有单电源与正负双电源两种，如图 3-21 所示。正负双电源的供电模式可提供负温度的测量；单电源的供电模式在 25℃ 下静态电流约为 50μA，工作电压较宽，可在 4 ～ 20V 的供电电压范围内正常工作，非常省电。

图 3-20　LM35 外形、引脚排列和电路符号

LM35 的主要参数如下：

1）测温范围为 –55 ～ 150℃。

2）输出电压：–1.0 ～ 6V。

3）输出电流为 1mA 时，输出电阻为 0.1Ω。

4）精度高，在 25℃ 时的非线性误差仅为 ±0.5℃。

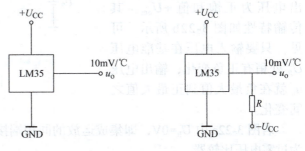

a) 单电源供电模式　　　b) 双电源供电模式

图 3-21　LM35 的电源供电模式

>>> 练一练

请用温度传感器 LM35 设计制作一个简易电子温度计。

任务 3.2　温度控制电路的制作

3.2.1　任务布置

在本任务中，我们要实现温度控制器中温度的控制电路的制作。该电路要求在温度低于 40℃ 时启动加热电路进行加热；在温度高于 60℃ 时切断加热电路停止加热。由集成运放构成的电压比较器可以实现这部分功能。

为此,我们需要完成对电压比较器电路等相关知识的信息收集,并进行温度控制器整体电路的安装与测试,在完成任务的过程中掌握相关知识和技能。

3.2.2 信息收集:单限电压比较器、滞回电压比较器等

当集成运放处于开环或正反馈工作方式时,集成运放的工作范围将跨越线性区,进入非线性区。工作在非线性区的集成运放只有两种输出状态,即当 $u_- > u_+$ 时,输出是反向饱和电压 $-U_{om}$;当 $u_+ > u_-$ 时,输出是正向饱和电压 $+U_{om}$。集成运放在非线性区的典型应用电路构成了各种电压比较器(voltage comparator)。电压比较器是模拟信号和数字信号间的桥梁,在数字仪表、自动控制、电平检测、波形产生诸多方面应用广泛。

1. 单限电压比较器

单限电压比较器的基本功能是比较两个电压的大小,并由输出的高电平或低电平来反映比较结果。两个输入量分别施加于运放的两个不同的输入端,其中一个是基准电压 U_R,一个是输入信号 u_i。按输入方式的不同可分为反相输入电压比较器和同相输入电压比较器,图 3-22a 所示为反相输入电压比较器的基本电路。运放在电路中处于开环状态,当 $u_i > U_R$ 时,输出电压为负饱和值 $-U_{om}$;当 $u_i < U_R$ 时,输出电压为正饱和值 $+U_{om}$。其传输特性如图 3-22b 所示。可见,只要输入电压在基准电压 U_R 处稍有正负变化,输出电压 u_o 就在负最大值到正最大值之间变化。

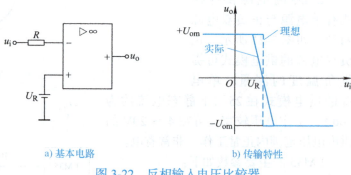

a) 基本电路 b) 传输特性

图 3-22 反相输入电压比较器

若图 3-22a 中 $U_R=0V$,即集成运放的同相端接地,则基准电压为 0V,这时的比较器称为过零电压比较器。

过零电压比较器可作为零电平检测器,也可用于"整形",将不规则的输入波形整形成规则的矩形波。图 3-23 所示为采用同相输入方式的过零电压比较器整形波形。

单限电压比较器也可以采用同相输入端输入的形式,读者可自行分析。

单限电压比较器电路简单,灵敏度高,但抗干扰能力差,如图 3-24 所示。若 u_i 在参考电压 U_R 附近有噪声或干扰,则输出波形将产生错误的跳变,直至 u_i 远离 U_R,输出波形才稳定下来。这将严重影响系统的运行。

为了提高电压比较器的抗干扰能力,可采用滞回电压比较器。

2. 滞回电压比较器

滞回电压比较器(voltage comparator with hysteresis)也有反相输入方式和同相输入方式两种。反相输入的滞回电压比较器基本电路如图 3-25a 所示,它将输出电压通过电阻器 R_f 反馈到同相输入端,引入了电压串联正反馈。电路中,同相输入端接基准电压 U_R。

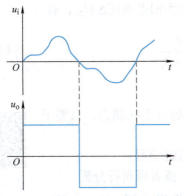

图 3-23 过零电压比较器整形波形　　　　图 3-24 单限电压比较器受干扰输出波形

由图 3-25 可知，同相输入端的电压 u_+ 由基准电压 U_R 和输出电压 u_o 共同决定，应用叠加原理可得输入门限电压为

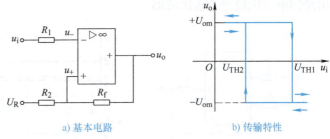

a) 基本电路　　　　b) 传输特性

图 3-25　反相输入滞回电压比较器

$$U_{TH} = \frac{R_f}{R_2+R_f}U_R + \frac{R_2}{R_2+R_f}u_o$$

u_o 有 $-U_{om}$ 和 $+U_{om}$ 两个状态，故其两个输入触发电平分别为：当电路输出正饱和电压 $+U_{om}$ 时，得上门限电压为

$$U_{TH1} = \frac{R_f}{R_2+R_f}U_R + \frac{R_2}{R_2+R_f}U_{om} \quad (3-16)$$

当电路输出负饱和电压 $-U_{om}$ 时，所得下门限电压为

$$U_{TH2} = \frac{R_f}{R_2+R_f}U_R - \frac{R_2}{R_2+R_f}U_{om} \quad (3-17)$$

由式（3-16）和式（3-17）可知，$U_{TH1}>U_{TH2}$。因此，当输入电压 $u_i>U_{TH1}$ 时，电路翻转而输出负饱和电压 $-U_{om}$；当输入电压 $u_i<U_{TH2}$ 时，电路再次翻转并输出正饱和电压 $+U_{om}$。

假设开始时 u_i 足够低，电路输出正饱和电压 $+U_{om}$，此时运放同相端对地电压等于 U_{TH1}。当输入信号 u_i 渐渐增大到刚刚超过上门限电压 U_{TH1} 时，电路立即翻转，输出由 $+U_{om}$ 翻转到 $-U_{om}$，此时运放同相端对地电压等于 U_{TH2}，如果 u_i 继续增大，输出电压不变，保持为 $-U_{om}$。

如果 u_i 开始下降，u_o 保持为 $-U_{om}$，即使 u_i 达到 U_{TH1}，因为 $u_i>U_{TH2}$，所以电路仍不会翻转。只有当 u_i 降至 U_{TH2} 时，电路才发生翻转，输出电压由 $-U_{om}$ 回到 $+U_{om}$，u_+ 重新增大到 U_{TH1}。

滞回电压比较器的传输特性曲线如图 3-25b 所示，具有滞回特性，有时也称为施密特特性。从特性曲线上可以看出 u_i 从小于 U_{TH2} 逐渐增大到超过上门限电压 U_{TH1} 时，电路翻转，u_i 从大于 U_{TH1} 逐渐减小到小于下门限电压 U_{TH2} 时，电路再翻转，而 u_i 在 U_{TH1} 和 U_{TH2} 之间

时，电路输出保持原状态。我们把两个门限电压的差值称为回差电压ΔU_{TH}，有

$$\Delta U_{TH}=U_{TH1}-U_{TH2}=2U_{om}\frac{R_2}{R_2+R_f} \quad (3\text{-}18)$$

式（3-18）表明，回差电压ΔU_{TH}与基准电压U_R无关。

由以上分析可知，回差电压的存在可大大提高电路的抗干扰能力，只要干扰电压不超过回差电压，就不影响输出结果。

滞回电压比较器的工作原理可以扫描二维码进一步理解学习。

滞回电压比较器也可以采用同相输入端输入的形式，读者可自行分析。

滞回电压比较器

【例3-4】在图3-26a所示电路中，已知稳压管的稳定电压$\pm U_{VS}=\pm 9V$，$R_1=40k\Omega$，$R_2=20k\Omega$，基准电压$U_R=3V$，输入电压u_i为图3-26b所示的正弦波，试画出滞回电压比较器的输出波形。

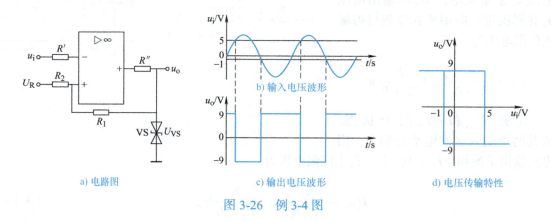

a) 电路图   c) 输出电压波形   d) 电压传输特性

图 3-26 例 3-4 图

解：图 3-26a 的输出电压为$u_o=U_{VS}=\pm 9V$。由式（3-16）、式（3-17）可得该电路的阈值电压分别为

$$U_{TH1}=\frac{R_1}{R_1+R_2}U_R+\frac{R_2}{R_1+R_2}U_{om}=\left(\frac{40}{40+20}\times 3+\frac{20}{40+20}\times 9\right)V=5V$$

$$U_{TH2}=\frac{R_1}{R_1+R_2}U_R-\frac{R_2}{R_1+R_2}U_{om}=\left(\frac{40}{40+20}\times 3-\frac{20}{40+20}\times 9\right)V=-1V$$

输入电压u_i在增大过程中，若$u_i<5V$，则输出电压$u_o=9V$；若$u_i>5V$，则$u_o=-9V$；u_i在减小过程中，若$u_i>-1V$，则输出电压$u_o=-9V$；若$u_i<-1V$，则$u_o=9V$。输出电压u_o的波形和电压传输特性曲线分别如图3-26c、d所示。

3. 双限电压比较器

单限电压比较器和滞回电压比较器只能与一个输入信号相比较，若要判断输入信号是否在某两个电压之间，则需要双限电压比较器（又称为窗口电压比较器）。图3-27所示为一双限电压比较器电路，其中参考电压$U_{R1}>U_{R2}$。

电路的工作原理如下：

当 $u_i<U_{R2}$ 时，A_1 输出为 $-U_{om}$，A_2 输出为 $+U_{om}$，二极管 VD_1 截止、VD_2 导通，输出电压 u_o 为 $+U_{om}$；当 $u_i>U_{R1}$ 时，A_1 输出为 $+U_{om}$，A_2 输出为 $-U_{om}$，二极管 VD_1 导通、VD_2 截止，输出电压 u_o 也为 $+U_{om}$；当 $U_{R2}<u_i<U_{R1}$

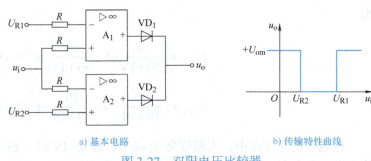

a) 基本电路　　　　　　　　　b) 传输特性曲线

图 3-27　双限电压比较器

时，A_1 输出为 $-U_{om}$，A_2 输出为 $-U_{om}$，二极管 VD_1、VD_2 均截止，输出电压 $u_o=0$。电压的传输特性曲线如图 3-27b 所示。

> **考一考**

一、填空题

（1）集成运放处于开环或正反馈方式时，进入_____。

（2）在反相输入比较器中，当 $u_i>U_R$ 时，输出电压为_____；当 $u_i<U_R$ 时，输出电压为_____。

（3）根据输入方式的不同，过零比较器又可分为_____和_____两种。

（4）将单限电压比较器和滞回电压比较器相比，_____的抗干扰能力强，_____的灵敏度高。

二、判断题

（1）在电压比较器中，集成运放一定工作于非线性状态。（　）

（2）过零电压比较器可将不规则的输入波形整形成规则的三角波。（　）

（3）在滞回电压比较器中，由于回差电压的存在，可大大提高电路的抗干扰能力。（　）

3.2.3　温度控制电路的设计

在本任务中，要求温度低于 40℃时自动接通加热装置开关进行加热，温度高于 60℃时自动断开加热装置开关停止加热。可以采用滞回电压比较器实现对温度的控制。

通过任务 3.1 可知，温度为 40℃时温度控制器对应的电压是 4V，温度为 60℃时对应的电压是 6V，故滞回电压比较器的两个门限电压分别是 4V 和 6V。图 3-28 所示电路可以满足这一要求。

在图 3-28 中，用一个发光二极管来显示控制加热电路开关的状态。若发光二极管发光，代表开关接通，加热设备开始加热；若发光二极管不发光，代表开关断开，加热设备停止加热。u_i 为任务 3.1 中温度检测电路的输出信号。输出电压为 $u_o = U_{VS} = ±6V$。由式（3-16）、式（3-17）可得该电路的门限电压分别

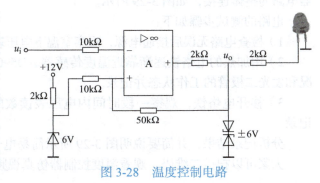

图 3-28　温度控制电路

为

$$U_{TH1} = \left(\frac{50}{50+10} \times 6 + \frac{10}{50+10} \times 6\right)V = 6V$$

$$U_{TH2} = \left(\frac{50}{50+10} \times 6 - \frac{10}{50+10} \times 6\right)V = 4V$$

在温度变化过程中，当温度低于40℃，即 u_i<4V 时，输出电压 u_o=+6V，开关接通，加热设备开始加热；随着加热的进行，当温度高于60℃，即 u_i>6V 时，u_o=−6V，开关断开，加热设备停止加热，但此时由于热惯性，温度还要升高一点。如此往复，将温度控制在一定范围内。改变反馈电阻值可以调节控制温度值。

3.2.4 温度控制电路的整体安装与测试

现在我们来完成温度控制电路的整体安装与测试。首先完成图 3-28 所示温度控制部分电路的连接与测试，从而进一步熟悉电压比较器及实际应用场合；熟悉常用电子仪器及设备的使用。所需设备及元器件清单见表 3-5。

表 3-5 温度控制电路所需设备及元器件清单

序号	名称	规格、型号	数量
1	集成运算放大器	LM358	1
2	稳压二极管	1N4735	3
3	电阻器	2kΩ	3
4	电阻器	10kΩ	2
5	电阻器	50kΩ	1
6	发光二极管	红色	1
7	面包板	188mm×46mm×8.5mm	1
8	面包板插接线	0.5mm 单芯单股导线	若干
9	数字万用表	—	1
10	直流电源	12V	1

将该电路的输入端接至图 3-17 所示简易电子温度计的输出端，完成简易电子温度控制器电路的整体连接，如图 3-29 所示。

电路的测试步骤如下：

1）检查电路无误后接通电源，观察室温下电压表读数和发光二极管的工作状态并记录。

2）用加热的电烙铁逐渐靠近温度传感器 AD590，观察这一过程中电压表读数的变化情况和发光二极管的工作状态并记录。

3）移开电烙铁，观察一段时间内电压表读数的变化情况和发光二极管的工作状态并记录。

分析记录结果，并简要说明图 3-29 所示简易电子温度控制器的工作原理。

大家可以扫描二维码，观看温度控制器仿真视频。

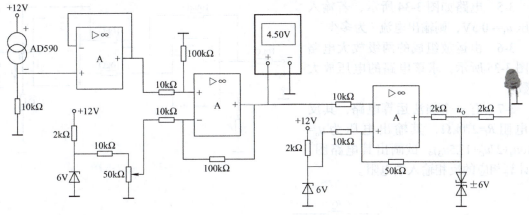

图 3-29 简易电子温度控制器

习　题

3-1 写出图 3-30 所示各电路的名称，分别计算它们的电压放大倍数 A_u。

3-2 已知电路如图 3-31 所示，当 $u_{i1}=2V$，$u_{i2}=3V$，$u_{i3}=1V$ 时，试求输出电压 u_o。

3-3 已知图 3-32 所示运放及图示参数，试求：(1) $u_{i1}=1V$，$u_{i2}=u_{i3}=0$ 时，u_o 的值；(2) $u_{i1}=u_{i2}=1V$，$u_{i3}=0$ 时，u_o 的值；(3) $u_{i1}=u_{i2}=0$，$u_{i3}=1V$ 时，u_o 的值；(4) $u_{i1}=u_{i3}=1V$，$u_{i2}=0$ 时，u_o 的值。

温度控制器仿真

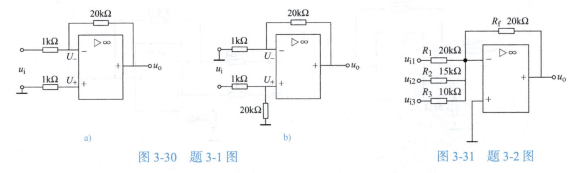

图 3-30 题 3-1 图　　　　　　　　　　图 3-31 题 3-2 图

3-4 设图 3-33 中运放为理想运放，试求其输出电压与输入电压的关系。

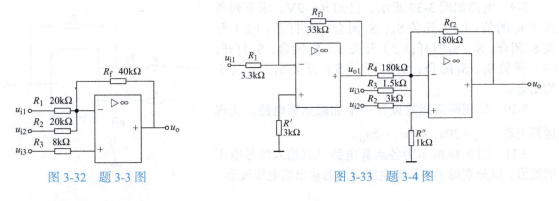

图 3-32 题 3-3 图　　　　　　　　　　图 3-33 题 3-4 图

3-5 电路如图 3-34 所示，若输入电压 $u_i=-0.5\text{V}$，则输出电流 i 为多少？

3-6 由运放组成的两级放大电路如图 3-35 所示，求该电路的电压放大倍数。

3-7 有一个加法运算电路，其反馈电阻 $R_f=270\text{k}\Omega$，其输出电压为 $u_o=-(10u_{i1}+27u_{i2}+13.5u_{i3})$。试画出其电路图，并计算相应的反相输入端电阻。

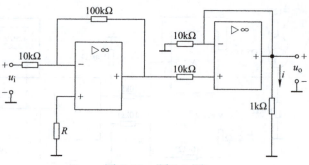

图 3-34 题 3-5 图

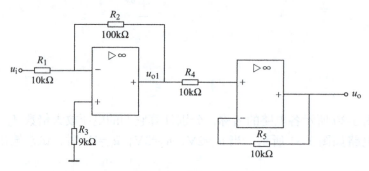

图 3-35 题 3-6 图

3-8 说明图 3-36 所示电路分别实现什么运算功能，写出输出与输入电压的关系式。

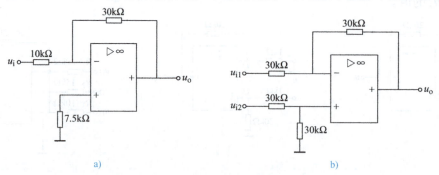

图 3-36 题 3-8 图

3-9 电路如图 3-37 所示，已知 $u_i=-2\text{V}$。求下列条件下 u_o 的值：（1）开关 S_1、S_3 闭合，S_2 打开；（2）开关 S_2 闭合，S_1、S_3 打开；（3）开关 S_2、S_3 闭合，S_1 打开；（4）开关 S_1、S_2 闭合，S_3 打开；（5）开关 S_1、S_2 及 S_3 均闭合。

3-10 试用两级运放设计一个加减运算电路，实现运算关系：$u_o = 20u_{i1} + 10u_{i2} - 5u_{i3}$。

3-11 图 3-38 所示为各运算电路及其输入信号电压的波形。试分别画出各运算电路对应的输出端电压波形。

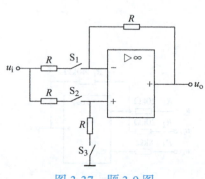

图 3-37 题 3-9 图

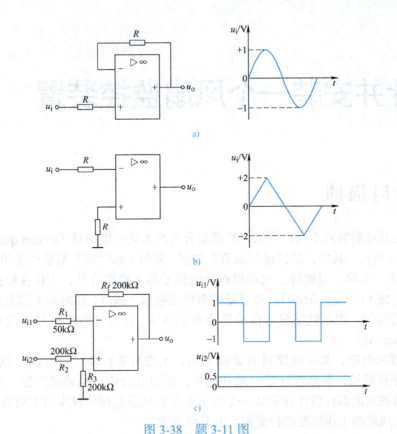

图 3-38 题 3-11 图

3-12 在图 3-39a 所示电路中，已知 $U_{VS}=\pm 6V$，$R_1=2k\Omega$，$R_2=5k\Omega$，输入波形如图 3-39b 所示。试画出电路的电压传输特性曲线和输出波形。

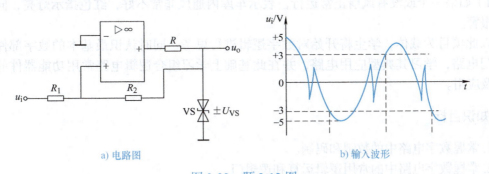

a) 电路图 b) 输入波形

图 3-39 题 3-12 图

3-13 图 3-40 所示为监控报警装置电路原理图。当对温度进行监控时，可由传感器取得监控信号 u_i，U_R 表示预期温度的参考电压。当 u_i 超过预期温度时，报警灯亮，试说明其工作原理。二极管 VD 和电阻器 R_3 在此起何作用？

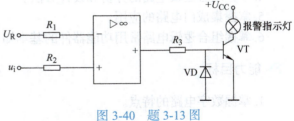

图 3-40 题 3-13 图

项目 4
设计并安装一个风扇监控装置

 项目描述

按照变化规律的特点不同,可以将物理量分为两大类:模拟量(analog quantity)和数字量(digital quantity)。其中,模拟量的取值在数值(幅值)和时间上都是连续的(不可数,无穷多),如电压、电流、温度等。表示模拟量的信号称为模拟信号,工作在模拟信号下的电路称为模拟电路(analog circuit)。数字量的取值在数值(幅值)和时间上都是离散的,如产品的数量和代码等。表示数字量的信号称为数字信号,工作在数字信号下的电路称为数字电路(digital circuit)。

相比于模拟电路,数字电路具有集成度高、工作可靠性高、精度高、抗干扰能力强、存储方便、保存期长、保密性好等一系列优点,因而其应用也越来越广泛。本项目就是用不同组合逻辑的功能部件设计并安装一个地下车库的风扇监控装置来对安装在地下车库的 4 个用于通风的风扇的工作情况进行监控。其具体要求为:

1) 4 个通风风扇安装在地下车库中,由开关 $S_1 \sim S_4$ 控制。
2) 如果 3 个或 4 个风扇正常运行,表示车库内通风良好,绿色指示灯亮。
3) 如果两个风扇正常运行,表示车库内通风欠佳,黄色指示灯亮。
4) 如果一个或没有风扇正常运行,表示车库内通风非常不好,红色指示灯亮,同时蜂鸣器报警。

以此项目为载体,学生将开始对数字逻辑进行思考,同时认识最基本的数字部件——集成门电路,学习其典型应用电路,并在此基础上学习组合逻辑电路常用功能器件的基本知识及应用。

>>> 知识目标

1. 掌握数字电路中的数制和码制。
2. 掌握数字电路中的常用逻辑运算和逻辑门。
3. 掌握逻辑函数的化简方法。
4. 掌握组合逻辑电路的分析和设计方法。
5. 掌握集成门电路的应用。
6. 掌握组合逻辑电路常用功能器件的基本知识及应用。

>>> 能力目标

1. 掌握数字电路的特点。

2. 掌握集成门电路的识别和检测方法。

3. 掌握编码器、译码器、数据选择器、加法器等常用组合逻辑电路的识别和检测方法。

结合项目特点，设计了 3 个阶段的工作任务，首先要学会对数字逻辑进行思考，然后用集成门电路设计安装风扇监控系统，最后学习几种常用的组合逻辑电路功能器件。

在完成任务的过程中要注意六大核心素养的养成。

任务 4.1　开始数字逻辑的思考

4.1.1　任务布置

数字电路采用的是二进制代码，用 0 和 1 表示。其遵循的计数和运算方式与模拟电路有着本质的不同。在本任务中，学生要学会对数字逻辑进行思考。首先，从数字电路的特点入手，认识数字电路中的数制和码制，掌握数字电路中的常用逻辑运算和逻辑门的概念，掌握逻辑函数的化简方法，从而建立起数字逻辑的思维方式。

4.1.2　信息收集：数制和码制

1. 数制

数制是计数的方法，是人们对数量计数的一种统计规律。在日常生活中，最常见的数制是十进制（decimal system），而在数字系统中进行数字的运算和处理时，广泛采用的则是二进制（binary system）和十六进制（hexadecimal system）。

（1）十进制　十进制是人们最常用的计数体制，它采用 0、1、2、3、4、5、6、7、8、9 共 10 个基本数码，10 以上的数则要用两位以上的数码表示。任何一个十进制数都可以用上述 10 个数码按一定规律排列起来表示。其计数规律是"逢十进一"，即 9 + 1 = 10，十进制数是以 10 为基数的计数体制。

例如，1961 可写为

$$1961 = 1 \times 10^3 + 9 \times 10^2 + 6 \times 10^1 + 1 \times 10^0$$

同一数码处于不同的位置时，它代表的数值是不同的，即不同的数位有不同的位权。如 1961 头尾两个数码都是"1"，但左边第一位的"1"表示数值 1000，而右边第一位的"1"则表示数值 1。1961 每位的位权分别为 10^3、10^2、10^1、10^0，即基数的幂。这样，各位数码所表示的数值等于该位数码（该位的系数）乘以该位的位权，每一位的系数和位权的乘积称为该位的加权系数。

上述表示方法也可扩展到小数，但小数点右边的各位数码要乘以基数的负幂。例如，数 25.16 表示为 $25.16 = 2 \times 10^1 + 5 \times 10^0 + 1 \times 10^{-1} + 6 \times 10^{-2}$。

任意一个 n 位十进制正整数 N 可表示为

$$[N]_{10} = K_{n-1} \times 10^{n-1} + K_{n-2} \times 10^{n-2} + \cdots + K_1 \times 10^1 + K_0 \times 10^0 = \sum_{i=0}^{n-1} K_i \times 10^i \quad (4\text{-}1)$$

其中，下角标 10 表示 N 是十进制数，还可以用字母 D 来表示十进制数。由于十进制数最为常用，实际应用时通常将下标省略。

例如，$[169]_{10}=169D=1\times10^2+6\times10^1+9\times10^0=169$

（2）二进制　一个电路用 10 种不同状态表示 10 个不同的数码是比较复杂的。因此，数字电路和计算机中经常采用二进制。因为二进制只有两个数码，即 0 和 1，因此它的每一位数都可以用任何具有两个不同稳定状态的元器件来表示，如灯泡的亮与灭、晶体管的导通与截止、开关的接通与断开、继电器触点的闭合和断开等。只要规定其中一种状态为 1，则另一种状态就为 0，这样就可用二进制数表示了。可见，二进制的数字装置简单可靠，所用元器件少，而且二进制的基本运算规则简单，运算操作简便，这些特点使得数字电路中广泛采用二进制。

二进制数的基数是 2，采用两个数码 0 和 1。其计数规律是"逢二进一"，即 $1+1=10$（读作"壹零"）。二进制数各位的位权为 2 的幂。

例如，4 位二进制数 1101 可以表示为

$$[1101]_2=1\times2^3+1\times2^2+0\times2^1+1\times2^0=13$$

可以看到，不同数位的数码所代表的数值也不相同，在 4 位二进制数中，从高到低的各位相应的位权分别为 2^3、2^2、2^1、2^0。二进制数表示的数值也等于其各位加权系数之和。

如果含有小数，则小数部分的位权应是基数的负幂。

例如，$[1011.01]_2=1\times2^3+0\times2^2+1\times2^1+1\times2^0+0\times2^{-1}+1\times2^{-2}=11.25$

和十进制数的表示方法相似，任何一个 n 位二进制正整数 N 可表示为

$$[N]_2=K_{n-1}\times2^{n-1}+K_{n-2}\times2^{n-2}+\cdots+K_1\times2^1+K_0\times2^0=\sum_{i=0}^{n-1}K_i\times2^i \quad (4-2)$$

其中，下标 2 表示 N 是二进制数，也可以用字母 B 来表示二进制数。

例如，$[1011]_2=1011B=1\times2^3+0\times2^2+1\times2^1+1\times2^0=11$

虽然二进制数具有便于机器识别和运算的特点，但使用时位数经常是很多的，不便于人们书写和记忆，因此在数字系统的资料中常用到十六进制。

（3）十六进制　十六进制数的基数是 16，采用 16 个数码：0、1、2、3、4、5、6、7、8、9、A、B、C、D、E、F，其中 10～15 分别用 A～F 表示。十六进制数的计数规律是"逢十六进一"，各位的位权是 16 的幂。任何一个 n 位十六进制正整数 N 可表示为

$$[N]_{16}=K_{n-1}\times16^{n-1}+K_{n-2}\times16^{n-2}+\cdots+K_1\times16^1+K_0\times16^0=\sum_{i=0}^{n-1}K_i\times16^i \quad (4-3)$$

其中，下标 16 表示 N 是十六进制数，也可以用字母 H 来表示十六进制数。

例如，$[60]_{16}=60H=6\times16^1+0\times16^0=96$；$[9C]_{16}=9CH=9\times16^1+12\times16^0=156$

实际应用中经常用到不同进制数之间的相互转换。由式（4-2）和式（4-3）可知，只要将二进制和十六进制数按权展开，求出各位加权系数之和，即可将其转换为相应的十进制数。

如果要将十进制正整数转换为二进制数或十六进制数可以采用除 R 倒取余法，R 代表所要转换成的数制的基数，转换为二进制数时 R = 2，转换为十六进制数时 R = 16。转换步骤如下：

1）把给定的十进制数 $[N]_{10}$ 除以 R，取出余数，即为最低位数的数码 K_0。
2）将上一步得到的商再除以 R，再取出余数，即得次低位数的数码 K_1。
以下各步类推，直到商为 0 为止，最后得到的余数即为最高位数的数码 K_{n-1}。

【例 4-1】将 $[76]_{10}$ 转换成二进制数。

解：

```
  2 | 76
    2 | 38    ……… 余 0   即 K₀ = 0
      2 | 19  ……… 余 0   即 K₁ = 0
        2 | 9 ……… 余 1   即 K₂ = 1
          2 | 4 ……… 余 1  即 K₃ = 1
            2 | 2 ……… 余 0 即 K₄ = 0
              2 | 1 …… 余 0 即 K₅ = 0
                  0 …… 余 1 即 K₆ = 1
```

则 $[76]_{10} = [1001100]_2$。

【例 4-2】将 $[76]_{10}$ 转换成十六进制数。

解：

```
 16 | 76
   16 | 4    ……… 余 12  即 K₀ = C
       0    ……… 余 4   即 K₁ = 4
```

则 $[76]_{10} = [4C]_{16}$。

因为二进制数与十六进制数之间正好满足 2^4 关系，所以要完成二进制数与十六进制数的相互转换，可将 4 位二进制数看作 1 位十六进制数，或把 1 位十六进制数看作 4 位二进制数。

二进制数转换为十六进制数时，将二进制数从小数点开始，分别向两侧每 4 位分为一组，若整数最高位不足一组，在左边加 0 补足为一组，小数最低位不足一组，在右边加 0 补足为一组，然后将每组二进制数都相应转换为 1 位十六进制数。

【例 4-3】将二进制数 $[1011011.110]_2$ 转换为十六进制数。

解：二进制数　　0101　1011　.1100
　　十六进制数　　5　　B　　.C

则 $[1011011.110]_2 = [5B.C]_{16}$。

十六进制数转换为二进制数时，将十六进制数的每一位转换为相应的 4 位二进制数即可。

【例 4-4】将 $[21A]_{16}$ 转换为二进制数。

解：十六进制数　　2　　1　　A
　　二进制数　　0010　0001　1010

则 $[21A]_{16} = [1000011010]_2$（最高位为 0 可舍去）

十六进制数和二进制数的相互转换在计算机编程中使用较为广泛。

2. 码制

数字系统中也经常采用一定位数的二进制数来表示各种文字、符号信息，这个特定的二进制数称为代码（code）。建立这种代码与文字、符号或特定对象之间的一一对应的关系称为编码（coding）。编码的规则称为码制，它是将若干个二进制数码 0 和 1 按一定的规则排列起来表示某种特定含义。

数字电路中用得最多的是二-十进制码。所谓二-十进制（binary coded decimal，BCD）码，指的是用 4 位二进制数来表示 1 位十进制数的编码方式。由于 4 位二进制数码有 16 种不同的组合状态，若从中取出 10 种组合用以表示十进制数中 0～9 十个数码时，其余 6 种组合则不用（称为无效组合）。因此，按选取方式的不同，可以得到的只需选用其中 10 种组合 BCD 码的编码方式有很多种。

表 4-1 中列出了几种常见的 BCD 码。在二-十进制编码中，一般分有权码和无权码。例如 8421BCD 码是一种最基本的、应用十分普遍的 BCD 码，它是一种有权码。8421 是指在用 4 位二进制数表示 1 位十进制数时，每一位二进制数的权从高位到低位分别是 8、4、2、1。另外，5421BCD 码、2421BCD 码也属于有权码，均为 4 位代码，它们的位权自高到低分别是 5、4、2、1 及 2、4、2、1。

表 4-1　几种常见的 BCD 码

十进制数	有权码			无权码	
	8421 码	5421 码	2421 码	余 3 码	格雷码
0	0000	0000	0000	0011	0000
1	0001	0001	0001	0100	0001
2	0010	0010	0010	0101	0011
3	0011	0011	0011	0110	0010
4	0100	0100	0100	0111	0110
5	0101	1000	1011	1000	0111
6	0110	1001	1100	1001	0101
7	0111	1010	1101	1010	0100
8	1000	1011	1110	1011	1100
9	1001	1100	1111	1100	1101

余 3 码属于无权码。十进制数用余 3 码表示，要比 8421BCD 码在二进制数值上多 3，故称为余三码，它可由 8421BCD 码加 0011 得到。从表 4-1 可见，余 3 码中的 0 和 9、1 和 8、2 和 7、3 和 6、4 和 5 互为反码。所以，余 3 码做十进制的算术运算是比较方便的。

格雷码（也称格雷循环码）也属于无权码。其特点是：任何两个相邻的十进制的格雷码仅有一位不同，例如，8 和 9 所对应的代码为 1100 和 1101，只有最低位不同。将 8421BCD 码从最右边一位起，依次将每一位与左边一位异或，作为对应格雷码该位的值，最左边一位不变。格雷码虽不直观，但可靠性高，在输入、输出等场合应用广泛。

▶▶▶ 考一考

一、填空题

（1）数字量的取值在＿＿＿＿＿＿＿＿＿＿上是断续变化的，其高电平和低电平通常用

_____和_____表示。

（2）数字电路中，常用的数制有_____进制和_____进制。

（3）二－十进制代码又称_____码，最常用的二－十进制代码为_____。

（4）有一数码 10010011，作为自然二进制数时，它相当于十进制数_____；作为 8421BCD 码时，它相当于十进制数_____。

二、判断题

（1）二进制数的基数是 2，采用两个数码 0 和 1。（　　）

（2）十六进制数的计数规律是"逢十六进一"，各位的位权是 16 的幂。（　　）

（3）8421BCD 码是无权码。（　　）

4.1.3　常用逻辑运算

自然界中，许多现象总是存在着对立的双方，例如，电位的高或低、灯泡的亮或灭、脉冲的有或无等。为了描述这种相互对立的逻辑关系，往往采用仅有两个取值的变量来表示，这种二值变量就称为逻辑变量（logical variable）。

逻辑变量和普通代数中的变量一样，可以用字母 A、B、C 等来表示。但逻辑变量表示的是事物的两种对立的状态，只允许取两个不同的值，分别是逻辑 0 和逻辑 1。这里 0 和 1 不表示具体的数值，只表示事物相互对立的两种状态。

在数字逻辑电路中，如果输入变量 A、B、C……的取值确定后，输出变量 Y 的值也被唯一确定了，那么就称 Y 是 A、B、C……的逻辑函数（logic function）。逻辑函数和逻辑变量一样，都只有逻辑 0 和逻辑 1 两种取值。也就是说，逻辑函数 Y 是由逻辑变量 A、B、C……经过有限个逻辑运算确定的。

1. 基本逻辑运算

数字电路中，利用输入信号来反映"条件"，利用输出信号来反映"结果"，于是输出与输入之间的因果关系即为逻辑关系。逻辑代数中，基本的逻辑关系有 3 种，即与逻辑、或逻辑、非逻辑。相对应的基本运算有与运算、或运算、非运算。实现这 3 种逻辑关系的电路分别称为与门、或门、非门。

（1）与运算（AND）　与逻辑反映的是多个输入变量与一个输出变量之间的逻辑关系。当决定某一种结果的所有条件都具备时，这个结果才能发生。这种因果关系称为与逻辑关系，简称与逻辑。

通常，我们把结果发生或条件具备用逻辑 1 表示，结果不发生或条件不具备用逻辑 0 表示，则可得到与逻辑真值表。以两个输入变量为例，其真值表见表 4-2。从表 4-2 可以看出：当输入 A、B 都为 1 时，输出 Y 才为 1，只要输入 A 或 B 中有一个为 0，输出 Y 就为 0，可概括为"有 0 出 0，全 1 出 1"。

表 4-2　与逻辑真值表

输入		输出
A	B	Y
0	0	0
0	1	0
1	0	0
1	1	1

与运算也称为逻辑乘，与运算的逻辑表达式为

$$Y = A \cdot B \text{ 或 } Y = AB \tag{4-4}$$

与运算的运算规则：$0 \cdot 0 = 0$，$0 \cdot 1 = 0$，$1 \cdot 0 = 0$，$1 \cdot 1 = 1$。

在数字电路中，用来实现与运算的电路称为与门电路。一个与门电路一般有两个或两

个以上的输入端，但只有一个输出端。图 4-1a 所示为一个由二极管构成的二输入与门电路，A、B 是它的两个输入信号，Y 是输出信号。图 4-1b 所示为它的逻辑符号，图中"&"表示与逻辑运算。

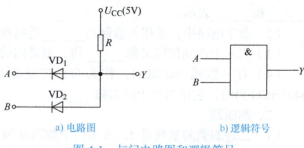

a) 电路图 　　　　　b) 逻辑符号

图 4-1　与门电路图和逻辑符号

在图 4-1a 中，设两个输入端输入的高电平信号 $U_{IH} = 3.7\text{V}$，低电平信号 $U_{IL} = 0$，则电路的工作情况如下：

当 $U_A = U_B = 0\text{V}$ 时，二极管 VD_1、VD_2 均导通，设二极管的导通电压降为 0V，则输出电压 $U_Y = 0\text{V}$。

当 $U_A = 0\text{V}$、$U_B = 3.7\text{V}$ 时，二极管 VD_1 优先导通，输出电压被钳位在 $U_Y = 0\text{V}$，二极管 VD_2 反偏截止。

当 $U_A = 3.7\text{V}$、$U_B = 0\text{V}$ 时，二极管 VD_2 优先导通，输出电压 $U_Y = 0\text{V}$，二极管 VD_1 反偏截止。

当 $U_A = U_B = 3.7\text{V}$ 时，二极管 VD_1、VD_2 均导通，输出电压被钳位在 3.7 V，$U_Y = 3.7\text{ V}$。

由此可得图 4-1a 所示与门电平关系表（见表 4-3），即只有当输入端全输入高电平时，输出端才输出高电平，其真值表见表 4-2，符合"与"的逻辑关系。

表 4-3　与门电平关系表

U_A/V	U_B/V	U_Y/V
0	0	0
0	3.7	0
3.7	0	0
3.7	3.7	3.7

与门的输入端可以多于两个，图 4-2 所示为一个三输入与门逻辑符号。当有多个输入端时，与运算可表示为

$$Y = ABC\cdots \quad (4-5)$$

（2）或运算（OR）　或逻辑反映的是多个输入变量与一个输出变量之间的逻辑关系。当决定某一种结果的所有条件中，只要有一个或一个以上条件得到满足，这个结果就会发生。这种因果关系称为或逻辑关系，简称或逻辑。

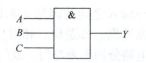

图 4-2　三输入与门逻辑符号

或逻辑的真值表见表 4-4。从表 4-4 可以看出：只要输入 A 或 B 有一个为 1 时，输出 Y 就为 1，只有输入 A、B 全部为 0 时，输出 Y 才为 0，可概括为"有 1 出 1，全 0 出 0"。

或运算也称为逻辑加，或运算的逻辑表达式为

$$Y = A + B \quad (4-6)$$

或运算的运算规则：$0+0=0$，$0+1=1$，$1+0=1$，$1+1=1$。

在数字电路中，用来实现或运算的电路称为或门电路。一个或门电路一般有两个或两个以上的输入端，但只有一个输出端。图 4-3a 所示为一个由二极管构成的二输入或门电路，A、B 是它的两个输入信号，Y 是输出信号。图 4-3b 所示为它的逻辑符号，图中"≥1"表示或逻辑运算。

表 4-4　或逻辑真值表

输入		输出
A	B	Y
0	0	0
0	1	1
1	0	1
1	1	1

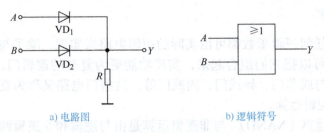

a) 电路图　　　　　　　　　　b) 逻辑符号

图 4-3　或门电路图和逻辑符号

在图 4-3a 中，设两输入端输入的高电平信号 $U_{IH} = 3.7V$，低电平信号 $U_{IL} = 0V$，忽略二极管的导通电压降，可得或门电路的电平关系，见表 4-5。其真值表与表 4-4 一致。

表 4-5　或门电平关系表

U_A/V	U_B/V	U_Y/V
0	0	0
0	3.7	3.7
3.7	0	3.7
3.7	3.7	3.7

（3）非运算（NOT）　非逻辑反映的是一个输入变量与一个输出变量之间的逻辑关系。当条件不成立时，结果就会发生；当条件成立时，结果反而不会发生。这种因果关系称为非逻辑关系，简称非逻辑。

非逻辑真值表见表 4-6。从表 4-6 可以看出：非逻辑的运算规则为"入 0 出 1，入 1 出 0"。

非运算也称为反运算，非运算的逻辑表达式为

$$Y = \overline{A} \tag{4-7}$$

非运算的运算规则：$\overline{0} = 1$，$\overline{1} = 0$。

表 4-6　非逻辑真值表

输入	输出
A	Y
0	1
1	0

在数字电路中，用来实现非运算的电路称为非门电路。一个非门电路只有一个输入端，一个输出端。图 4-4a 所示为一个由晶体管构成的非门电路，A 是它的输入信号，Y 是输出信号。非门的逻辑符号如图 4-4b 所示，图中小圆圈表示非逻辑运算。

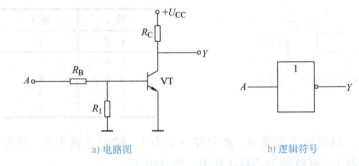

a) 电路图　　　　　　　　　　b) 逻辑符号

图 4-4　非门电路图和逻辑符号

在图 4-4a 中，晶体管工作于开关状态。当输入低电平时，晶体管截止，$i_C \approx 0$，输出高电平，$U_Y = U_{OH} = U_{CC}$。当输入高电平时，若 R_1、R_B、R_C 选择适当，则晶体管饱和，输出低电平，$U_Y = U_{OL} \approx 0.3V$。其真值表与表 4-6 一致。

2. 复合逻辑运算

数字系统中的任何逻辑函数都可由实际的逻辑电路来实现，除了与门、或门、非门三种基本电路外，还可以把它们组合起来，实现功能更为复杂的逻辑门，常见的有与非门、或非门、与或门、与或非门、异或门、同或门等，这些门电路又称为复合门电路，它们完成的运算称为复合逻辑运算。

（1）与非逻辑运算（NAND） 与非逻辑运算是由与逻辑和非逻辑两种逻辑运算组合而成的一种复合逻辑运算，实现与非逻辑运算的电路称为与非门，二输入与非门的逻辑符号如图 4-5 所示，其真值表见表 4-7。

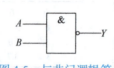

图 4-5 与非门逻辑符号

表 4-7 与非逻辑真值表

输入		输出
A	B	Y
0	0	1
0	1	1
1	0	1
1	1	0

由表 4-7 可见，只要输入变量 A、B 中有一个为 0，输出 Y 就为 1，只有输入变量 A、B 全为 1，输出 Y 才为 0，可概括为"有 0 出 1，全 1 出 0"。

与非逻辑表达式为

$$Y = \overline{AB} \tag{4-8}$$

（2）或非逻辑运算（NOR） 或非逻辑运算是由或逻辑和非逻辑两种逻辑运算组合而成的一种复合逻辑运算，实现或非逻辑运算的电路称为或非门，二输入或非门的逻辑符号如图 4-6 所示，其真值表见表 4-8。

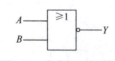

图 4-6 或非门逻辑符号

表 4-8 或非逻辑真值表

输入		输出
A	B	Y
0	0	1
0	1	0
1	0	0
1	1	0

由表 4-8 可见，只要输入变量 A、B 中有一个为 1，输出 Y 就为 0，只有输入变量 A、B 全为 0，输出 Y 才为 1，可概括为"有 1 出 0，全 0 出 1"。

或非逻辑表达式为

$$Y = \overline{A+B} \tag{4-9}$$

（3）异或逻辑运算（exclusive-OR） 异或逻辑运算是只有两个输入变量的运算。当输入变量 A、B 相异时，输出 Y 为 1；当 A、B 相同时，输出 Y 为 0。实现异或逻辑运算的电路称为异或门电路，其逻辑符号如图 4-7 所示。异或逻辑真值表见表 4-9。

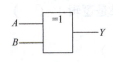

图 4-7　异或门逻辑符号

表 4-9　异或逻辑真值表

输入		输出
A	B	Y
0	0	0
0	1	1
1	0	1
1	1	0

异或逻辑表达式为

$$Y = A \oplus B = A\bar{B} + \bar{A}B \qquad (4-10)$$

（4）同或逻辑运算（exclusive-NOR）　同或逻辑运算是只有两个输入变量的运算。当输入变量 A、B 相异时，输出 Y 为 0；当 A、B 相同时，输出 Y 为 1。同或又称为异或非。实现同或逻辑运算的电路称为同或门电路，其逻辑符号如图 4-8 所示。同或逻辑真值表见表 4-10。

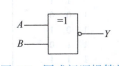

图 4-8　同或门逻辑符号

表 4-10　同或逻辑真值表

输入		输出
A	B	Y
0	0	1
0	1	0
1	0	0
1	1	1

同或逻辑表达式为

$$Y = A \odot B = \bar{A}\bar{B} + AB \qquad (4-11)$$

值得注意的是，在一个逻辑函数中，常含有几种逻辑运算，在实现这些运算时要遵照一定的顺序进行。逻辑运算的先后顺序规定：有括号时，先进行括号内的运算；没有括号时，按非、与、或的次序进行运算。

》》》考一考

一、填空题

（1）数字电路中的基本逻辑关系有　　　　、　　　　和　　　　。

（2）当决定一件事情的所有条件中，只要具备一个或一个以上条件，这件事情就会发生，这种逻辑关系称为　　　　逻辑。

（3）当决定一件事情的条件不具备时，这件事情才会发生，这种逻辑关系称为　　　　逻辑。

（4）当逻辑函数有 n 个变量时，共有　　　　个变量取值组合。

（5）当奇数个 1 相异或时，其值为　　　　；当偶数个 1 相异或时，其值为　　　　。

二、判断题

（1）逻辑代数中，"1"比"0"大。（   ）

（2）非门电路通常是多个输入端，一个输出端。（   ）

（3）在全部输入是 0 的情况下，"或非"运算的结果是逻辑 1。（   ）

（4）在或运算中，1 + 1 = 10。（   ）

（5）异或函数与同或函数在逻辑上互为反函数。（   ）

4.1.4 逻辑函数的表示方法

由上述介绍可知，一个逻辑函数通常可用真值表、逻辑函数表达式、逻辑图三种不同的方法表示。除此之外，还可以用波形图和卡诺图表达，它们各有特点，相互间可以转换。

1. 真值表

真值表（truth table）是将输入逻辑变量的各种可能取值和对应的函数值排列在一起而组成的表格。前面已经列出了很多函数的真值表。用真值表来表示逻辑函数的优点是：能直观、明了地反映逻辑变量的取值和函数值之间的对应关系。而且，从实际的逻辑问题列写真值表也比较容易。以一个三输入变量的多数表决逻辑函数为例，可以很容易地列出其真值表，见表 4-11。

表 4-11 三变量多数表决逻辑函数真值表

输入			输出
A	B	C	Y
0	0	0	0
0	0	1	0
0	1	0	0
0	1	1	1
1	0	0	0
1	0	1	1
1	1	0	1
1	1	1	1

用真值表来表示逻辑函数的缺点是当逻辑变量较多时，列写真值表比较烦琐。

2. 逻辑函数表达式

逻辑函数表达式（logical function expression）是用与、或、非等逻辑运算的组合来表示逻辑函数与逻辑变量之间关系的代数表达式。逻辑函数表达式有多种表示形式，前面已经给出了很多函数的表达式。逻辑函数表达式又简称为逻辑表达式、逻辑式或表达式。

我们可以很容易地将真值表转换为逻辑函数表达式。具体方法是：把真值表中输出为"1"的项对应的组合取出，取值为 1 的输入变量用原变量表示，取值为 0 的输入变量用反变量表示，各变量取值间用逻辑与组合在一起，构成一个乘积项，各组乘积项相加即为对应的函数式。例如，表 4-11 中有 4 个取值为 1 的组合，分别表示为 $\overline{A}BC$、$A\overline{B}C$、$AB\overline{C}$ 和 ABC，则其对应的逻辑函数表达式为

$$Y = \overline{A}BC + A\overline{B}C + AB\overline{C} + ABC \tag{4-12}$$

如果把逻辑函数表达式中各输入变量的所有取值分别代入原函数式中进行计算，将计算结果列表表示，即为对应的真值表。

用逻辑函数表达式来表示逻辑函数的优点是：形式简单、书写方便，同时还能对其进行函数化简。例如，式（4-12）可以化简成式（4-13）的最简与或表达式（具体方法将在 4.1.5 节介绍）：

$$Y = \bar{A}BC + A\bar{B}C + AB\bar{C} + ABC = AB + BC + AC \qquad (4\text{-}13)$$

用逻辑函数表达式来表示逻辑函数的缺点是不能直观地反映出输入与输出变量之间的对应关系。

3. 逻辑图

逻辑图（logic diagram）是用若干规定的逻辑符号连接构成的图。把逻辑函数表达式中的运算符号用相应的逻辑图形符号代替，并按照运算优先顺序将这些图形符号连接起来，即可得到逻辑图。例如，式（4-13）对应的逻辑图如图 4-9 所示。

由于图 4-9 中的逻辑符号通常都是和电路元器件相对应，所以逻辑图又称为逻辑电路图。可见，用逻辑图实现电路是较容易的，因而它有与工程实际比较接近的优点。

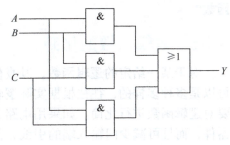

图 4-9　式（4-13）对应的逻辑图

如果依次将逻辑图中的每个门的输出列出，一级一级列写下去，最后即可得到它对应的逻辑函数表达式。

4. 波形图

波形图（oscillogram）是指能反映输出变量与输入变量随时间变化的图形，又称为时序图。波形图能直观地表达出输入变量和函数之间随时间变化的规律，可随时观察数字电路的工作情况。例如，对于式（4-13），如果已知输入变量 A、B、C 的波形，则依据真值表就可以画出其波形图，如图 4-10 所示。

图 4-10　式（4-13）对应的波形图

5. 卡诺图

卡诺图（Karnaugh map）是真值表的一种特定的图示形式，是根据真值表按一定规则画出的一种方格图，卡诺图具有真值表的特点，能反映所有变量取值下函数的对应值，因而应用很广。卡诺图将在 4.1.5 节中详细介绍。

> 考一考

一、填空题

（1）逻辑函数常用的表示方法有＿＿＿＿、＿＿＿＿、＿＿＿＿、＿＿＿＿和＿＿＿＿。

（2）逻辑函数的表示方法中具有唯一性的是＿＿＿＿。

（3）波形图是指能反映＿＿＿＿变量与＿＿＿＿变量随时间变化的图形，又称为＿＿＿＿图。

二、判断题

（1）给出逻辑函数的任意一种表示形式，就可以求出其他表示形式。（　　）

（2）若两个函数具有不同的真值表，则两个逻辑函数必然不相等。（ ）
（3）若两个函数具有不同的逻辑函数表达式，则两个逻辑函数必然不相等。（ ）

▶▶▶ 想一想

同一逻辑函数可以有多种不同的表达方式，怎样才能用最简单的逻辑电路来实现逻辑函数？

4.1.5 逻辑函数的化简

对于某一给定的逻辑函数，其真值表是唯一的，但是描述同一个逻辑函数的表达式却可以是多种多样的，往往根据实际逻辑问题归纳出来的逻辑函数并非最简形式，因此有必要对逻辑函数进行化简。如果用电路元器件组成实际的电路，则化简后的电路不仅节省元器件，而且可减少门输入端的引线，使电路的可靠性得到提高。常用的逻辑函数化简方法有两种：公式化简法和卡诺图化简法。

1. 公式化简法

公式化简法也称为代数化简法，它是利用逻辑代数的公式和定理来化简逻辑函数的。
（1）逻辑函数的公式和定理
1）逻辑函数的基本公式。
① 0、1 律。

$$A+0=A \quad A \cdot 0=0 \tag{4-14}$$

$$A+1=1 \quad A \cdot 1=A \tag{4-15}$$

② 互补律。

$$A+\overline{A}=1 \quad A\overline{A}=0 \tag{4-16}$$

③ 交换律。

$$A+B=B+A \quad AB=BA \tag{4-17}$$

④ 结合律。

$$A+(B+C)=(A+B)+C \quad A(BC)=(AB)C \tag{4-18}$$

⑤ 分配律。

$$A(B+C)=AB+AC \quad A+BC=(A+B)(A+C) \tag{4-19}$$

⑥ 重叠律。

$$A+A=A \quad AA=A \tag{4-20}$$

⑦ 非非律（还原律）。

$$\overline{\overline{A}}=A \tag{4-21}$$

⑧ 反演律（摩根定律）。

$$\overline{A+B} = \overline{A}\,\overline{B} \quad \overline{AB} = \overline{A}+\overline{B} \tag{4-22}$$

2）逻辑函数的常用公式。
① 吸收公式。

$$A + \overline{A}B = A + B \tag{4-23}$$

证明：$A + \overline{A}B = A + AB + \overline{A}B = A + (A+\overline{A})B = A + B$

② 消去公式。

$$AB + \overline{A}C + BC = AB + \overline{A}C \tag{4-24}$$

证明：$AB + \overline{A}C + BC = AB + \overline{A}C + (A+\overline{A})BC = AB + \overline{A}C + ABC + \overline{A}BC$

$$= AB + \overline{A}C$$

由式（4-24）可得推论

$$AB + \overline{A}C + BCD = AB + \overline{A}C \tag{4-25}$$

证明：$AB + \overline{A}C + BCD = AB + \overline{A}C + BC + BCD = AB + \overline{A}C + BC = AB + \overline{A}C$

3）逻辑函数的基本定理。
① 代入定理。在任何一个逻辑等式中，如果将等式两边所有出现某一变量的位置都用某一个逻辑函数来代替，等式仍然成立，这个规则称为代入定理。

【例4-5】已知等式 $\overline{A+B} = \overline{A}\,\overline{B}$ 成立，试证明等式 $\overline{A+B+C} = \overline{A}\,\overline{B}\,\overline{C}$ 也成立。

解： 用 $Y = B + C$ 代替等式 $\overline{A+B} = \overline{A}\,\overline{B}$ 中的变量 B，根据代入规则可得

$$\overline{A+B+C} = \overline{A}\,\overline{B+C} = \overline{A}\,\overline{B}\,\overline{C}$$

可见，利用代入定理可以扩大等式的应用范围。
根据代入定理可以推出反演律对任意多个变量都成立，即

$$\overline{A+B+C+\cdots} = \overline{A}\,\overline{B}\,\overline{C}\cdots$$

$$\overline{ABC\cdots} = \overline{A}+\overline{B}+\overline{C}+\cdots$$

② 反演定理。对于任意一个逻辑函数 Y，求其反函数 $\overline{Y}$ 时，只要将逻辑函数 Y 所有的"·"换成"＋"，"＋"换成"·"；"1"换成"0"，"0"换成"1"；原变量换成反变量，反变量换成原变量。所得到的逻辑函数即为原函数 Y 的反函数 $\overline{Y}$。

在应用反演定理时应注意以下两点：
a. 要遵守"先括号、然后与、最后或"的运算次序。
b. 不属于单个变量上的长非号应保持不变。

【例4-6】求下列逻辑函数的反函数：$Y = A(B+C)$；$Y = \overline{\overline{AB} + C\overline{D}}$。

解：根据反演定理，求得以上函数的反函数为

$$\overline{Y} = \overline{A} + \overline{B}\,\overline{C}$$

$$\overline{Y} = \overline{(A+\overline{B})\,(\overline{C}+D)}$$

③ 对偶定理。对于任意一个逻辑函数 Y，求其对偶函数 Y' 时，只要将逻辑函数 Y 所有的"·"换成"+"，"+"换成"·"；"1"换成"0"，"0"换成"1"；而变量保持不变。所得到的逻辑函数即为原函数 Y 的对偶函数 Y'。

对偶定理：若两逻辑函数相等，则它们的对偶函数也相等。

在应用对偶定理时应注意以下两点：

a. 要遵守"先括号、然后与、最后或"的运算次序。

b. 所有的非号均应保持不变。

（2）逻辑函数表达式的表示形式　通常，逻辑函数表达式有5种表示形式，即与或表达式、或与表达式、与或非表达式、与非与非表达式、或非或非表达式。

例如，逻辑函数 $Y = AC + B\overline{C}$，它可以用五种逻辑函数表达式来表示，即

1）与或表达式：$Y = AC + B\overline{C}$

2）与非与非表达式：将与或表达式两次求反，再利用反演定理得 $Y = \overline{\overline{AC + B\overline{C}}} = \overline{\overline{AC}\cdot\overline{B\overline{C}}}$

3）与或非表达式：将与非与非表达式利用反演定理得

$$Y = \overline{\overline{\overline{AC} + \overline{B\overline{C}}}} = \overline{\overline{AC}\cdot\overline{B\overline{C}}} = \overline{(\overline{A}+\overline{C})(\overline{B}+C)}$$
$$= \overline{\overline{AB} + \overline{AC} + \overline{BC} + CC} = \overline{\overline{AB} + \overline{AC} + \overline{BC}}$$
$$= \overline{\overline{AC} + \overline{BC}}$$

4）或与表达式：将与或非表达式利用两次反演定理得

$$Y = \overline{\overline{AC} + \overline{BC}} = \overline{\overline{AC}}\cdot\overline{\overline{BC}} = (A+\overline{C})(B+C)$$

5）或非或非表达式：将或与表达式两次求反，再利用反演定理得

$$Y = \overline{\overline{(A+\overline{C})(B+C)}} = \overline{\overline{A+\overline{C}} + \overline{B+C}}$$

由于类型的不同，最简的标准也就各不相同，其中使用最广泛的最简形式是与或表达式，因为其最为常见且易于转换为其他表达形式。与或表达式最简的标准是：式中的乘积项最少，且每个乘积项中的因子也最少。

（3）公式化简法的常用方法

1）并项法。利用公式 $A + \overline{A} = 1$ 将两个乘积项合并成一项，并消去一个互补变量。

【例4-7】化简函数 $Y = ABC + A\overline{B}\,\overline{C}$。

解：$Y = ABC + AB\overline{C} = AB(C+\overline{C}) = AB$

【例4-8】化简函数 $Y = ABC + A\overline{B}\,\overline{C} + AB\overline{C} + A\overline{B}C$。

解：$Y = ABC + A\overline{B}\,\overline{C} + AB\overline{C} + A\overline{B}C$
$= AB(C+\overline{C}) + A\overline{B}(\overline{C}+C)$
$= AB + A\overline{B} = A$

2）吸收法。利用公式 $A+1=1$ 提取公因式后吸收多余的乘积项。

【例4-9】化简函数 $Y = \overline{AB} + \overline{A}BCD(E+F)$。

解：$Y = \overline{AB} + \overline{A}BCD(E+F) = \overline{AB}[1+CD(E+F)] = \overline{AB}$

3）消去法。利用公式 $A+\overline{A}B = A+B$ 消去多余因子。

【例4-10】化简函数 $Y = AB + \overline{A}C + \overline{B}C$。

解：$Y = AB + \overline{A}C + \overline{B}C = AB + (\overline{A}+\overline{B})C = AB + \overline{AB}C = AB + C$

4）配项法。利用公式 $A+A=A$ 增加必要的乘积项，或人为地增加必要的乘积项，然后再用公式进行化简。

【例4-11】化简函数 $Y = \overline{A}BC + A\overline{B}C + AB\overline{C} + ABC$。

解：$Y = \overline{A}BC + A\overline{B}C + AB\overline{C} + ABC$
$= (\overline{A}BC + ABC) + (A\overline{B}C + ABC) + (AB\overline{C} + ABC)$
$= (\overline{A}+A)BC + (\overline{B}+B)AC + (\overline{C}+C)AB$
$= BC + AC + AB$

实际解题时，往往遇到比较复杂的逻辑函数，因此需要综合运用上述几种方法进行化简，才能得到最简的结果。

【例4-12】化简函数 $Y = \overline{A}\,\overline{B}\,\overline{C} + A\overline{B}C + ABC + A + B\overline{C}$。

解：$Y = \overline{A}\,\overline{B}\,\overline{C} + A\overline{B}C + ABC + A + B\overline{C}$
$= \overline{A}\,\overline{B}\,\overline{C} + A(\overline{B}C + BC + 1) + B\overline{C}$
$= \overline{A}\,\overline{B}\,\overline{C} + A + B\overline{C}$
$= \overline{B}\,\overline{C} + A + B\overline{C}$
$= A + \overline{C}$

【例4-13】化简函数 $Y = \overline{AC + \overline{A}BC + \overline{B}C + AB\overline{C}}$。

解：$Y = \overline{C(A+\overline{A}B) + \overline{B}C + AB\overline{C}}$
$= \overline{C(A+B) + \overline{B}C + AB\overline{C}}$
$= \overline{C + A + B + \overline{B}C + AB\overline{C}}$
$= \overline{C(1+AB) + A\overline{B} + \overline{B}C}$

$$= \overline{(\overline{C} + \overline{BC}) + \overline{AB}}$$
$$= \overline{\overline{C} + \overline{B} + \overline{AB}}$$
$$= \overline{\overline{C} + \overline{B}}$$
$$= BC$$

化简结束后，还可以根据逻辑系统对所用门电路类型的要求，或按给定的组件对逻辑函数表达式进行变换。

2. 卡诺图化简法

公式化简法化简函数有方法和技巧的要求，对初学者来说有一定的难度。下面介绍卡诺图化简法，这是一种既直观又有步骤可循的化简方法。

（1）卡诺图　用卡诺图化简逻辑函数，首先要将逻辑函数用卡诺图表示出来。卡诺图是真值表的一种特定的图示形式，是根据真值表按一定规则画出的一种方格图，所以又称为真值图。它由若干个按一定规律排列起来的方格图组成。图 4-11 所示分别为二、三、四变量卡诺图，图中上下、左右之间的最小项都是逻辑相邻项。五个及其以上变量的卡诺图比较复杂，不能体现卡诺图直观、方便的特点，一般不采用。

卡诺图化简

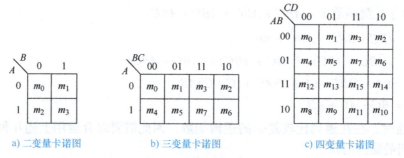

a) 二变量卡诺图　　b) 三变量卡诺图　　c) 四变量卡诺图

图 4-11　逻辑变量的卡诺图

在图 4-11 中，m_i 称为逻辑函数的最小项，其中 i 为最小项的编号。

1）最小项的定义。对于任意一个逻辑函数，设有 n 个输入变量，它们所组成的具有 n 个变量的乘积项中，每个变量以原变量或反变量的形式出现一次，且仅出现一次，那么该乘积项称为该函数的一个最小项。

具有 n 个输入变量的逻辑函数，有 2^n 个最小项。对于变量的任意一组取值，所有最小项之和（逻辑或）为 1。例如，在三变量的逻辑函数中，有 8 种基本输入组合，每组输入组合对应着一个最小项，即 $\overline{A}\,\overline{B}\,\overline{C}$、$\overline{A}\,\overline{B}C$、$\overline{A}B\overline{C}$、$\overline{A}BC$、$A\overline{B}\,\overline{C}$、$A\overline{B}C$、$AB\overline{C}$、$ABC$。这 8 个最小项之和等于 1。

为了书写方便，将最小项进行编号，记为 m_i，下标 i 就是最小项的编号。编号的方法是把最小项的原变量记作 1，反变量记作 0，把每个最小项表示为一个二进制数，然后将这个二进制数转换成相对应的十进制数，即为最小项的编号，如三变量最小项 $AB\overline{C}$ 的编号为 m_6。

如果两个最小项中只有一个因子不同，则称这两个最小项具有逻辑相邻性。具有逻辑相邻性的 2^n 个最小项可以合并成一项，并消去不同变量，保留相同变量。卡诺图化简法就是利用这一性质进行逻辑函数化简的。

在画不同逻辑变量的卡诺图时，必须保证相邻小方格中放置的最小项具有逻辑相邻性。由图 4-11 可见，变量的取值不能按 00→01→10→11 的顺序排列，而要按 00→01→11→10 的循环码顺序排列，这样才能保证任何几何位置相邻的最小项都是逻辑相邻项。

任何一个逻辑函数都可以表示成若干个最小项之和的形式，这样的逻辑函数表达式称为最小项表达式。只要利用公式 $A+\bar{A}=1$，就可以把任意一个逻辑函数写成最小项之和的形式。

【例 4-14】将三变量函数 $Y=AB+\bar{A}C$ 写成最小项之和的标准形式。

解： $Y=AB+\bar{A}C=AB(C+\bar{C})+\bar{A}(B+\bar{B})C$

$\quad=ABC+AB\bar{C}+\bar{A}BC+\bar{A}\bar{B}C$

$\quad=m_7+m_6+m_3+m_1=\sum(m_1,m_3,m_6,m_7)$

也可以写作 $\sum m(1,3,6,7)$。

2）逻辑函数卡诺图。在逻辑变量卡诺图上，将逻辑函数表达式中包含的最小项对应的方格内填 1，没有包含的最小项对应的方格内填 0 或不填，就可得到逻辑函数卡诺图。

【例 4-15】将函数 $Y=\bar{A}B\bar{C}D+AB\bar{C}\,\bar{D}+\bar{A}BCD+A\bar{B}CD+ABCD+ABC\bar{D}$ 用卡诺图表示。

解： 将逻辑函数写成最小项之和的形式：

$Y=\bar{A}B\bar{C}D+AB\bar{C}\bar{D}+\bar{A}BCD+A\bar{B}CD+ABCD+ABC\bar{D}$

$\quad=m_5+m_{12}+m_7+m_{11}+m_{15}+m_{14}$

$\quad=\sum m(5,7,11,12,14,15)$

先画出逻辑变量卡诺图，再根据逻辑函数最小项表达式，在其最小项对应的小方格中填 1，没有最小项对应的小方格中填 0 或不填，即得到函数的卡诺图，如图 4-12 所示。

若已知逻辑函数一般表达式，则先将逻辑函数一般表达式转换为与或表达式，然后再变换成最小项表达式，最后根据逻辑函数最小项表达式直接画出函数的卡诺图。

【例 4-16】画出函数 $Y=AB+\bar{B}C+\overline{(A+\bar{B})}$ 的卡诺图。

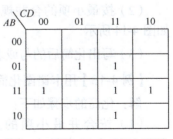

图 4-12 例 4-15 中 Y 的卡诺图

解： 先将逻辑函数转换为与或表达式，然后再变换成最小项表达式：

$Y=AB+\bar{B}C+\overline{(A+\bar{B})}$

$\quad=AB+\bar{B}C+\bar{A}B$

$\quad=AB(C+\bar{C})+(A+\bar{A})\bar{B}C+\bar{A}B(C+\bar{C})$

$\quad=ABC+AB\bar{C}+A\bar{B}C+\bar{A}\bar{B}C+\bar{A}BC+\bar{A}B\bar{C}$

$$= m_7 + m_6 + m_5 + m_1 + m_3 + m_2$$
$$= \sum m(1,2,3,5,6,7)$$

画出函数的卡诺图，如图 4-13 所示。

（2）用卡诺图化简逻辑函数　用卡诺图化简逻辑函数，就是依据最小项合并的规律，把两个具有相邻性的最小项合并成一项（用一个圆圈标示出来），消去一个因子；把 4 个具有相邻性的最小项合并成一项，消去两个因子；把 8 个具有相邻性的最小项合并成一项，可以消去 3 个因子等，以此类推，2^n 个具有相邻性的最小项合并成一项，消去 n 个因子。所以，凡是几何相邻的最小项均可合并，合并时消去不同变量，保留相同变量。但要注意只有 2^n 个相邻最小项才能合并。

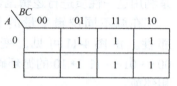

图 4-13　例 4-16 中 Y 的卡诺图

合并时，圈 0 得到反函数，圈 1 得到原函数，通常采用圈 1 的方法。

用卡诺图法化简逻辑函数的一般步骤如下：

1）填"1"——画出需要化简的逻辑函数的变量卡诺图。

2）圈"1"——找出所有具有相邻性的 2^n 个最小项，把 1 圈出，得出对应的乘积项。

3）写出最简与或表达式——将第 2）步得到的各乘积项相加，得到该函数的最简与或表达式。

合并最小项时要注意几点：

1）结果的乘积项包含函数的全部最小项。

2）所需要画的圈尽可能的少，或者说化简后的乘积项数目越少越好。

3）每个圈里 1 的数目尽可能多，或者说化简后的每个乘积项包含的因子数目越少越好。

【例 4-17】用卡诺图化简逻辑函数 $Y(A,B,C) = \sum m(0,1,3,4,5)$。

解：化简的步骤如下：

（1）画出三变量卡诺图，并在对应的最小项方格内填入 1，如图 4-14 所示。

（2）按最小项的合并规律，可以画出两个包围圈，如图 4-14 所示。

（3）写出化简后的与或表达式 $Y = \overline{B} + \overline{A}C$

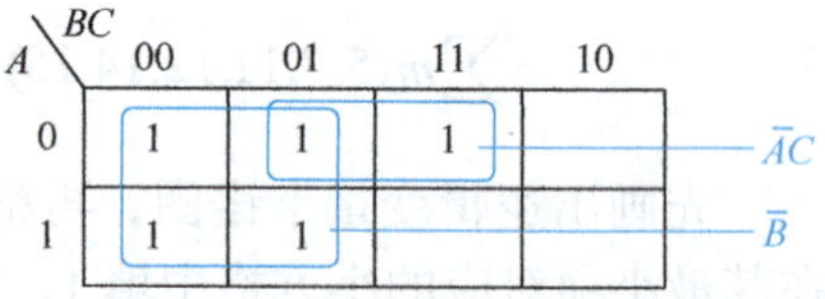

图 4-14　例 4-17 中 Y 的卡诺图

【例 4-18】用卡诺图化简逻辑函数 $Y = A\overline{B}CD + AB\overline{C}D + A\overline{B} + A\overline{B}C + A\overline{D}$。

解：化简的步骤如下：

（1）按合并最小项的方法直接将逻辑函数表达式填入四变量卡诺图，得到 Y 的卡诺图如图 4-15 所示。

（2）按最小项的合并规律，可以画出三个包围圈，即将 m_8、m_9、m_{10}、m_{11} 这 4 个小方格圈入一圈，得 $A\overline{B}$；将 m_8、m_9、m_{12}、m_{13} 这 4 个小方格圈入一圈，得 $A\overline{C}$；将 m_8、m_{10}、m_{12}、m_{14} 这 4 个小方格圈入一圈，得 $A\overline{D}$。

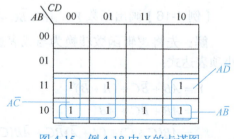

图 4-15　例 4-18 中 Y 的卡诺图

（3）合并后相或，得逻辑函数最简与或表达式为 $Y = A\bar{B} + A\bar{C} + AD$。

【例 4-19】用卡诺图化简逻辑函数 $Y = \bar{A}\,\bar{B}C\bar{D} + \bar{A}BCD + ABCD + A\bar{B}D + \bar{B}\,\bar{D}$。

解：化简的步骤如下：

（1）画出四变量卡诺图，并由已知的函数表达式直接画出卡诺图，如图 4-16 所示。

（2）按最小项的合并规律，先把孤立的 1 圈起来，而后再将符合 2^n 个相邻为 1 的小方格圈起来，可画出四个包围圈，如图 4-16 所示。

（3）将每个圈所对应的乘积项相加，即得到最简与或表达式为

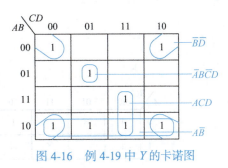

图 4-16　例 4-19 中 Y 的卡诺图

$$Y = A\bar{B} + ACD + \bar{B}\,\bar{D} + \bar{A}BCD$$

（3）具有约束项的逻辑函数的化简

1）约束项、任意项和无关项。逻辑函数的输入变量之间有一定的制约关系，称之为约束；这样一组输入变量称为具有约束的变量。例如，在数字系统中，如果用 A、B、C 三个变量分别表示加、乘、除三种操作，而由于机器每次只进行三种操作的一种，所以任何两个变量都不会同时取值为 1，即 A、B、C 三个变量的 8 种取值组合中，取值只可能出现 000、001、010、100，而不会出现 011、101、110、111。这说明三个变量 A、B、C 之间存在着相互制约的关系，即 A、B、C 为约束变量，由其决定的逻辑函数称为有约束的逻辑函数。011、101、110、111 这 4 种组合不可能出现，也就是说它们对应的最小项 $\bar{A}BC$、$A\bar{B}C$、$AB\bar{C}$、ABC 的值永远不会为 1，其值恒为 0，可以写作 $\bar{A}BC + A\bar{B}C + AB\bar{C} + ABC = 0$ 或 $\sum d(3,5,6,7) = 0$，这个表达式称为约束条件。通过化简，也可以写成 $AB + AC + BC = 0$。

约束条件中所包含的最小项，也就是不可能出现的变量组合项，称之为约束项。由于约束项受到制约，它们对应的取值组合不会出现，因此对于这些变量取值组合来说，其函数值是 0 还是 1 对函数本身没有影响，在卡诺图中可用"×"表示，也就是说既可以看作是 0，又可以看作是 1，所以也称为任意项或无关项。

2）具有约束项的逻辑函数的化简方法。对于具有约束的逻辑函数，可以利用约束项进行化简。从逻辑代数的角度看，当把约束项所对应的函数值看作是 0 时，则表示逻辑函数中不包含这一个约束项，当把约束项所对应的函数值看作是 1 时，则表示逻辑函数中包含这一个约束项。但是，由于它所对应的取值根本就不会出现，所以在逻辑函数表达式中，加上约束项或不加约束项都不会影响函数的实际取值。所以，在公式化简中，可以根据化简的需要加上或去掉约束项；在图形化简中，可以把约束项看作是 0，也可以根据合并相邻项的需要，把它当作 1，以便得到最简的表达式。

【例 4-20】用卡诺图化简函数 $Y = AB\bar{C} + \bar{B}\,\bar{C}$，约束条件为 $\bar{A}BC + A\bar{B}C + ABC = 0$。

解：由逻辑函数和约束条件可画出卡诺图，如图 4-17 所示，通过卡诺图化简可得到最简逻辑函数表达式为

$$Y = \bar{C}$$

【例 4-21】化简逻辑函数 $Y(A,B,C,D) = \sum m(3,5,6,7,10) + \sum d(0,1,2,4,8,15)$。

解：由逻辑函数表达式可画出卡诺图，如图 4-18 所示，则最简逻辑函数表达式为

$$Y = \overline{A} + \overline{B}\,\overline{D}$$

图 4-17　例 4-20 中 Y 的卡诺图

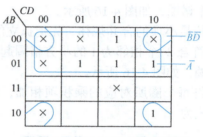

图 4-18　例 4-21 中 Y 的卡诺图

很显然，利用约束项后，化简结果比没使用约束项时简单了许多。

考一考

一、填空题

（1）常用的逻辑函数化简方法有_____和_____。

（2）卡诺图是_____的一种特定的图示形式，又称为真值图。它是由若干个按一定规律排列起来的_____组成的，每一个方格代表一个_____，它用几何位置上的相邻形象地表示了组成逻辑函数的各个最小项之间在逻辑上的_____。

（3）对于变量的任意一组取值，任意两个最小项的乘积（逻辑与）为_____，所有最小项之和（逻辑或）为_____。

二、判断题

（1）相邻的两个最小项可以合并成一项，并消去不同变量，保留相同变量。（　　）

（2）对于任意一个最小项，只有对应一组变量取值，才能使其值为 0。（　　）

（3）在公式化简中，可以根据化简的需要加上或去掉约束项。（　　）

任务 4.2　风扇监控装置的设计与安装

4.2.1　任务布置

在本任务中，我们要用不同组合逻辑的功能部件设计并安装一个地下车库用的风扇监控装置，该装置用于对地下车库的 4 个通风的风扇工作情况进行监控，并达到本项目提出的功能要求。

为此，我们需要完成对不同组合逻辑的功能部件等相关知识的信息收集，并学习组合逻辑电路的分析和设计方法，完成风扇监控装置的电路设计，并进行整体电路的安装与测试，在完成任务的过程中掌握相关知识和技能。

4.2.2 信息收集：集成门电路

用以实现与、或、非等逻辑运算的电子电路称为逻辑门电路（logic gate circuit）。常用的逻辑门电路有与门、或门、非门、与非门、或非门、与或非门、异或门和同或门等。各种逻辑门电路是组成数字系统的基本单元电路。

对集成门电路的了解可扫描二维码观看视频学习。

二极管、晶体管、场效应晶体管等开关器件可以用来构成各种逻辑门电路，但用得更多的还是集成逻辑门电路。集成逻辑门电路主要有 TTL 门电路和 CMOS 门电路。TTL 门电路由双极型晶体管组成，CMOS 门电路由单极型 MOS 管组成。在 4.1.3 中介绍的与门、或门、非门、与非门、或非门、同或门、异或门等都可以在 TTL 或 CMOS 门电路中找到具体器件。例如，74LS00 是一个四二输入的集成与非门，相应的 CMOS 产品有 74HC00 和 CD4011 等。

集成门电路介绍

通常，各种逻辑门电路的输入和输出都只表示为高电平 U_H 和低电平 U_L 两个对立的状态，可用逻辑 1 和逻辑 0 来表示。在数字电路中，如果用 1 表示高电平，用 0 表示低电平，称为正逻辑；反之，用 0 表示高电平，用 1 表示低电平，称为负逻辑。本书中，如不加特别说明，则一律采用正逻辑。

需要注意的是，高电平和低电平不是一个固定的数值，而是允许有一定的变化范围，只要能够明确区分开这两种对应的状态就可以了。在实际应用中，若高电平太低，或低电平太高，都会使逻辑 1 或逻辑 0 这两种逻辑状态区分不清，从而破坏原来确定的逻辑关系。因此，规定了高电平的下限值，用 U_{Hmin} 表示，同样也规定了低电平的上限值，用 U_{Lmax} 表示。在实际的逻辑系统中，应满足高电平 $U_H \geq U_{Hmin}$，低电平 $U_L \leq U_{Lmax}$。例如，对于 +5V 供电的数字系统而言，只要是 2V 以上的电压就可以视为高电平 1，0.8V 以下的电压就可以视为低电平 0，如图 4-19 所示，则 $U_{Hmin} = 2V$，$U_{Lmax} = 0.8V$，而 0.8～2V 之间的电平信号不会被数字系统识别。

（1）TTL 门电路 TTL 门电路全称为晶体管-晶体管逻辑（transistor-transistor logical）门电路。它是以双极型晶体管和电阻为基本元器件，集成在一块硅片上，并具有一定的逻辑功能，电路的输入端和输出端都采用晶体管。TTL 是最早发展起来的集成电路技术，其突出优点是速度快，现在有被 CMOS 取代的趋势，但有些功能的集成电路只有 TTL 版本。

TTL 门电路有不同系列的产品，如 74 标准系列、74S 肖特基系列（抗饱和技术）、74AS 改进型肖特基系列、74LS 低功耗肖特基系列等。其中，74LS 系列由于低功耗和工作速度快（十几纳秒）而得到广泛应用。

TTL 门电路的基本电路形式是与非门，下面以 74LS00 为例介绍 TTL 门电路的主要特性。74LS00 是一种四二输入的与非门，其内部有四个二输入端的与非门，其引脚图如图 4-20 所示。

1）电压传输特性。TTL 与非门的电压传输特性是指在空载条件下，TTL 与非门的一个输入端接输入信号 u_i，其余输入端接高电平，此时输入电压 u_i 与输出电压 u_o 之间的关系，即

$$u_o = f(u_i)$$

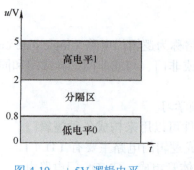
图 4-19　+5V 逻辑电平

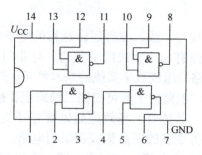
图 4-20　74LS00 引脚图

TTL 与非门的理想电压传输特性（测试条件：一个输入端接 u_i，其余输入端接电源）如图 4-21a 所示。由图 4-21a 可见，U_{TH} 是决定输出高、低电平的分界电压，称为阈值电压。$u_i > U_{TH}$（u_i 为高电平），与非门开门，输出低电平；$u_i < U_{TH}$（u_i 为低电平），与非门关门，输出高电平。因此，U_{TH} 又常被形象化地称为门槛电压。U_{TH} 的值为 1.3～1.4V。而 TTL 与非门的实际电压传输特性曲线如图 4-21b 所示。在输入低电平电压和高电平电压之间有一个分隔区（U_{ILmax} 与 U_{IHmin} 之间），即当 $u_i > U_{IHmin}$ 时，电路处于开门状态，输出低电平；$u_i < U_{ILmax}$，与非门关门，输出高电平。有时又将 U_{IHmin} 和 U_{ILmax} 分别形象地称为开门电平（U_{ON}）和关门电平（U_{OFF}）。对于 TTL 与非门，实际应用中规定 $U_{ILmax} = 0.8V$，$U_{IHmin} = 2V$。

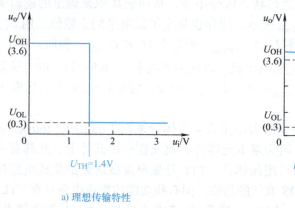

a) 理想传输特性

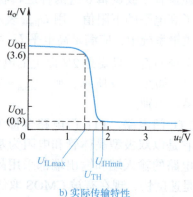

b) 实际传输特性

图 4-21　TTL 与非门的电压传输特性

TTL 门电路输出高电平电压 U_{OH} 的理论值为 3.6V，产品手册中给出的是在一定测试条件下（通常是最坏的情况）所测量的最小值 U_{OHmin}。74LS00 的 U_{OHmin} 为 2.7V。输出低电平电压 U_{OL} 的理论值为 0.3V，产品手册中给出的通常是最大值。74LS00 的 $U_{OLmax} \leq 0.5V$。

2）输入负载特性。输入电压 u_i 随输入端对地外接 R_I 变化的曲线，称为输入负载特性。

实际应用中经常会遇到输入端通过电阻 R_I 接地的情况，R_I 的变化会影响与非门的工作状态，如图 4-22 所示。将 R_I 增大到使 u_i 上升到 U_{IHmin} 时所对应的 R_I 值称为开门电阻 R_{ON}。74LS00 的开门电阻 R_{ON} 约为 10kΩ。

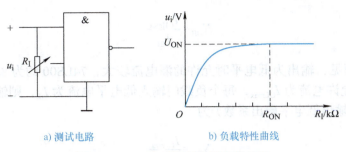

a) 测试电路　　　　　b) 负载特性曲线

图 4-22　TTL 与非门输入端负载特性

【例 4-22】某温度控制电路如图 4-23 所示，R_T 为热敏电阻器，求继电器 K 吸合的条件。

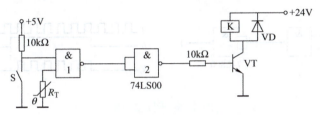

图 4-23　例 4-22 图

解： 开关 S 闭合时，门 2 输出低电平，晶体管 VT 截止，继电器 K 不吸合。

开关 S 断开时，门 1 的输出电平由热敏电阻器 R_T 决定，当 $R_T \geq R_{ON}$ 时，门 1 处于开门状态，输出为低电平，门 2 输出为高电平，晶体管 VT 饱和，继电器 K 吸合。74LS00 的开门电阻 R_{ON} 约为 $10k\Omega$，如果该热敏电阻器为负温度系数型，只有当温度降低到使热敏电阻器 R_T 达到 $10k\Omega$ 以上时，继电器 K 才吸合。

3）输出负载特性。TTL 与非门输出高电平时，带拉电流负载；输出低电平时，带灌电流负载。图 4-24 所示为 TTL 与非门输出高电平和低电平时的特性曲线。

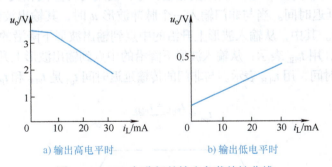

a) 输出高电平时　　　　　b) 输出低电平时

图 4-24　TTL 与非门的输出负载特性曲线

由图 4-24a 可见，u_o 随 i_L 的增大而下降。74LS00 输出为高电平时，允许的拉电流只有 $400\mu A$ 左右，大于 $400\mu A$ 时，u_o 降低较快，可能会低于允许的标准高电平。设与非门输出高电平的最大允许电流为 I_{OHmax}，每个负载门输入的高电平电流为 I_{IH}，则输出端外接拉电流负载的个数 N_{OH}（输出高电平扇出系数）为

$$N_{OH} = \frac{I_{OHmax}}{I_{IH}} \tag{4-26}$$

由图 4-24b 可见，输出为低电平时允许的灌电流较大，74LS00 约为 8mA。设与非门输出低电平的最大允许电流为 I_{OLmax}，每个负载门输入低电平电流为 I_{IL}，则输出端外接灌电流负载的个数 N_{OL}（输出低电平扇出系数）为

$$N_{OL} = \frac{I_{OLmax}}{I_{IL}} \tag{4-27}$$

【例 4-23】74LS00 与非门构成的电路如图 4-25a 所示，A、B 波形如图 4-24b 所示，试画出其输出波形。

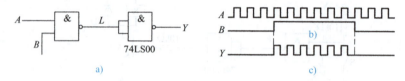

图 4-25　例 4-23 图

解：当 $B = 0$ 时，不论 A 是什么状态，$L = 1$，$Y = 0$，信号 A 不能通过。

当 $B = 1$ 时，$L = \overline{AB} = \overline{A \cdot 1} = \overline{A}$，$Y = \overline{L} = \overline{\overline{A}} = A$，信号 A 能通过。

输出波形如图 4-25c 所示。

由图 4-25 可以看出，在 $B = 1$ 期间，输出信号和输入信号的频率相同，所以该电路可作为数字频率计的受控传输门。在控制信号 B 的作用下，可传输数字信号。当控制信号 B 的脉宽为 1s 时，该与非门在 1s 内输出的脉冲个数等于 A 输入端的输入信号的频率 f。

74LS 系列中常用的门电路还有 74LS02（四二输入或非门）、74LS86（四二输入异或门）、74LS20（二四输入与非门）、74LS04（六反相器）等，使用时可查阅相关资料。

4）平均传输延迟时间。当与非门输入一个脉冲波形 u_i 时，其输出波形 u_o 要延迟一定时间，如图 4-26 所示。其中，从输入波形上升沿的中点到输出波形下降沿的中点所经历的时间称为导通延迟时间，用 t_{PHL} 表示；从输入波形下降沿的中点到输出波形上升沿的中点所经历的时间称为截止延迟时间，用 t_{PLH} 表示。与非门的传输延迟时间 t_{pd} 是 t_{PHL} 和 t_{PLH} 的平均值。即

$$t_{pd} = \frac{t_{PHL} + t_{PLH}}{2} \tag{4-28}$$

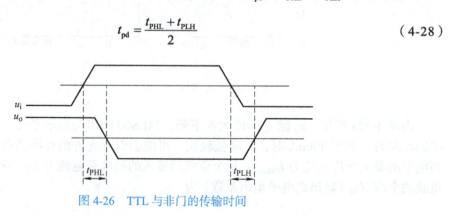

图 4-26　TTL 与非门的传输时间

一般 TTL 与非门的传输延迟时间为几纳秒至十几纳秒，74LS00 的 $t_{pd}=9.5\text{ns}$。

根据电路结构的不同，TTL 门电路还有区别于一般门电路的 TTL 集电极开路门和 TTL 三态门。TTL 集电极开路门的输出晶体管和电源 U_{CC} 之间是开路的，又称为 OC 门。使用时，需在输出端 Y 和 U_{CC} 之间外接一个负载电阻器 R_L。图 4-27a 所示为 OC 与非门的逻辑符号，按图 4-27b 工作就可实现与非关系，即 $Y=\overline{AB}$。

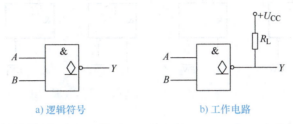

图 4-27　OC 与非门

OC 与非门可以实现线与功能。几个一般的 TTL 门电路，输出端是不允许直接接在一起的，而几个 OC 与非门的输出端可以连在一起实现"线与"逻辑。如图 4-28 所示电路，有

$$Y=Y_1 \cdot Y_2 = \overline{AB} \cdot \overline{CD} = \overline{AB+CD}$$

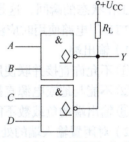

TTL 三态门（TSL 门）是指能输出高电平、低电平和高阻状态三种工作状态的门电路，是在普通门电路的基础上，附加使能控制端和控制电路构成的，其逻辑符号如图 4-29 所示。

图 4-28　用 OC 与非门实现"线与"

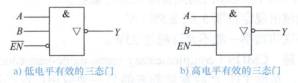

图 4-29　TTL 三态门

在图 4-29a 中，A、B 为输入信号，$\overline{EN}$ 为控制信号，又称为使能信号。具体功能如下：

$\overline{EN}=0$ 时，TTL 三态门处于正常工作状态，$Y=\overline{AB}$。

$\overline{EN}=1$ 时，TTL 三态门处于高阻状态（或称禁止状态），这时从输出端 Y 看进去，对地和对电源都相当于开路，呈现高阻。

图 4-29b 所示为高电平有效的 TTL 三态门，即 $EN=1$ 时为正常工作状态，$EN=0$ 时为高阻状态。

TTL 三态门常用的电路形式还有三态非门。

TTL 三态门在计算机总线结构中有着广泛的应用，图 4-30 所示为采用 TTL 三态门 74LS125 来实现同一根数据总线传送几组不同的数据或控制信号，74LS125 使能端为低电

平有效，只要 $\overline{EN_1}$、$\overline{EN_2}$、$\overline{EN_3}$、$\overline{EN_4}$ 按时间顺序轮流出现低电平，那么，在同一时刻只有一组门的输出 $Y_i = A_i$，其余三态门输出都为高阻状态，则 4 组输出信号就会轮流送到总线上。

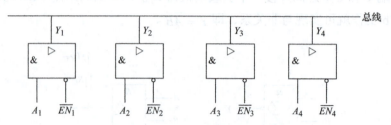

图 4-30 采用 TTL 三态门传送信号的数据总线

为了保证任一时刻只有一个 TTL 三态门传送信号，在控制信号装置中，要求从工作状态转为高阻状态的速度应高于从高阻状态转为工作状态的速度，否则就可能有两个门同时处于工作状态的瞬间，这是不允许的。

TTL 门电路使用时应注意以下几点。

1）输出端：

① 不允许直接并联使用（TTL 三态门和 OC 门除外）。

② 不能与地或电源直接相连。

③ 输出端的负载数不能超过其扇出系数。

2）对闲置输入端的处理：

① 对于与门和与非门的闲置输入端可接高电平，或门和或非门接低电平。

② 如果前级驱动能力允许，可将闲置端与有用输入端并联使用。

③ 外接干扰小时，与门和与非门的闲置输入端可悬空。

3）电源电压不能超出规定范围 5（1±5%）V。

4）焊接时，电烙铁的功率一般不允许超过 25W。

（2）CMOS 门电路　CMOS（complementary metal-oxide-semiconductor）的全称是互补金属氧化物半导体，是继 TTL 之后发展起来的另一种应用广泛的数字集成电路。由于它功耗低，抗干扰能力强，工艺简单，几乎所有的大规模、超大规模数字集成器件都采用 CMOS 工艺。CMOS 门电路是由 PMOS 管和 NMOS 管组成的互补电路，具有一系列不可比拟的优点，所以就其发展趋势看，CMOS 门电路有可能超越 TTL 门电路。

常见的 CMOS 门电路主要有 4000 系列低速 CMOS、74HC 和 74HCT 系列高速 CMOS、74AC 和 74ACT 系列改进型 CMOS 等。其中，74HC 和 74HCT 系列与 TTL 器件的电压完全兼容，可直接替代使用。

图 4-31 所示为 CMOS 六反相器 CD4069 的引脚排列。其内部由六个反相器单元电路构成。

CMOS 门电路的主要参数如下：

1）输出高电平 U_{OH} 与输出低电平 U_{OL}：理论上，$U_{OH} = U_{CC}$，$U_{OHmin} = 0.9U_{CC}$；$U_{OL} = 0$，$U_{OLmax} = 0.01U_{CC}$。

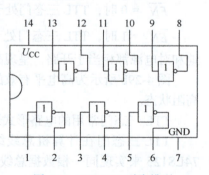

图 4-31　CD4069 引脚排列

2)阈值电压 U_{TH}:$U_{TH} = \frac{1}{2} U_{CC}$。

3)抗干扰容限:CMOS 反相器的 $U_{ILmax} = 0.45U_{CC}$,$U_{IHmin} = 0.55U_{CC}$,其高、低电平噪声容限均达 $0.45U_{CC}$。其他 CMOS 门电路的噪声容限一般也大于 $0.3U_{CC}$,U_{CC} 越大,其抗干扰能力越强。

4)静态功耗:CMOS 门电路的静态功耗很小,一般小于 1mW/门。

5)传输延迟时间 t_{pd}:一般为几十纳秒/门,比 TTL 门电路(十几纳秒/门)高,但 74HC 系列工作速度已与 TTL 门电路相当。

6)扇出系数大:由于 CMOS 门电路输出电阻比较小,故当连接线较短时,CMOS 门电路的扇出系数在低频时可达到 50 以上。CMOS 门电路的输入端直流电阻很大,所以对上一级电路而言,负载主要是电容性负载,由于 CMOS 门电路输入端对地电容为几皮法,所以在高频重复脉冲情况下工作时,扇出系数会大为减少。

【例 4-24】某温度控制电路如图 4-32 所示,R_T 为热敏电阻器,求继电器 K 吸合的条件。

解: CD4069 的阈值电压 $U_{TH} = \frac{1}{2} U_{CC} = 6V$,门 1 的输入电平为

$$u_{i1} = \frac{10}{10 + R_T} \times 12V$$

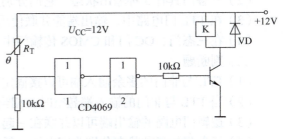

如果热敏电阻器 R_T 为负温度系数型,当温度升高到使热敏电阻器 R_T 降到 $10k\Omega$ 以下时,满足 $u_i \geq U_{TH}$,门 1 输出为低电平,门 2 输出为高电平,晶体管饱和,继电器 K 吸合。

图 4-32 例 4-24 图

根据电路结构的不同,CMOS 门电路也有区别于一般门电路的 CMOS 漏极开路门(OD 门)和 CMOS 三态门,使用方法和应用场合分别与 OC 门和 TTL 三态门相同。另外,在 CMOS 门电路中还有 CMOS 传输门,如图 4-33 所示。

当 C 接高电平(U_{CC}),$\overline{C}$ 接低电平(0V)时,$u_o = u_i$,输入电压传到输出端。

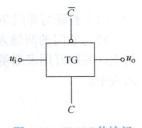

图 4-33 CMOS 传输门

当 C 接低电平(0V),$\overline{C}$ 接高电平(U_{CC})时,输出、输入呈高阻状态,输入电压不能传到输出端。

CMOS 传输门可以传输数字信号,也可以传输模拟信号。

使用 CMOS 门电路要注意以下几点:

1)输出端:

① 不允许直接与电源 U_{CC} 或与地相连。因为电路的输出级通常为 CMOS 反相器结构,这会使输出级的 NMOS 管和 PMOS 管可能因电流过大而损坏。

② 为了提高电路的驱动能力,可将同一集成芯片上电路的输入端、输出端并联使用。

③ 当 CMOS 电路输出端接大容量的负载电容器时,需在输出端和电容器之间串接一个

限流电阻器,以保证流过 MOS 管的电流不超过允许值。

2)对闲置输入端的处理:

① 对于与门和与非门的闲置输入端可接高电平,或门和或非门接低电平。

② 闲置输入端不宜与有用输入端并联使用,因为这样会增大输入电容,从而使电路的工作速度下降。

③ 闲置输入端不允许悬空。

3)4000 系列的电源电压可在 3～18V 的范围内选择,HC 系列的电源电压可在 2～6V 的范围内选用,HCT 系列的电源电压在 4.5～5.5V 的范围内选用。

4)焊接时,电烙铁的功率一般不允许超过 25W,同时必须接地良好,必要时利用余热焊接。

▶▶▶ 考一考

一、填空题

(1)如果将 TTL 与非门当作非门使用,则多余输入端的处理方法为_____。

(2)三态门具有 3 种输出状态,它们分别是_____、_____和_____。

(3)在 TTL 门电路中,输出端能并联使用的电路有_____和_____。

(4)在三态门、OC 门和 CMOS 传输门中,需在输出端外接电源和电阻器的是_____。

二、判断题

(1)TTL 与非门的多余输入端可以接固定高电平。( )

(2)当 TTL 与非门的输入端悬空时,相当于输入为逻辑 1。( )

(3)逻辑门电路的输出端可以并联在一起,实现"线与"功能。( )

(4)三态门的三种状态分别为高电平、低电平、不高不低的电压。( )

▶▶▶ 练一练

(1)验证与非门 74LS00 的逻辑功能。

将与非门的两输入端分别接到 4 位输入器的开关上,输出端接 4 位输出器的逻辑指示灯上,并用万用表测量输出电压。按表 4-12 逐项测量并验证其逻辑功能,并将测量结果填入表中。

表 4-12 与非门 74LS00 的逻辑功能测试

输入端		输出端	
A	B	LED 指示	电压表测量
0	0		
0	1		
1	0		
1	1		

(2)试用 74LS125 实现总线传输。

按图 4-30 连接实验电路。先将 3 个三态门的使能端都接高电平"1",观察 Y 端输出;

然后分别将使能端接低电平"0",观察总线的逻辑状态。

4.2.3 风扇监控装置电路的设计

根据风扇监控装置的具体要求确定电路的设计过程如下:

1)确定输入和输出变量。用变量 A、B、C、D 表示四个风扇的运行状态,作为该电路的输入变量,设 1 表示风扇正常运行,0 表示风扇出现故障不工作;用变量 G、Y、R 表示输出变量,G 代表绿灯,Y 代表黄灯,R 代表红灯,输出变量为 1 代表灯亮,为 0 代表灯灭。

2)根据逻辑功能列出真值表,见表 4-13。

表 4-13 风扇监控装置真值表

输入				输出		
A	B	C	D	G	Y	R
0	0	0	0	0	0	1
0	0	0	1	0	0	1
0	0	1	0	0	0	1
0	0	1	1	0	1	0
0	1	0	0	0	0	1
0	1	0	1	0	1	0
0	1	1	0	0	1	0
0	1	1	1	1	0	0
1	0	0	0	0	0	1
1	0	0	1	0	1	0
1	0	1	0	0	1	0
1	0	1	1	1	0	0
1	1	0	0	0	1	0
1	1	0	1	1	0	0
1	1	1	0	1	0	0
1	1	1	1	1	0	0

3)根据真值表可画出 G、Y、R 的卡诺图,如图 4-34 所示。

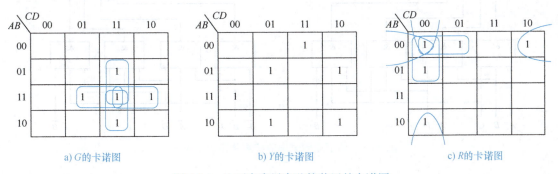

图 4-34 地下车库风扇监控装置的卡诺图

4)根据卡诺图写出 G、Y、R 的最简与或表达式为

$$G = ABC + ABD + ACD + BCD \qquad (4-29)$$

$$Y = \bar{A}\bar{B}CD + \bar{A}B\bar{C}D + \bar{A}BC\bar{D} + A\bar{B}C\bar{D} + A\bar{B}CD + AB\bar{C}\bar{D} \quad (4\text{-}30)$$

$$R = \bar{A}\bar{B}\bar{D} + \bar{A}\bar{B}\bar{C} + \bar{A}\bar{C}\bar{D} + \bar{B}\bar{C}\bar{D} \quad (4\text{-}31)$$

这里 Y 的表达式比较复杂，我们可以换一种思路，根据图 4-34b 画出 $\bar{Y}$ 的卡诺图，如图 4-35 所示。

AB\CD	00	01	11	10
00	1	1	0	1
01	1	0	1	0
11	0	1	1	1
10	1	0	1	0

图 4-35　$\bar{Y}$ 的卡诺图

比较图 4-35 和图 4-34a、c 可得

$$\bar{Y} = G + R$$

则

$$Y = \overline{GR} \quad (4\text{-}32)$$

5）根据式（4-29）、式（4-31）和式（4-32）可画出地下车库风扇监控装置的逻辑电路图，如图 4-36 所示。

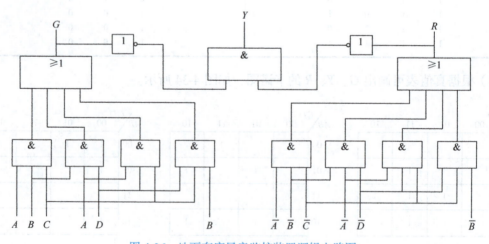

图 4-36　地下车库风扇监控装置逻辑电路图

4.2.4　风扇监控电路的安装与测试

现在我们来完风扇监控电路的安装与测试。开关 $S_1 \sim S_4$ 对风扇 A、B、C、D 的控制情况如图 4-37 所示。

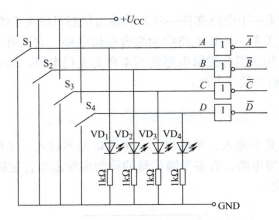

图 4-37 开关对风扇的控制电路图

地下车库风扇监控电路所需设备及元器件清单见表 4-14。

表 4-14 地下车库风扇监控电路所需设备及元器件清单

序号	名称	规格、型号	数量
1	拨码开关	内含 4 路	1
2	集成非门	CD4069	1
3	二四输入与非门	CD4012	4
4	二四输入或非门	CD4002	1
5	四二输入与非门	CD4011	1
6	色环电阻器	1kΩ	4
7	发光二极管	红色	5
8	发光二极管	黄色	1
9	发光二极管	绿色	1
10	面包板插接线	0.5mm 单芯单股导线	若干
11	面包板	188mm × 46mm × 8.5mm	1
12	直流电源	5V	1

电路的测试步骤如下:

1) 首先完成图 4-37 所示电路的安装,利用发光二极管 $VD_1 \sim VD_4$ 检测风扇 A、B、C、D 的工作状态。

2) 将图 4-36 所示电路的输入端分别接至图 4-37 相应位置,输出端 G、Y、R 分别通过 1kΩ 限流电阻器串接对应颜色发光二极管后接地。按表 4-13 测试风扇的工作状态并记录,检测其是否满足要求。

该电路主要由集成门电路构成,连接电路之前可以先检测集成门电路的逻辑功能。只要门电路满足本身的功能要求,同时电路连接正确,该监控电路就可以正常工作。

在数字电路中,如果一个电路在任一时刻的输出状态只取决于该时刻输入状态的组合,而与电路原有状态没有关系,则该电路称为组合逻辑电路。它没有记忆功能,这是组合逻辑电路功能上的特点。构成组合逻辑电路的基本单元是门电路。结合本节的任务,请读者总结组合逻辑电路的分析和设计方法。

4.2.5 延伸阅读1:组合逻辑电路的分析与设计

组合逻辑电路可以是多输入、单输出的,也可以是多输入、多输出的。只有一个输出量的称为单输出组合逻辑电路,有多个输出量的称为多输出组合逻辑电路。图4-38所示为组合逻辑电路的示意框图。

图4-38 组合逻辑电路的示意框图

图4-38所示电路有 n 个输入变量 ($X_0, X_1, \cdots, X_{n-1}$),$m$ 个输出变量 ($Y_0, Y_1, \cdots, Y_{m-1}$),它们之间的关系可用下面的一组逻辑函数表达式来描述:

$$Y_0 = F_0(X_0, X_1, \cdots, X_{n-1})$$

$$Y_1 = F_1(X_0, X_1, \cdots, X_{n-1})$$

$$\vdots$$

$$Y_{m-1} = F_{m-1}(X_0, X_1, \cdots, X_{n-1})$$

在电路结构上,组合逻辑电路主要由门电路组成,没有记忆功能,只有从输入到输出的通路,没有从输出到输入的回路。组合逻辑电路的功能除了可以用逻辑函数表达式来描述外,还可以用真值表、卡诺图、逻辑图等进行描述。

1. 组合逻辑电路的分析方法

组合逻辑电路的分析主要是根据给定的逻辑电路分析出电路的逻辑功能。组合逻辑电路的一般分析步骤如下:

1)根据逻辑图,由输入到输出逐级写出逻辑函数表达式。
2)将输出的逻辑函数表达式化简成最简与或表达式。
3)根据输出的最简与或表达式列出真值表。
4)根据真值表分析出电路的逻辑功能。

下面举例说明组合逻辑电路的分析方法。

【例4-25】一个双输入端、双输出端的组合逻辑电路如图4-39所示,分析该电路的功能。

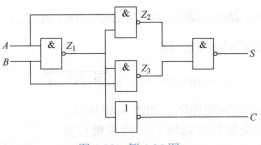

图 4-39 例 4-25 图

解：(1) 由逻辑图逐级写出逻辑函数表达式并化简逻辑函数，由图 4-39 可得

$$S = \overline{\overline{Z_2}\,\overline{Z_3}} = \overline{\overline{Z_2}} + \overline{\overline{Z_3}} = A \cdot \overline{AB} + B \cdot \overline{AB} = A(\overline{A}+\overline{B}) + B(\overline{A}+\overline{B})$$
$$= A\overline{B} + \overline{A}B = A \oplus B$$
$$C = \overline{\overline{Z_1}} = AB$$

(2) 由表达式列出真值表，见表 4-15。

(3) 分析逻辑功能。由真值表可知，A、B 都是 0 时，S 为 0，C 也为 0；当 A、B 有一个为 1 时，S 为 1，C 为 0；当 A、B 都是 1 时，S 为 0，C 为 1。这符合两个 1 位二进制数相加的原则，即 A、B 为两个加数，S 是它们的和，C 是向高位的进位。这种电路可用于实现两个 1 位二进制数的相加，实际上它是运算器中的基本单元电路，称为半加器。

表 4-15 例 4-25 的真值表

输入		输出	
A	B	S	C
0	0	0	0
0	1	1	0
1	0	1	0
1	1	0	1

2. 组合逻辑电路的设计方法

组合逻辑电路的设计，就是根据给定逻辑功能的要求设计出实现这一要求的最简组合电路。组合逻辑电路设计的一般方法如下。

1) 对给定的逻辑功能进行分析，确定出输入变量、输出变量以及它们之间的关系，并对输入和输出变量进行赋值，即确定什么情况下为逻辑 1 和逻辑 0，这是正确设计组合逻辑电路的关键。

2) 根据给定的逻辑功能和确定的状态赋值列出真值表。

3) 根据真值表写出逻辑函数表达式并化简，然后转换成所要求的逻辑函数表达式。

4) 根据逻辑函数表达式画出相应的逻辑电路图。

【**例 4-26**】请设计一个三变量多数表决电路，并用与非门实现功能。

解：根据题意，该电路应有 3 个输入变量，分别用 A、B、C 表示，并规定输入变量为 1 时代表同意，为 0 时代表不同意；有一个输出变量，用 Y 表示，并规定输出变量为 1 时代表决议通过，为 0 时代表决议不通过。由此可建立该逻辑函数的真值表，见表 4-16。

由真值表写出逻辑函数表达式并化简得

表 4-16 例 4-26 中三变量多数表决电路真值表

输入			输出
A	B	C	Y
0	0	0	0
0	0	1	0
0	1	0	0
0	1	1	1
1	0	0	0
1	0	1	1
1	1	0	1
1	1	1	1

$$Y = \overline{A}BC + A\overline{B}C + AB\overline{C} + ABC = AB + BC + AC \tag{4-33}$$

将式（4-33）转换为与非与非式，则

$$Y = AB + BC + AC = \overline{\overline{AB} \cdot \overline{BC} \cdot \overline{AC}} \tag{4-34}$$

根据式（4-34）可画出逻辑电路图，如图 4-40 所示。

【例 4-27】在进行多位数加法运算时，除最低位外，其他各位都需要考虑低位来的进位。这时就要用到全加器。所谓全加，是指两个多位二进制数相加时，第 i 位的被加数 A_i 和加数 B_i 以及来自相邻低位的进位数 C_{i-1} 三者相加，其结果得到本位和 S_i 及向相邻高位的进位数 C_i。请用集成逻辑门电路设计一个 1 位二进制全加器。

解：根据全加器的概念，可列出全加器的真值表，见表 4-17。

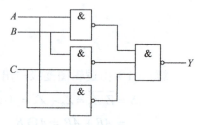

图 4-40 例 4-26 的逻辑电路图

表 4-17 例 4-27 的全加器真值表

输入			输出	
A_i	B_i	C_{i-1}	S_i	C_i
0	0	0	0	0
0	0	1	1	0
0	1	0	1	0
0	1	1	0	1
1	0	0	1	0
1	0	1	0	1
1	1	0	0	1
1	1	1	1	1

由真值表可得本位和 S_i 和进位 C_i 的表达式为

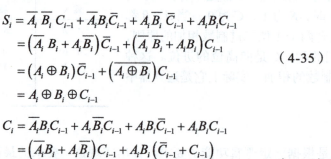

$$\tag{4-35}$$

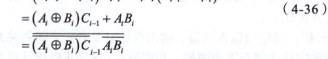

$$\tag{4-36}$$

根据式（4-35）和式（4-36）可画出全加器的逻辑电路，如图 4-41 所示。

全加器是一种常用的组合逻辑电路，为了使用方便，很多厂家都推出了现成的集成电路产品，其逻辑符号如图 4-42 所示。其他常用的组合逻辑电路，如编码器、译码器、数据选择器等也都有专用的中规模集成器件（MSI）。这些器件除了本身的功能外，还可与门电路组合应用，又可以构成具有新的逻辑功能的组合电路，同时可使电路结构更为简单。下一节我们来认识这些功能器件。

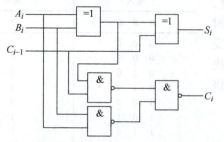

图 4-41 例 4-27 的异或门和与非门组成的全加器

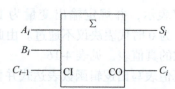

图 4-42 全加器的逻辑符号

> 考一考

一、填空题

（1）在电路结构上，组合逻辑电路主要由_____组成，没有_____功能，只有从_____到_____的通路，没有从_____到_____的回路。

（2）加法器按具体功能不同可分为_____和_____两种。不考虑进位输入，只将本位两数相加，称为_____。

（3）当两个本位数相加，考虑_____进位数时，称为全加器，它有_____个输入，_____个输出。

二、判断题

（1）组合逻辑电路不具有记忆功能，输出状态与输入信号作用前的电路状态无关。（   ）

（2）进行组合逻辑电路设计时，一定要进行逻辑函数化简。（   ）

（3）半加器有 3 个输入，2 个输出。（   ）

4.2.6　延伸阅读 2：组合逻辑电路的功能器件

1. 集成 4 位二进制加法器

74LS283 是一种典型的 4 位快速进位集成加法器，可以进行两个 4 位二进制数 $A_3A_2A_1A_0$ 和 $B_3B_2B_1B_0$ 的相加，结果为 $C_3S_3S_2S_1S_0$，其中 $S_3S_2S_1S_0$ 为和位，C_3 为向高位的进位，C_{-1} 为来自低位的进位。其逻辑符号和引脚排列如图 4-43 所示。

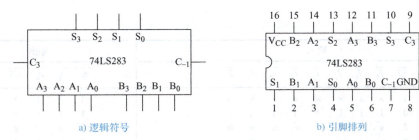

图 4-43　集成 4 位加法器 74LS283

图 4-44 所示是用 74LS283 实现的 8421BCD 码到余 3 码的转换。由前面内容可知，对于同一个十进制数，余 3 码比 8421BCD 码多 3，因此实现 8421BCD 码到余 3 码的转换，只需将 8421BCD 码加 3（0011）。

如果要扩展加法运算的位数，可将多片 74LS283 进行级联，即将低位片的 C_3 端接到相邻高位片的 C_{-1} 端。

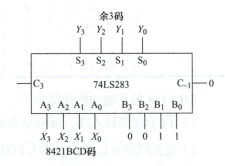

图 4-44　8421BCD 码转换成余 3 码的电路

2. 编码器

把某种具有特定意义的输入信号（如字母、数字、符号等）编成相应的一组二进制代码的过程称为编码，能够实现编码的电路称为编码器（encoder）。

（1）二进制编码器　普通的二进制编码器有 2^n 个输入端和 n 个输出端，要求 2^n 个输入端中只能有一个为有效输入，输出为这个有效输入的 n 位二进制代码。以 3 位二进制编码器为例，其示意图如图 4-45 所示。

3 位二进制编码器有 8 个输入端 $I_0 \sim I_7$ 和 3 个输出端 $A_0 \sim A_2$，因此常称为 8 线 -3 线编码器。普通二进制编码器的 8 个输入中只能有 1 个为有效输入，其输出为该有效输入的二进制代码。我们可以用门电路设计出二进制编码器的电路，但由于其应用广泛，有现成的集成电路产品可供选择。而且，集成编码器都设计成优先编码器的形式，使用起来更为方便。

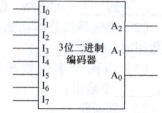

图 4-45　3 位二进制编码器示意图

优先编码器允许同时输入两个以上的有效编码信号。当同时输入几个有效编码信号时，优先编码器能按预先设定的优先级别，只对其中优先级别最高的一个进行编码。

74LS148 是一种常用的 8 线 -3 线优先编码器，其逻辑符号如图 4-46 所示，其中 $\overline{I_0} \sim \overline{I_7}$ 为编码输入端，低电平有效。$\overline{A_2} \sim \overline{A_0}$ 为编码输出端，也为低电平有效，即反码输出。

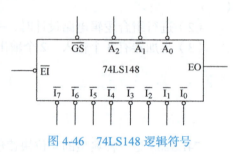

图 4-46　74LS148 逻辑符号

74LS148 优先编码器的真值表见表 4-18。

表 4-18　74LS148 优先编码器真值表

输入									输出				
$\overline{EI}$	$\overline{I_0}$	$\overline{I_1}$	$\overline{I_2}$	$\overline{I_3}$	$\overline{I_4}$	$\overline{I_5}$	$\overline{I_6}$	$\overline{I_7}$	$\overline{A_2}$	$\overline{A_1}$	$\overline{A_0}$	$\overline{GS}$	EO
1	×	×	×	×	×	×	×	×	1	1	1	1	1
0	1	1	1	1	1	1	1	1	1	1	1	1	0
0	×	×	×	×	×	×	×	0	0	0	0	0	1
0	×	×	×	×	×	×	0	1	0	0	1	0	1
0	×	×	×	×	×	0	1	1	0	1	0	0	1
0	×	×	×	×	0	1	1	1	0	1	1	0	1
0	×	×	×	0	1	1	1	1	1	0	0	0	1
0	×	×	0	1	1	1	1	1	1	0	1	0	1
0	×	0	1	1	1	1	1	1	1	1	0	0	1
0	0	1	1	1	1	1	1	1	1	1	1	0	1

74LS148 的其他功能介绍如下：

1）$\overline{EI}$ 为使能输入端，低电平有效。

2）优先顺序为 $\overline{I_7} \to \overline{I_0}$，即 $\overline{I_7}$ 的优先级最高，然后依次是 $\overline{I_6}$、$\overline{I_5}$、$\overline{I_4}$、$\overline{I_3}$、$\overline{I_2}$、$\overline{I_1}$、$\overline{I_0}$。

3）$\overline{GS}$ 为编码器的工作标志端，低电平有效。

4）EO 为使能输出端，高电平有效。

对二进制编码器的使用可扫描二维码观看视频学习。

（2）二-十进制编码器 用4位二进制代码对0～9中的一位十进制数码进行编码的电路，称为二-十进制编码器，即二-十进制编码器有10个输入端，每一个对应一个十进制数（0～9），有4个输出端，对应某一个有效输入的BCD码，故又称为10线-4线编码器，为防止输出混乱，二-十进制编码器通常都设计成优先编码器。

编码器的使用

74LS147是一种常用的10线-4线8421BCD码优先编码器，其逻辑符号如图4-47所示。其中，$\overline{I_1} \sim \overline{I_9}$为编码输入端，低电平有效，优先顺序为$\overline{I_9} \to \overline{I_1}$。$\overline{A_3} \sim \overline{A_0}$为编码输出端，也为低电平有效，即反码输出。当$\overline{I_1} \sim \overline{I_9}$全输入1时，代表输入的是十进制数0。

3. 译码器

译码是编码的逆过程，即将具有特定意义的二进制代码转换成相应信号输出的过程。实现译码功能的电路称为译码器（decoder），译码器目前主要由集成电路构成。

（1）二进制译码器 二进制译码器有n个输入信号和2^n个输出信号，常见的二进制译码器有2线-4线译码器、3线-8线译码器及4线-16线译码器等。

图4-48为3线-8线译码器的示意图，3个输入端A_2、A_1、A_0有8种输入状态的组合，分别对应着8个输出端。

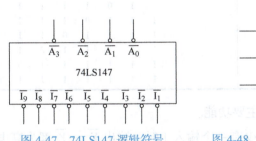

图4-47 74LS147逻辑符号　　　图4-48 3线-8线译码器的示意图

根据译码器的定义，图4-48所示3线-8线译码器8个输出端输出信号的逻辑函数表达式为

$$Y_0 = \overline{A_2}\,\overline{A_1}\,\overline{A_0} \qquad Y_1 = \overline{A_2}\,\overline{A_1}A_0$$
$$Y_2 = \overline{A_2}A_1\overline{A_0} \qquad Y_3 = \overline{A_2}A_1A_0$$
$$Y_4 = A_2\overline{A_1}\,\overline{A_0} \qquad Y_5 = A_2\overline{A_1}A_0$$
$$Y_6 = A_2A_1\overline{A_0} \qquad Y_7 = A_2A_1A_0$$

即每一种输出都对应着一种输入状态的组合，所以二进制译码器也称为状态译码器。

根据逻辑函数表达式可以画出用门电路实现的3线-8线译码器的逻辑电路图，但实际应用中有不同形式的集成译码器可供选择使用。74LS138是一种典型的集成3线-8线译码器，其逻辑符号和引脚排列如图4-49所示。3个输入端为A_2、A_1、A_0，高电平有效，8个输出端为$\overline{Y_0} \sim \overline{Y_7}$，低电平有效，$G_1$、$\overline{G_{2A}}$和$\overline{G_{2B}}$为使能输入端。

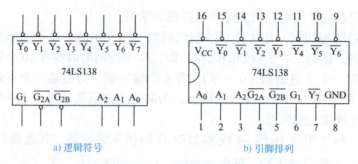

a) 逻辑符号　　　　　　　　　　b) 引脚排列

图 4-49　74LS138 的逻辑符号和引脚排列

74LS138 的真值表见表 4-19。

表 4-19　3 线 −8 线译码器 74LS138 真值表

输入						输出							
G_1	$\overline{G_{2A}}$	$\overline{G_{2B}}$	A_2	A_1	A_0	$\overline{Y_0}$	$\overline{Y_1}$	$\overline{Y_2}$	$\overline{Y_3}$	$\overline{Y_4}$	$\overline{Y_5}$	$\overline{Y_6}$	$\overline{Y_7}$
×	1	×	×	×	×	1	1	1	1	1	1	1	1
×	×	1	×	×	×	1	1	1	1	1	1	1	1
0	×	×	×	×	×	1	1	1	1	1	1	1	1
1	0	0	0	0	0	0	1	1	1	1	1	1	1
1	0	0	0	0	1	1	0	1	1	1	1	1	1
1	0	0	0	1	0	1	1	0	1	1	1	1	1
1	0	0	0	1	1	1	1	1	0	1	1	1	1
1	0	0	1	0	0	1	1	1	1	0	1	1	1
1	0	0	1	0	1	1	1	1	1	1	0	1	1
1	0	0	1	1	0	1	1	1	1	1	1	0	1
1	0	0	1	1	1	1	1	1	1	1	1	1	0

由真值表可知 74LS138 有如下主要功能。

1）当 $G_1=0$ 或 $\overline{G_{2A}}$、$\overline{G_{2B}}$ 中至少有一个输入 1 时，输出 $\overline{Y_0} \sim \overline{Y_7}$ 都为高电平 1，它不受输入信号 A_2、A_1、A_0 控制，这时译码器不工作。

2）当 $G_1=1$，同时 $\overline{G_{2A}} = \overline{G_{2B}} = 0$ 时，输出 $\overline{Y_0} \sim \overline{Y_7}$ 由输入信号 A_2、A_1、A_0 决定，译码器处于工作状态。

由表 4-19 可以看出，输出 $\overline{Y_0} \sim \overline{Y_7}$ 为反函数，即为低电平有效。

对 74LS138 的译码过程可扫描二维码观看视频学习。

由于译码器的每个输出端分别对应一个最小项，因此与门电路配合使用，可以实现任何组合函数。

译码器的应用

【例 4-28】试用译码器和门电路实现逻辑函数 $Y = AB + BC + AC$。

解： 将逻辑函数转换成最小项表达式，再转换成与非与非形式，即

$$Y = \overline{A}BC + A\overline{B}C + AB\overline{C} + ABC$$
$$= Y_3 + Y_5 + Y_6 + Y_7 = \overline{\overline{Y_3}\,\overline{Y_5}\,\overline{Y_6}\,\overline{Y_7}}$$

用一个 74LS138 加一个与非门就可实现这个逻辑函数，逻辑电路如图 4-50 所示。

项目 4　设计并安装一个风扇监控装置

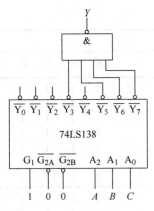

图 4-50　例 4-28 逻辑电路

例 4-28 电路的工作过程可扫描二维码观看视频。

（2）二-十进制译码器　二-十进制译码器就是能把某种二-十进制代码（即 BCD 码）转换为相应的十进制数码的组合逻辑电路，也称为 4 线-10 线译码器，也就是把代表 4 位二-十进制代码的 4 个输入信号转换成对应十进制数的 10 个输出信号中的某一个作为有效输出信号。

译码器实现组合逻辑电路

图 4-51 所示为 4 线-10 线译码器 74LS42 的引脚排列和逻辑符号。

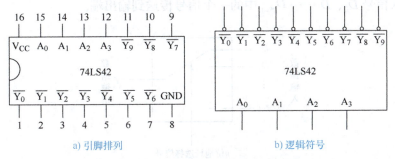

a) 引脚排列　　　　　　　　　　b) 逻辑符号

图 4-51　74LS42 的引脚排列和逻辑符号

74LS42 的真值表见表 4-20。由表 4-20 可见，输入 $A_3A_2A_1A_0$ 为 8421BCD 码，其中代码的前 10 种组合 0000～1001 为有效输入，表示 0～9 这 10 个十进制数，而后 6 种组合 1010～1111 为无效输入（伪码）。当输入为伪码时，输出 $\overline{Y_0}$～$\overline{Y_9}$ 都为高电平 1，故能自动拒绝伪码输入。另外，74LS42 无使能端。

表 4-20　4 线-10 线译码器 74LS42 真值表

十进制数	输入				输出									
	A_3	A_2	A_1	A_0	$\overline{Y_0}$	$\overline{Y_1}$	$\overline{Y_2}$	$\overline{Y_3}$	$\overline{Y_4}$	$\overline{Y_5}$	$\overline{Y_6}$	$\overline{Y_7}$	$\overline{Y_8}$	$\overline{Y_9}$
0	0	0	0	0	0	1	1	1	1	1	1	1	1	1
1	0	0	0	1	1	0	1	1	1	1	1	1	1	1
2	0	0	1	0	1	1	0	1	1	1	1	1	1	1

(续)

十进制数	输入				输出									
	A_3	A_2	A_1	A_0	$\overline{Y_0}$	$\overline{Y_1}$	$\overline{Y_2}$	$\overline{Y_3}$	$\overline{Y_4}$	$\overline{Y_5}$	$\overline{Y_6}$	$\overline{Y_7}$	$\overline{Y_8}$	$\overline{Y_9}$
3	0	0	1	1	1	1	1	0	1	1	1	1	1	1
4	0	1	0	0	1	1	1	1	0	1	1	1	1	1
5	0	1	0	1	1	1	1	1	1	0	1	1	1	1
6	0	1	1	0	1	1	1	1	1	1	0	1	1	1
7	0	1	1	1	1	1	1	1	1	1	1	0	1	1
8	1	0	0	0	1	1	1	1	1	1	1	1	0	1
9	1	0	0	1	1	1	1	1	1	1	1	1	1	0
无效输入	1	0	1	0	1	1	1	1	1	1	1	1	1	1
	1	0	1	1	1	1	1	1	1	1	1	1	1	1
	1	1	0	0	1	1	1	1	1	1	1	1	1	1
	1	1	0	1	1	1	1	1	1	1	1	1	1	1
	1	1	1	0	1	1	1	1	1	1	1	1	1	1
	1	1	1	1	1	1	1	1	1	1	1	1	1	1

4. 数据选择器

数据选择器（multiplexer）的作用是根据地址选择码从多路输入数据中选择一路，送到输出。它的作用类似于图 4-52 所示的单刀多掷开关。通过开关的转换（由地址选择信号控制），选择输入信号 D_0、D_1……D_{2^n-1} 中的一个信号传送到输出端。

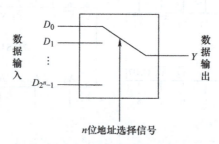

图 4-52 数据选择器示意图

在数据选择器中，输出数据的选择是用地址信号控制的，如一个 4 选 1 的数据选择器需要两个地址信号输入端，它有 4 种不同的组合，每一种组合可选择对应的一路数据输出。如果有 3 个地址输入信号，8 个数据输入信号，就称为 8 选 1 数据选择器，或者 8 路数据选择器。常用的数据选择器有 4 选 1、8 选 1 和 16 选 1 等多种类型。

数据选择器的工作过程可扫描二维码观看视频学习。

数据选择器也有现成的集成电路产品可供选择使用，如 74LS151 是一种有互补输出的集成 8 选 1 数据选择器，74LS153 则是集成双 4 选 1 数据选择器。现对它们分别进行介绍。

数据选择器

（1）集成双 4 选 1 数据选择器 74LS153　74LS153 是一种集成双 4 选 1 数据选择器，其引脚排列和逻辑符号如图 4-53 所示。一个芯片上集成了两个 4 选 1 数据选择器，每个数据选择器有 4 个数据输入端 $D_0 \sim D_3$，2 个地址输入端 A_1、A_0，1 个输出端 Y；

另外，它还有一个低电平有效的使能输入端$\overline{G}$。

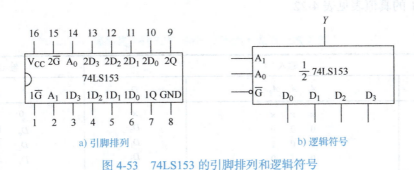

图 4-53　74LS153 的引脚排列和逻辑符号

74LS153 的真值表见表 4-21。

表 4-21　集成双 4 选 1 数据选择器 74LS153 真值表

输入				输出
$\overline{G}$	A_1	A_0	D	Y
1	×	×	×	0
0	0	0	D_0	D_0
0	0	1	D_1	D_1
0	1	0	D_2	D_2
0	1	1	D_3	D_3

当 $\overline{G}=1$ 时，数据选择器不工作，$Y=0$；当 $\overline{G}=0$ 时，数据选择器正常工作，其输出逻辑函数表达式为

$$Y = \overline{A_1}\,\overline{A_0}\,D_0 + \overline{A_1}\,A_0 D_1 + A_1\overline{A_0}D_2 + A_1 A_0 D_3 \tag{4-37}$$

对于地址输入信号的不同取值，Y 只能等于 $D_0 \sim D_3$ 中唯一的一个。例如，$A_1 A_0$ 为 00，则 D_0 信号被选通到 Y 端；$A_1 A_0$ 为 11 时，D_3 被选通到 Y 端，即 $Y = D_3$。

（2）集成 8 选 1 数据选择器 74LS151　74LS151 是一种有互补输出的集成 8 选 1 数据选择器，其引脚排列和逻辑符号如图 4-54 所示。

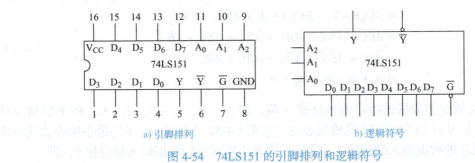

图 4-54　74LS151 的引脚排列和逻辑符号

$D_0 \sim D_7$ 是 8 个数据输入端，A_2、A_1、A_0 是 3 个地址输入端，Y 和 $\overline{Y}$ 是两个互补输出端；

另外，它还有一个低电平有效的使能输入端 $\overline{G}$。

74LS151 的真值表见表 4-22。

表 4-22　8 选 1 数据选择器 74LS151 真值表

输入					输出	
$\overline{G}$	A_2	A_1	A_0	D	Y	$\overline{Y}$
1	×	×	×	×	0	1
0	0	0	0	D_0	D_0	$\overline{D_0}$
0	0	0	1	D_1	D_1	$\overline{D_1}$
0	0	1	0	D_2	D_2	$\overline{D_2}$
0	0	1	1	D_3	D_3	$\overline{D_3}$
0	1	0	0	D_4	D_4	$\overline{D_4}$
0	1	0	1	D_5	D_5	$\overline{D_5}$
0	1	1	0	D_6	D_6	$\overline{D_6}$
0	1	1	1	D_7	D_7	$\overline{D_7}$

由表 4-22 可见，当 $\overline{G}=1$ 时，数据选择器不工作，$Y=0$，$\overline{Y}=1$。

当 $\overline{G}=0$ 时，数据选择器正常工作，其输出逻辑函数表达式为

$$Y = \overline{A_2}\,\overline{A_1}\,\overline{A_0}D_0 + \overline{A_2}\,\overline{A_1}A_0D_1 + \overline{A_2}A_1\overline{A_0}D_2 + \overline{A_2}A_1A_0D_3 + \\ A_2\overline{A_1}\,\overline{A_0}D_4 + A_2\overline{A_1}A_0D_5 + A_2A_1\overline{A_0}D_6 + A_2A_1A_0D_7 \tag{4-38}$$

对于地址输入信号的任何一种状态组合，都有一个输入数据被送到输出端。例如，当 $A_2A_1A_0=000$ 时，$Y=D_0$；当 $A_2A_1A_0=101$ 时，$Y=D_5$。

数据选择器和模拟开关的本质区别在于前者只能传输数字信号，而后者还可以传输单极性或双极性的模拟信号。

数据选择器除了能在多路数据中选择一路数据输出外，还能有效地实现组合逻辑函数，作为这种用途的数据选择器又称为逻辑函数发生器。下面举例说明用数据选择器实现组合逻辑函数的方法和步骤。

【例 4-29】用 8 选 1 数据选择器 74LS151 实现逻辑函数 $Y = A\overline{C} + BC + A\overline{B}$。

解：把函数 Y 变换成最小项表达式，则

$$\begin{aligned} Y &= A\overline{C}(B+\overline{B}) + BC(A+\overline{A}) + A\overline{B}(C+\overline{C}) \\ &= AB\overline{C} + A\overline{B}\,\overline{C} + ABC + \overline{A}BC + A\overline{B}C + A\overline{B}\,\overline{C} \\ &= \overline{A}BC + A\overline{B}\,\overline{C} + A\overline{B}C + AB\overline{C} + ABC \\ &= m_3 + m_4 + m_5 + m_6 + m_7 \end{aligned} \tag{4-39}$$

将输入变量接至数据选择器的地址输入端，即 $A_2=A$，$A_1=B$，$A_0=C$，将 Y 的最小项表达式 [式（4-39）] 与 74LS151 的输出表达式 [式（4-38）] 相比较，Y 的最小项表达式中出现的最小项对应的数据输入端应接 1，没出现的最小项对应的数据输入端应接 0，即

$$D_0 = D_1 = D_2 = 0, D_3 = D_4 = D_5 = D_6 = D_7 = 1$$

8选1数据选择器74LS151按上面的方法分别使数据输入端置1或置0后,随着地址信号的变化,输出端就产生所需要的函数,连接电路如图4-55所示。

【例4-30】用双4选1数据选择器74LS153实现逻辑函数 $Y = AB + BC + AC$。

解: 函数 Y 有三个输入变量 A、B、C,而4选1数据选择器仅有两个地址输入端 A_1 和 A_0,所以选 A、B 接到地址端,即 $A = A_1$,$B = A_0$,C 接到相应的数据端。

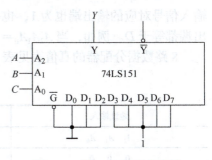

图 4-55 例 4-29 逻辑电路图

将逻辑函数转换成每一项都含有 A、B 的表达式,则

$$Y = AB + BC + AC = AB + \overline{A}BC + A\overline{B}C \tag{4-40}$$

式(4-40)与74LS153的输出表达式[式(4-37)]相比较可得

$$D_0 = 0,\ D_1 = C,\ D_2 = C,\ D_3 = 1$$

逻辑电路图如图4-56所示。

(3)数据分配器 数据分配器(demultiplexer)能根据地址信号将一路输入数据按需要分配给某一个对应的输出端,它的操作过程是数据选择器的逆过程。它有一个数据输入端,多个数据输出端和相应的地址控制端(或称地址输入端),其功能相当于一个波段开关,如图4-57所示。

应当注意的是,厂家并不生产专门的数据分配器,数据分配器实际上是译码器(分段显示译码器除外)的一种特殊应用。作为数据分配器使用的译码器必须具有使能端,其使能端作为数据输入端使用,译码器的输入端作为地址输入端,其输出端则作为数据分配器的输出端。图4-58是由3线-8线译码器74LS138构成的8路数据分配器。

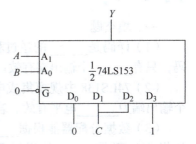

图 4-56 例 4-30 逻辑电路图

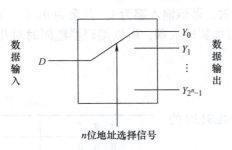

图 4-57 数据分配器示意图

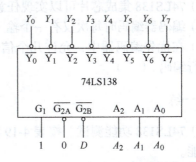

图 4-58 74LS138 构成的 8 路数据分配器

在图4-58中,$G_1 = 1$,$\overline{G_{2A}} = 0$,$\overline{G_{2B}} = D$ 为数据输入信号,A_2、A_1、A_0 为地址输入信号,$Y_0 \sim Y_7$ 为输出信号,分别接74LS138的 $\overline{Y_0} \sim \overline{Y_7}$ 端。当 $D = 0$ 时,译码器译码,与地址输入信号对应的输出端为0,等于 D;当 $D = 1$ 时,译码器不译码,所有输出全为1,与地址

输入信号对应的输出端也为 1，也等于 D。所以，无论什么情况，与地址输入信号对应的输出端都等于 D。例如，当 $A_2A_1A_0 = 110$ 时，$Y_6 = D$。

8 路数据分配器的真值表见表 4-23。

表 4-23　8 路数据分配器真值表

地址输入			数据输入	输出							
A_2	A_1	A_0	D	Y_0	Y_1	Y_2	Y_3	Y_4	Y_5	Y_6	Y_7
0	0	0	D	D	1	1	1	1	1	1	1
0	0	1	D	1	D	1	1	1	1	1	1
0	1	0	D	1	1	D	1	1	1	1	1
0	1	1	D	1	1	1	D	1	1	1	1
1	0	0	D	1	1	1	1	D	1	1	1
1	0	1	D	1	1	1	1	1	D	1	1
1	1	0	D	1	1	1	1	1	1	D	1
1	1	1	D	1	1	1	1	1	1	1	D

▶▶▶ 考一考

一、填空题

（1）译码是_____的逆过程。译码器有多个输入和多个输出端，每输入一组二进制代码，只有_____个输出端有效。n 个输入端最多可有_____个输出端。

（2）74LS138 中规模集成电路也称为_____译码器，3 个输入端为_____电平有效，8 个输出端为_____电平有效。若地址输入 $A_2A_1A_0 = 101$ 时，则对应输出端为 0 的是_____。

（3）数据分配器能根据_____将一路输入数据按需要分配给某一个对应的输出端，它的操作过程是_____的逆过程。它有_____数据输入端，多个数据_____和相应的地址_____，其功能相当于一个波段开关。

二、判断题

（1）数据选择器是一个单输入、多输出的组合逻辑电路。（　）

（2）74LS138 集成芯片可以实现任意变量的译码功能。（　）

（3）编码器编码时每次仅有一个输入端有效，即该输入端为 1，其余为 0。（　）

（4）在优先编码器中，允许几个信号同时加到输入端，所以编码器能同时对几个输入信号进行编码。（　）

▶▶▶ 练一练

（1）74LS138 功能测试　按表 4-19 测试 74LS138 的逻辑功能。

（2）74LS138 的应用测试　按图 4-50 连接 74LS138 的应用电路并测试其真值表，将结果记入表 4-24 中，并根据真值表说明电路实现的逻辑功能。

（3）74LS151 的应用测试　试用 74LS151 实现一个三变量多数表决电路功能，画出电路图并连接测试。

表 4-24　74LS138 的应用测试真值表

A	B	C	Y
0	0	0	
0	0	1	
0	1	0	
0	1	1	
1	0	0	
1	0	1	
1	1	0	
1	1	1	

> 想一想
>
> 以三变量多数表决电路为例，可以采用门电路、译码器、数据选择器等不同的形式实现，请说一说应该如何进行选择。生活中我们也经常会遇到这种情况，是否有你该遵循和坚守的原则呢？

习　题

4-1　将下列二进制数转换成十进制、十六进制数。

（1）$[10010111]_2 = [\quad]_{10} = [\quad]_{16}$

（2）$[10100101]_2 = [\quad]_{10} = [\quad]_{16}$

（3）$[10101111]_2 = [\quad]_{10} = [\quad]_{16}$

4-2　完成下列不同数制间的转换。

（1）$[79]_{10} = [\quad]_2 = [\quad]_{16}$

（2）$[101011]_2 = [\quad]_{10} = [\quad]_{16}$

（3）$[8C]_{16} = [\quad]_{10} = [\quad]_2$

4-3　将下列十进制数转换成 8421BCD 码。

　　47　126　254　892

4-4　根据对偶定理、反演定理分别写出下列函数的对偶式和反函数。

（1）$Y = \overline{\overline{A + \bar{B}} + C}$

（2）$Y = (\bar{A} + B)(B + C)(A + \bar{C})$

（3）$Y = \overline{A}B\bar{C} + \overline{A\bar{D}}$

（4）$Y = \overline{A\bar{B} + B\bar{C} + C\bar{A}}$

4-5　证明下列各等式成立。

（1）$A \oplus (A \oplus B) = B$

（2）$(A+B)(\bar{C}+D)(\bar{A}+B) = B\bar{C} + BD$

（3）$AB + BCD + \bar{A}C + \bar{B}C = AB + C$

（4）$\overline{A\bar{B} + \bar{A}C + B\bar{C}} = \bar{A}\,\bar{B}\,\bar{C} + ABC$

4-6　试写出图 4-59 所示各逻辑图输出 Y 的逻辑函数表达式。

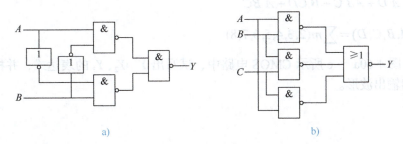

图 4-59　题 4-6 图

4-7 试画出下列逻辑函数表达式的逻辑图。

（1） $Y = AB + C\bar{D}$

（2） $Y = \overline{\overline{AB} + \overline{CD}}$

（3） $Y = \overline{A \oplus B + \overline{\overline{BC}}}$

4-8 逻辑函数 $Y_1 = AB + B\bar{C} + \bar{A}C$，$Y_2 = ABC + \bar{A}\,\bar{B}\,\bar{C}$，试分别用真值表、卡诺图和逻辑图表示 Y_1 和 Y_2。

4-9 试用公式化简法化简下列各逻辑函数。

（1） $Y = AB(A + BC)$

（2） $Y = (AB + A\bar{B} + \bar{A}B)(A + B + D + \bar{A}\,\bar{B}\,\bar{D})$

（3） $Y = \bar{A}BC + (A + \bar{B})C$

（4） $Y = \overline{\overline{A + \bar{B}} + \overline{A + B} + \overline{AB} \cdot \overline{AB}}$

（5） $Y = (\bar{A} + \bar{B} + \bar{C})(B + \bar{B}C + \bar{C})(\bar{D} + DE + \bar{E})$

（6） $Y = \overline{\overline{ABC}(B + \bar{C})}$

4-10 用卡诺图法化简下列逻辑函数，并写出最简与或表达式。

（1） $Y = \bar{A}\,\bar{B}\,\bar{C} + AB\bar{C} + \bar{A}B\bar{C} + A\bar{B}\,\bar{C}$

（2） $Y = A\bar{B}CD + AB\bar{C}D + A\bar{B} + A\bar{D} + A\bar{B}C$

（3） $Y(A,B,C,D) = \sum m(0,1,2,3,4,5,8,10,11,12)$

（4） $Y(A,B,C,D) = \sum m(3,6,7,9,11,13,15)$

（5） $Y(A,B,C,D) = \sum m(0,1,2,4,5,6,12) + d(3,8,10,11,14)$

（6） $Y(A,B,C,D) = \sum m(0,1,2,3,6,8) + d(10,11,12,13,14,15)$

4-11 用卡诺图法化简下列具有约束条件的逻辑函数，其约束条件为 $AB + AC = 0$。

（1） $Y = \bar{A}\bar{D} + A\bar{B}\,\bar{C} + \bar{B}CD + \bar{A}\bar{B}C$

（2） $Y(A,B,C,D) = \sum m(2,3,4,5,6,7,8)$

4-12 在图 4-60a～c 所示 CMOS 电路中，试写出 Y_1、Y_2、Y_3 的表达式，并根据图 4-60d 所示波形画出输出波形。

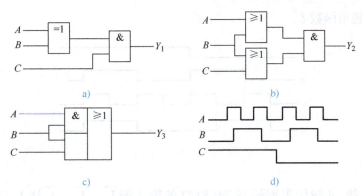

图 4-60 题 4-12 图

4-13 逻辑电路如图 4-61 所示，试分析其逻辑功能，并写出最简与或表达式。

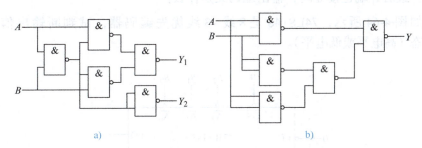

图 4-61 题 4-13 图

4-14 已知图 4-62 所示电路及输入 A、B 的波形，试画出相应的输出波形 Y，不计门的延迟。

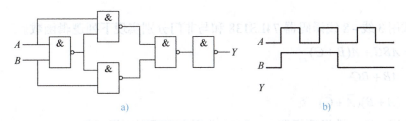

图 4-62 题 4-14 图

4-15 设计一个故障指示电路，要求如下：两台电动机同时工作时，绿灯亮；其中一台电动机发生故障时，黄灯亮；两台电动机都有故障时，则红灯亮。

4-16 在一个射击游戏中，每人可打三枪，一枪打鸟，一枪打鸡，一枪打兔子。规则：打中两枪得奖，但只要打中鸟，也同样得奖。试设计一个判别得奖电路。

4-17 某董事会有一位董事长和 3 位董事进行表决，当满足以下条件时决议通过：有 3 人或 3 人以上同意，或者有两人同意，但其中一人必须是董事长。试用与非门设计满足上述要求的表决电路。

4-18 已知一个组合逻辑电路的输入 A、B、C 和输出 L 的波形如图 4-63 所示，试用最少的逻辑门实现输出函数 L。

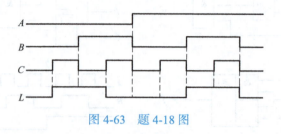

图 4-63　题 4-18 图

4-19　当 10 线 –4 线优先编码器 74LS147 的输入端 $\overline{I_9}$、$\overline{I_3}$、$\overline{I_1}$ 接 1，其他输入端接 0 时，输出编码是什么？当 $\overline{I_3}$ 端改接 0 后，输出编码有何改变？若再将 $\overline{I_9}$ 端改接 0 后，输出又如何变化？最后 $\overline{I_1}$ 端也接 0 时，输出编码又是什么？

4-20　如图 4-64 所示，74LS148 是 8 线 –3 线优先编码器，试判断输出信号 W、B_2、B_1、B_0 的状态（高电平或低电平）。

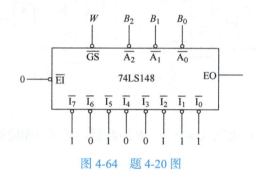

图 4-64　题 4-20 图

4-21　试用 3 线 –8 线译码器 74LS138 和与非门分别实现下列逻辑函数。

（1）$Z = ABC + \overline{A}(B+C)$

（2）$Z = AB + BC$

（3）$Z = (A+B)(\overline{A}+\overline{C})$

4-22　试用 8 选 1 数据选择器 74LS151 分别实现下列逻辑函数。

（1）$Z = F(A,B,C) = \sum m(0,1,5,6)$

（2）$Z = F(A,B,C,D) = \sum m(0,2,3,5,6,8,10,12)$

（3）$Z = A\overline{B}C + \overline{A}(\overline{B}+C)$

4-23　试用双 4 选 1 数据选择器 74LS153 分别实现下列逻辑函数。

（1）$Z = F(A,B) = \sum m(0,1,3)$

（2）$Z = A\overline{B}\,\overline{C} + \overline{A}\,\overline{C} + BC$

（3）$Z = A \oplus B \oplus C$

4-24　试用 3 线 –8 线译码器及与非门实现全加器功能。

4-25　试用 74LS283 实现余 3 码到 8421BCD 码的转换功能。提示：利用二进制补码的概念，一个负数的补码可将其原码取反后加 1 获得。可用 A 的原码加上 B 的补码实现 A 减 B 的减法运算。

4-26　试用 8 选 1 数据选择器设计一个 3 人表决电路。当表决提案时，多数人同意，提案通过；否则，提案被否决。

项目 5

制作一个简易数字钟

 项目描述

数字钟（digital clock）是采用数字电路实现对时、分、秒进行数字显示的计时装置，具有走时准确、性能稳定、携带方便等优点。数字钟电路包含了数字电路的主要组成部分，是组合逻辑电路与时序逻辑电路的综合应用。数字钟的构成电路多种多样，比较物美价廉的有基于单片机控制的数字钟产品。对于初识电子产品的读者，本项目是要利用数字电路的基本元器件设计和制作一个简易的多功能数字钟。具体要求如下：

1）采用 24h 制时间表示，要求能直接显示时、分、秒的十进制数字。
2）具有校时功能。
3）整点能仿广播电台自动报时，即报时声响四低一高，最后一响为整点。

根据这一要求设计的数字钟由时钟源，时、分、秒计数器，译码显示电路，校时电路，整点报时电路等组成。电路逻辑图如图 5-1 所示。

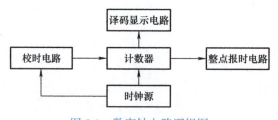

图 5-1 数字钟电路逻辑图

以此项目为依托，我们将学习译码显示电路、触发器、计数器、寄存器、振荡电路等数字电子技术的相关知识。

▶▶▶ 知识目标

1. 掌握译码显示电路的基本知识。
2. 掌握触发器的基本知识及应用。
3. 掌握计数器和寄存器的基本知识及应用。

▶▶▶ 能力目标

1. 掌握数字集成电路综合应用的能力。
2. 掌握数字钟电路的安装、测试与检测方法。

3. 学习并掌握数字钟电路的设计方法。

结合项目特点，设计了 4 个阶段的任务。其中，任务 5.1～任务 5.3 完成了各主要单元电路的设计和制作，帮助学生认识组合逻辑电路与时序逻辑电路，掌握数字电路的基本知识和技能；任务 5.4 完成了数字钟的整体制作，培养学生实际应用的能力。

在完成任务的过程中要注意六大核心素养的养成。

对项目 5 的理解和对任务 5.1 中的整体认识，可以通过扫描二维码学习。其他知识点和技能点的理解可查阅 5.1.2 节的介绍。

秒脉冲发生器的安装与调试

任务 5.1　秒脉冲发生器的制作

5.1.1　任务布置

脉冲信号（pulse signal）是指在瞬间突然变化、作用时间极短的电压或电流。它可能是周期性的，也可能是非周期性或单次的脉冲，一般包括矩形脉冲、锯齿波、尖脉冲、阶梯波、梯形波、方波和断续正弦波等。在数字系统中，常用矩形脉冲作为时钟信号，以控制和协调整个系统的工作。矩形脉冲的产生通常有两种方法，一种是利用振荡电路直接产生所需要的矩形脉冲，这种方式不需要外加触发信号，只需要电路和直流电源，这种电路称为多谐振荡电路；另一种则是通过各种整形电路把已有的周期性变化波形变换为符合要求的矩形脉冲，电路自身不能产生脉冲信号，这类电路包括单稳态触发器和施密特电路。

秒脉冲发生器能够输出一个周期为 1s 的方波信号，该信号作为计数器的计数控制脉冲，计数器通过累计秒脉冲的周期数达到计时的目的。秒脉冲发生器是数字钟的心脏，直接决定着数字钟的精度。数字钟的秒脉冲发生器由振荡器和分频器构成。为此，我们需要完成对相关知识的信息收集，设计符合要求的秒脉冲发生器电路，并进行电路的安装与测试，在完成任务的过程中掌握触发器及其应用、555 定时器及其应用、石英晶体振荡器及其应用等相关知识和技能。

5.1.2　信息收集：触发器、多谐振荡器

1. 触发器

在数字系统中，除了对数字信号进行算术和逻辑运算外，还常常需要将运算的结果保存起来，这就需要具有记忆功能的逻辑单元。触发器（flip-flop）是具有记忆功能的单元电路，能够存储一位二值信号。其基本特点有两个，一是能够自行保持两个稳定状态（steady state）：1 态或 0 态，用来表示逻辑 1 和逻辑 0；二是在不同输入信号作用下，触发器可以置成 1 态或 0 态。

触发器按电路结构形式的不同，可分为基本 RS 触发器、同步触发器和边沿触发器等多种类型；按逻辑功能的不同，又可分为 RS 触发器、JK 触发器、D 触发器、T 触发器和 T' 触发器等类型。

（1）基本 RS 触发器　基本 RS 触发器又称为 RS 锁存器（latch），是一种电路结构较简单的触发器，它是构成各种复杂触发器的基础。

最常见的基本 RS 触发器由门电路组成，图 5-2 所示为由两个与非门 D_1、D_2 的输入和输出交叉反馈连成的基本 RS 触发器。

在图 5-2a 中，$\bar{S}$ 和 $\bar{R}$ 是两个输入端，字母上的"—"表示两输入端均以低电平作为触发信号。Q 和 $\bar{Q}$ 是两个互补的输出端，通常规定以 Q 端的状态作为触发器状态，即将 $Q=1$、$\bar{Q}=0$ 定义为触发器的 1 态，$Q=0$、$\bar{Q}=1$ 定义为触发器的 0 态。图 5-2b 所示为基本 RS 触发器的逻辑符号。R、S 端的小圆圈也表示该触发器的触发信号为低电平有效。

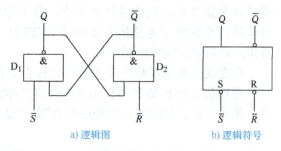

a) 逻辑图　　　　b) 逻辑符号

图 5-2　与非门组成的基本 RS 触发器

在基本 RS 触发器中，触发器的输出不仅由触发信号来决定，而且当触发信号消失后，电路能依靠自身的反馈作用将输出状态保持下来，即具有记忆的功能。具体工作过程如下：

1）当 $\bar{S}=1$、$\bar{R}=1$ 时，触发器将保持原来的状态不变。例如，触发器的初始状态为 0 态，即 $Q=0$、$\bar{Q}=1$ 时，则 Q 反馈到 D_2 门输入端，将 D_2 门封锁，使 $\bar{Q}$ 恒为 1；$\bar{Q}$ 反馈到 D_1 门输入端，使 D_1 门的两个输入端全为 1，则 Q 恒为 0，即触发器仍将保持 0 态。若触发器的初始状态为 1 态，即 $Q=1$、$\bar{Q}=0$ 时，则 $\bar{Q}$ 反馈到 D_1 门输入端，将 D_1 门封锁，使 Q 恒为 1；Q 反馈到 D_2 门输入端，使 D_2 门的两个输入端全为 1，则 $\bar{Q}$ 恒为 0，即触发器仍将保持 1 态。

2）当 $\bar{S}=1$、$\bar{R}=0$ 时，触发器将置 0。当 $\bar{S}=1$、$\bar{R}=0$ 时，D_2 门被封锁，使 $\bar{Q}$ 恒为 1；D_1 门的两个输入全为 1，则 Q 恒为 0，即触发器被置为 0 态。$\bar{R}$ 又称为置 0 端或复位 (reset) 端。

3）当 $\bar{S}=0$、$\bar{R}=1$ 时，触发器将置 1。当 $\bar{S}=0$、$\bar{R}=1$ 时，D_1 门被封锁，使 Q 恒为 1；D_2 门的两个输入全为 1，则 $\bar{Q}$ 恒为 0，即触发器被置为 1 态。$\bar{S}$ 又称为置 1 端或置位 (set) 端。

4）当 $\bar{S}=0$、$\bar{R}=0$ 时，输出状态不能确定。当 $\bar{S}=0$、$\bar{R}=0$ 时，D_1 门和 D_2 门都被封锁，使 $Q=\bar{Q}=1$，既不是 0 态，也不是 1 态，在实际应用中，这种情况是不允许出现的，因为当触发信号消失后（即 $\bar{S}$ 和 $\bar{R}$ 同时变为 1），输出状态是 0 态还是 1 态是由 D_1 门和 D_2 门延迟时间的快慢来决定的，故输出状态不能确定。使用时通常使用约束条件来避免这种情况出现。

描述触发器的逻辑功能时，为了分析方便，规定触发器接收触发信号之前的原稳定状态称为现态（present）或初态，用 Q^n 表示，触发器接收触发信号之后新建的稳定状态称为次态（next state），用 Q^{n+1} 表示。由上述分析可知，触发器的次态 Q^{n+1} 是由触发信号和现态 Q^n 的取值情况确定的。

描述触发器逻辑功能的方法很多，特性表、特性方程和时序图是最常用的形式，可以根据不同场合选择使用。

可以通过扫描二维码学习描述触发器逻辑功能的方法。

1）特性表。将触发器的次态与触发信号和现态之间的关系列成表格，就得到触发器的特性表（characteristic table）。由与非门构成的基本 RS 触发器的特性表见表 5-1。

触发器的功能描述

表 5-1　由与非门构成的基本 RS 触发器的特性表

$\bar{R}$	$\bar{S}$	Q^n	Q^{n+1}	功能
0	0	0	×	不允许
0	0	1	×	
0	1	0	0	置 0
0	1	1	0	
1	0	0	1	置 1
1	0	1	1	
1	1	0	0	保持
1	1	1	1	

注：表中的 × 表示任意值，可以取 0，也可以取 1。

2）特性方程。触发器次态与现态和输入、输出之间的逻辑关系用表达式的方式给出时，该表达式就称为触发器的特性方程（characteristic equation）。根据表 5-1 可画出基本 RS 触发器的卡诺图，如图 5-3 所示。

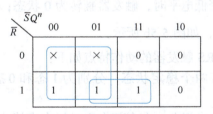

图 5-3　基本 RS 触发器的卡诺图

由图 5-3 可以写出基本 RS 触发器的特性方程为

$$\begin{cases} Q^{n+1} = S + \bar{R}Q^n \\ \bar{R} + \bar{S} = 1 \text{（约束条件）} \end{cases} \quad (5\text{-}1)$$

3）时序图。时序图（sequential diagram）以输出状态随时间变化的波形图的方式来描述触发器的逻辑功能。假设基本 RS 触发器的初始状态为 0 态，触发信号 $\bar{S}$ 和 $\bar{R}$ 的波形已知，则根据基本 RS 触发器的逻辑功能可画出波形，如图 5-4 所示。

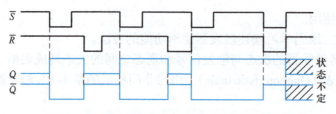

图 5-4　由与非门构成的基本 RS 触发器时序图

【例 5-1】设由与非门构成的基本 RS 触发器的初始状态为 0，已知输入 $\overline{R}$、$\overline{S}$ 的波形图如图 5-5a 所示，试画出两输出端 Q 和 $\overline{Q}$ 波形图。

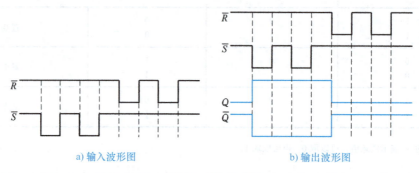

a）输入波形图　　　　　　　　b）输出波形图

图 5-5　例 5-1 图

解： 由表 5-1 知，当 $\overline{R}$、$\overline{S}$ 都为高电平时，触发器保持原状态不变；当 $\overline{S}$ 变低电平时，触发器翻转为 1 状态；当 $\overline{R}$ 变低电平时，触发器翻转为 0 状态；不允许 $\overline{R}$、$\overline{S}$ 同时为低电平。由此可画出 Q 和 $\overline{Q}$ 的波形图，如图 5-5b 所示。

由以上分析可得，基本 RS 触发器的动作特点如下：

1）基本 RS 触发器具有两个稳定状态，分别为 1 态和 0 态，故又称为双稳态触发器（bistable flip-flop）。

2）输入信号直接加在输出门上，在全部作用时间内直接改变输出状态，也就是说输出状态直接受输入信号的控制，故而基本 RS 触发器又称为直接置位 - 复位触发器。

3）没有外加触发信号作用时，触发器保持原有状态不变，具有记忆作用。

基本 RS 触发器的输出状态由触发信号直接控制，而在实际应用时，常常要求触发器能在某一指定时刻按触发信号所决定的状态翻转，这一要求可以通过外加一个时钟脉冲控制端来实现。由时钟脉冲控制的触发器称为钟控触发器。钟控触发器根据控制方式的不同分为同步触发器、主从触发器和边沿触发器。这些触发器是在基本 RS 触发器的输入端加入不同的引导门和控制门实现的。其中，同步触发器是采用电平触发方式，在 CP（时钟脉冲）有效的时间内，如果输入信号发生变化，触发器的状态会随之发生多次翻转，这种现象称为空翻现象。而边沿触发器（edge flip-flop）仅在 CP 的上升沿（rise edge）或下降沿（fall edge）接收输入信号，然后触发器按逻辑功能的要求改变状态，在时钟脉冲的其他时刻，触发器都处于保持状态，有效地解决了空翻问题，提高了触发器的可靠性，增强了触发器的抗干扰能力，在电子技术中得到了广泛的应用。

（2）边沿触发器　边沿触发器有多种型号的集成电路产品可供选择使用。按触发器翻转所对应时刻的不同，可把边沿触发器分为 CP 上升沿触发和 CP 下降沿触发。按触发器实现的逻辑功能不同，可把边沿触发器分为边沿 D 触发器和边沿 JK 触发器。

边沿 D 触发器的逻辑功能可扫描二维码观看视频学习。

边沿 D 触发器

1）集成边沿 D 触发器。集成边沿 D 触发器在电子技术中已广泛应用。74LS74 是常用的 TTL 集成边沿 D 触发器，CD4013 是常用的 CMOS 集成边沿 D 触发器。

74LS74 为双上升沿 D 触发器，其引脚排列和逻辑符号如图 5-6 所示。图中，$\overline{R_D}$ 和 $\overline{S_D}$ 为直接置 0 端和直接置 1 端，低电平有效。

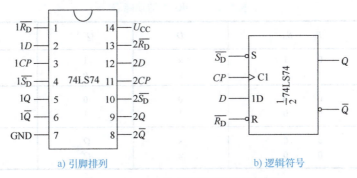

a) 引脚排列　　　　　　b) 逻辑符号

图 5-6　74LS74 的引脚排列及逻辑符号

74LS74 的功能表见表 5-2。

表 5-2　74LS74 的功能表

CP	$\overline{R_D}$	$\overline{S_D}$	D	Q^{n+1}	功能
×	0	1	×	0	异步置 0
×	1	0	×	1	异步置 1
↑	1	1	0	0	置 0
↑	1	1	1	1	置 1
0	1	1	×	Q^n	保持
1	1	1	×	Q^n	

CD4013 为双上升沿 D 触发器，其引脚排列和逻辑符号如图 5-7 所示。图中，R_D 和 S_D 为直接置 0 端和直接置 1 端，高电平有效。

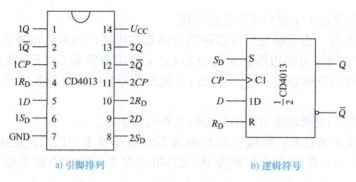

图 5-7 CD4013 的引脚排列及逻辑符号

CD4013 的功能表见表 5-3。

表 5-3 CD4013 的功能表

CP	R_D	S_D	D	Q^{n+1}	功能
×	0	1	×	1	异步置 1
×	1	0	×	0	异步置 0
↑	0	0	0	0	置 0
↑	0	0	1	1	置 1
0	0	0	×	Q^n	保持
1	0	0	×	Q^n	

由表 5-2 和表 5-3 可得上升沿触发的 D 触发器特性方程为

$$Q^{n+1} = D \text{（}CP \text{ 的上升沿到来时刻有效）} \tag{5-2}$$

上升沿触发的 D 触发器时序图如图 5-8 所示。

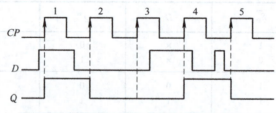

图 5-8 上升沿触发的 D 触发器时序图

除了上述上升沿触发的 D 触发器外，还有在 CP 下降沿时刻触发的 D 触发器，其逻辑符号上的 C1 端有小圆圈。

2）集成边沿 JK 触发器。集成边沿 JK 触发器在电子技术中应用也十分广泛。74LS112 是常用的 TTL 集成边沿 JK 触发器，CD4027 是常用的 CMOS 集成边沿 JK 触发器。

边沿 JK 触发器的逻辑功能可扫描二维码观看视频学习。

74LS112 是 TTL 双下降沿触发的集成 JK 触发器，其引脚排列及逻辑符号

JK 触发器

如图 5-9 所示。图中，$\overline{R}_D$ 和 $\overline{S}_D$ 为直接置位端和直接复位端，低电平有效。

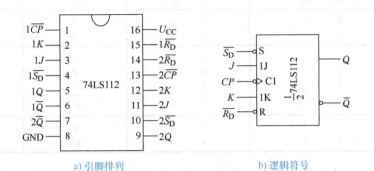

图 5-9 74LS112 的引脚排列及逻辑符号

74LS112 的功能表见表 5-4。

表 5-4 74LS112 的功能表

CP	$\overline{R}_D$	$\overline{S}_D$	J	K	Q^{n+1}	功能
×	0	1	×	×	0	异步置 0
×	1	0	×	×	1	异步置 1
↓	1	1	0	0	Q^n	保持
↓	1	1	0	1	0	置 0
↓	1	1	1	0	1	置 1
↓	1	1	1	1	$\overline{Q}^n$	翻转
0	1	1	×	×	Q^n	保持
1	1	1	×	×	Q^n	

根据表 5-4 可知，对于下降沿触发的 JK 触发器，其特性方程在 CP 下降沿到来时才有效，即

$$Q^{n+1} = J\overline{Q}^n + \overline{K}Q^n \quad （CP \text{下降沿到来时刻有效}） \tag{5-3}$$

若是上升沿触发的 JK 触发器，则特性方程在 CP 上升沿到来时才有效。

CD4027 就是一种常用的双上升沿触发的 JK 触发器，其引脚排列及逻辑符号如图 5-10 所示。图中，R_D 和 S_D 为直接复位端和直接置位端，高电平有效。

CD4027 的功能表见表 5-5。

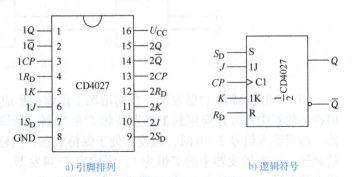

图 5-10 CD4027 的引脚排列图及逻辑符号

表 5-5 CD4027 的功能表

CP	R_D	S_D	J	K	Q^{n+1}	功能
×	0	1	×	×	1	异步置 1
×	1	0	×	×	0	异步置 0
↑	1	1	0	0	Q^n	保持
↑	1	1	0	1	0	置 0
↑	1	1	1	0	1	置 1
↑	1	1	1	1	$\overline{Q^n}$	翻转
0	1	1	×	×	Q^n	保持
1	1	1	×	×	Q^n	

【例 5-2】边沿 JK 触发器的逻辑符号和输入电压波形如图 5-11 所示，试画出触发器 Q 和 $\overline{Q}$ 端所对应的电压波形。设触发器的初始状态为 0 态。

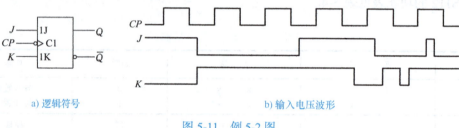

a) 逻辑符号　　　　　　　　b) 输入电压波形

图 5-11　例 5-2 图

解： 图 5-11a 所示为下降沿触发的 JK 触发器，根据表 5-4 或其特性方程可画出 Q 和 $\overline{Q}$ 端所对应的电压波形，如图 5-12 所示。

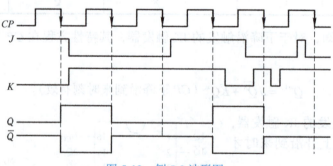

图 5-12　例 5-2 波形图

（3）T 触发器和 T′触发器　目前市场上出售的集成触发器多为 JK 触发器和 D 触发器，但在计数器中经常还要用到 T 触发器和 T′触发器。所谓 T 触发器，是一种受控计数型触发器，即当输入信号 $T=0$ 时，触发器处于保持状态，当输入信号 $T=1$ 时，CP 到来，触发器就翻转。令 T 触发器中的 T 恒为 1，则构成 T′触发器。T 触发器和 T′触发器没有现成的集成电路产品，通常是由 JK 触发器或 D 触发器构成。

将 JK 触发器的 J 与 K 相连，作为一个新的输入端 T，就构成了 T 触发器，如图 5-13a 所示。将 $J=K=T$ 代入 JK 触发器的特性方程，便得到 T 触发器的特性方程，即

$$Q^{n+1} = T\overline{Q^n} + \overline{T}Q^n \quad (CP \text{下降沿有效}) \tag{5-4}$$

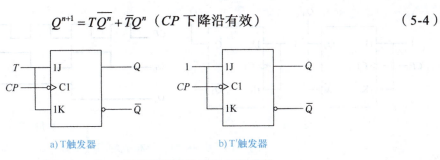

a) T触发器　　　　　　　　　b) T'触发器

图 5-13　由 JK 触发器构成的 T 和 T' 触发器

由式（5-4）可知 T 触发器有如下功能：当 $T = 1$ 时，$Q^{n+1} = \overline{Q^n}$，每输入一个 CP，触发器的状态变化一次，具有翻转功能；当 $T = 0$ 时，$Q^{n+1} = Q^n$，输入 CP 时，触发器保持原来状态不变，具有保持功能。

将 T 触发器的输入端接至高电平，即 $T = 1$，就构成 T' 触发器，如图 5-13b 所示。在 CP 作用下，触发器实现翻转功能。其特征方程为

$$Q^{n+1} = T\overline{Q^n} + \overline{T}Q^n = \overline{Q^n} \quad (CP \text{下降沿有效}) \tag{5-5}$$

根据式（5-5）可画出图 5-13b 所示 T' 触发器的时序图，如图 5-14 所示。由图 5-14 可见，输出波形 Q 的频率是 CP 频率的 1/2。

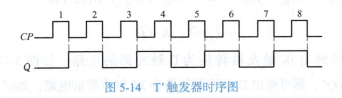

图 5-14　T' 触发器时序图

根据式（5-5）可画出由 D 触发器构成的 T 触发器和 T' 触发器，如图 5-15 所示。

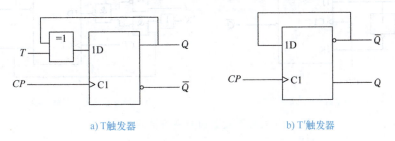

a) T触发器　　　　　　　　　b) T'触发器

图 5-15　由 D 触发器构成的 T 触发器和 T' 触发器

由以上分析可知，一个 T' 触发器实际上就是一个二分频器，n 个 T' 触发器则可以构成 2^n 分频器，其中，CP 加到最低位触发器，其他各级触发器由相邻低位触发器的输出状态变化来触发。

图 5-16a 所示为由两个 JK 触发器构成的四分频器，图 5-16b 为其时序图。

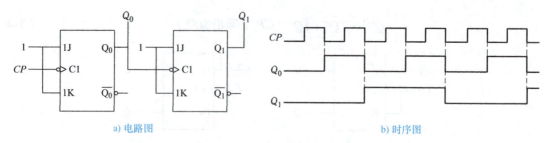

图 5-16 由 JK 触发器构成的四分频器

电路的工作过程如下：每个 JK 触发器接成 T′ 触发器的形式，低位 JK 触发器的输出端 Q_0 接高位触发器的 CP 端，这样每来一个 CP 的下降沿，低位 JK 触发器翻转一次，Q_0 的频率是 CP 的一半，即对 CP 进行了二分频；而高位触发器是在 Q_0 的下降沿来时发生翻转，即每来一个 Q_0 脉冲的下降沿，高位 JK 触发器翻转一次，Q_1 的频率是 Q_0 的一半，是 CP 的 1/4，即对 CP 进行了四分频。

（4）JK 触发器和 D 触发器的相互转换　实际应用中，经常要利用手中仅有的单一品种触发器去完成其他触发器的逻辑功能，这就需要将不同类型触发器之间的逻辑功能进行转换，即在具有某种逻辑功能的触发器的触发信号输入端加入组合逻辑转换电路，从而完成另一类型触发器的逻辑功能。

D 触发器的特性方程为 $Q^{n+1}=D$，JK 触发器的特性方程为 $Q^{n+1}=J\overline{Q^n}+\overline{K}Q^n$，使这两个特性方程相等，即 $Q^{n+1}=J\overline{Q^n}+\overline{K}Q^n=D=D\overline{Q^n}+DQ^n$，由此可得

$$J=D,\quad K=\overline{D} \tag{5-6}$$

由式（5-6）可画出 JK 触发器转换为 D 触发器的电路，如图 5-17a 所示。如果令 $Q^{n+1}=D=J\overline{Q^n}+\overline{K}Q^n$，则可画出 D 触发器转换为 JK 触发器的电路，如图 5-15b 所示。

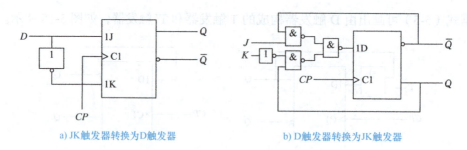

图 5-17 JK 触发器和 D 触发器的相互转换

考一考

一、填空题

（1）由与非门构成的基本 RS 触发器逻辑图如图 5-2a 所示，则当 $\overline{S}=1$、$\overline{R}=1$ 时，$Q^{n+1}=$ _____；当 $\overline{S}=1$、$\overline{R}=0$ 时，$Q^{n+1}=$ _____；当 $\overline{S}=0$、$\overline{R}=1$ 时，$Q^{n+1}=$ _____。

（2）上升沿触发的 D 触发器的特性方程为＿＿＿＿＿＿＿＿＿＿＿＿＿＿＿＿＿。
（3）下降沿触发的 JK 触发器的特性方程为＿＿＿＿＿＿＿＿＿＿＿＿＿＿＿。
（4）下降沿触发的 T 触发器的特性方程为＿＿＿＿＿＿＿＿＿＿＿＿＿＿＿＿。

二、判断题
（1）规定触发器接收触发信号之前的原稳定状态称为次态。（　）
（2）边沿触发器是一种能防止空翻现象的触发器。（　）
（3）仅具有翻转功能的触发器是 T 触发器。（　）
（4）将 JK 触发器的 J、K 端连接在一起作为输入端，就构成 D 触发器。（　）

>>> 练一练

一、基本 RS 触发器功能测试
用与非门 74LS00 组成如图 5-2a 所示的基本 RS 触发器。按表 5-6 测试其逻辑功能，完成后保留电路。最后两项反复操作几遍，看 R 与 S 同时从"0"变为"1"后，Q 的状态是否一致。

表 5-6　基本 RS 触发器功能测试

$\bar{R}$	$\bar{S}$	Q	$\bar{Q}$	功能
0	0			
0	1			
1	0			
1	1			

二、集成触发器应用测试
按图 5-16a 所示电路和 74LS112 的引脚排列图接线。电路输入 1kHz 脉冲波，用示波器同步观察 CP、Q_0、Q_1 的波形，注意时钟信号和各波形的时序对应关系。记录波形时先观察 CP 与 Q_0，然后对照 Q_0 记录 Q_1。

2. 多谐振荡器

多谐振荡器在数字系统中常用作矩形脉冲源，作为时序电路的时钟信号。所谓多谐，是指电路所产生的矩形脉冲中含有许多高次谐波。所谓振荡，是指电路没有稳定的状态，只具有两个暂稳态，在自身因素的作用下，电路在两个暂稳态之间来回转换，因此它不需外加触发信号便能产生一系列矩形脉冲。

多谐振荡器的种类很多，下面是 4 种不同形式的多谐振荡器。
（1）由门电路构成的多谐振荡器　由门电路构成的多谐振荡器有很多种形式。图 5-18 所示为由 CMOS 门电路构成的一种比较简单的多谐振荡电路。

假设 u_o 为低电平，则非门 D_2 的输入端为高电平，经过 R 对 C 充电，C 的电压上升，直到非门 D_1 输入端的电压达到翻转电压，此时非门 D_1 的输出端变为低电平，u_o 变为高电平。

此时，输出端 u_o、C、R、非门 D_2 的输入端极性翻转，相对于之前变为放电回路，然后转为反向充电，C 的电压下降，直到非门 D_1 输入端的电压达到翻转电压，此时非门 D_1 的输出端变为高电平，u_o 变为低电平。

如此循环，形成振荡，在输出端 u_o 输出方波。在图 5-18 中，若 CMOS 门电路的阈值电压 $U_{TH} = U_{CC}/2$，则振荡周期为

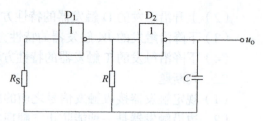

图 5-18 CMOS 门电路构成的多谐振荡电路

$$T \approx 2.2RC \tag{5-7}$$

R_S 用于稳定振荡频率，其值为 $(6 \sim 10)R$。

图 5-19a 所示为由门电路构成的对称式多谐振荡器。D_1 和 D_2 是两个反相器，C_1 和 C_2 是两个耦合电容器，$C_1 = C_2 = C$，R_{f1} 和 R_{f2} 是两个反馈电阻器，且 $R_{f1} = R_{f2} = R_f$，反相器 D_3 为整形缓冲电路。

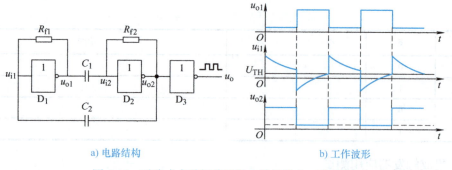

a) 电路结构　　　　　　　　　　　b) 工作波形

图 5-19 对称式多谐振荡器的电路结构和工作波形

电路通电后，假设某种扰动使 u_{i1} 有微小的正跳变，则通过非门 D_1 使 u_{o1} 迅速跳变为低电平，在电容器 C_1 的耦合下，u_{i2} 也迅速跳变为低电平，则 u_{o2} 跳变为高电平，电路进入第一个暂稳态，即 $u_{o1} = 0$，$u_{o2} = 1$。

此时，u_{i1} 的高电平经 R_{f1}、C_1 开始放电，u_{i1} 下降，当 u_{i1} 下降到非门 D_1 的阈值电压 U_{TH} 时，u_{o1} 由低电平跳变为高电平，在电容器 C_1 的耦合下，u_{i2} 也迅速跳变为高电平，则 u_{o2} 跳变为低电平，电路进入第二个暂稳态，即 $u_{o1} = 1$，$u_{o2} = 0$。

接着，u_{o1} 的高电平经 R_{f2}、C_2 开始对 C_2 充电，u_{i1} 上升，当 u_{i1} 上升到非门 D_1 的阈值电压 U_{TH} 时，u_{o1} 由高电平跳变为低电平，在电容器 C_1 的耦合下，u_{i2} 也迅速跳变为低电平，则 u_{o2} 跳变为高电平，电路又进入第一个暂稳态，即 $u_{o1} = 0$，$u_{o2} = 1$。

此后，电路重复上述过程，使两个暂稳态相互交替，从而输出周期性的矩形脉冲。对称式多谐振荡器的工作波形如图 5-19b 所示。

在图 5-19 中，若 CMOS 门电路的阈值电压 $U_{TH} = U_{CC}/2$，则振荡周期为

$$T \approx 1.4R_fC \tag{5-8}$$

（2）由 555 定时器构成的多谐振荡器　555 定时器又称为时基电路，是一种用途很广

泛的集成电路。若在其外部配上少许阻容元件，便能构成各种不同用途的脉冲电路，如多谐振荡器、单稳态触发器以及施密特触发器等。同时，由于它的性能优良，使用灵活方便，在工业自动控制、家用电器和电子玩具等许多领域得到了广泛的应用。

1) 555 定时器的结构和工作原理。集成 555 定时器产品有 TTL 型和 CMOS 型，TTL 型产品型号为 555（单定时器）和 556（双定时器）；CMOS 型产品型号为 7555（单定时器）和 7556（双定时器）。TTL 型定时器的电源电压为 4.5～18V，输出电流较大（200mA），能直接驱动继电器等负载，并能提供与 TTL、CMOS 电路相容的逻辑电平；而 CMOS 型定时器功耗低，适用电源电压范围宽（通常为 3～18V），定时元件的选择范围大，输出电流比双极型小。但二者的逻辑功能与外部引脚排列完全相同。

图 5-20a 所示为一种典型 555 定时器的电路结构图。它由一个基本 RS 触发器，两个电压比较器 A_1、A_2 和一个放电晶体管 VT 组成。两个电压比较器的参考电位由 3 个 5kΩ 的内部精密电阻器供给，故称 555 定时器。图 5-20b 为其引脚排列。

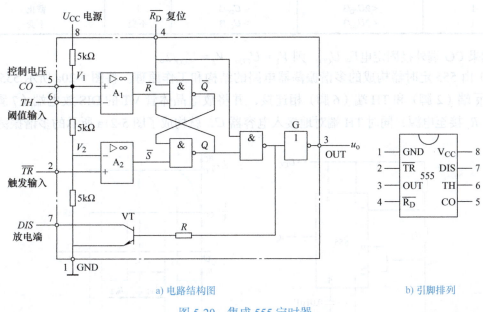

a) 电路结构图　　　　　　　　　　b) 引脚排列

图 5-20　集成 555 定时器

在图 5-20a 中，TH（6 脚）和 $\overline{TR}$（2 脚）是 555 定时器的两个输入端，其中 TH 是电压比较器 A_1 的反相输入端（也称阈值端），$\overline{TR}$ 是电压比较器 A_2 的同相输入端（也称为触发端）。$\overline{R_D}$（4 脚）是复位端，低电平有效，正常工作时应接高电平。DIS（7 脚）是放电端，其导通或关断为外接 RC 回路提供了充、放电通路。

由图 5-20a 可知，加上电源 U_{CC} 后，当控制端 CO（5 脚）悬空时，电压比较器 A_1 的同相输入端参考电位为 $V_1 = 2U_{CC}/3$，电压比较器 A_2 的反相输入端参考电位为 $V_2 = U_{CC}/3$。电路工作原理如下：

① 当 $U_{TH} > 2U_{CC}/3$、$U_{TR} > U_{CC}/3$ 时，A_1 输出 $\overline{R} = 0$，A_2 输出 $\overline{S} = 1$，触发器复位，$Q = 0$，放电晶体管 VT 导通，输出 $u_o = 0$。

② 当 $U_{TH} < 2U_{CC}/3$、$U_{TR} < U_{CC}/3$ 时，A_1 输出 $\overline{R} = 1$，A_2 输出 $\overline{S} = 0$，触发器置位，$Q = 1$，放电晶体管 VT 截止，输出 $u_o = 1$。

③ 当 $U_{TH} < 2U_{CC}/3$、$U_{TR} > U_{CC}/3$ 时，A_1 输出 $\overline{R} = 1$，A_2 输出 $\overline{S} = 1$，触发器保持原来的状态不变，放电晶体管 VT 的状态和输出 u_o 也保持不变。

通常又称 TH 端为高触发端，$\overline{TR}$ 端为低触发端。

根据上述分析，可以把 555 定时器的逻辑功能归纳为表 5-7。

表 5-7 555 定时器功能表

输入			输出	
$\overline{R_D}$	TH	$\overline{TR}$	u_o	放电晶体管 VT
0	×	×	0	导通
1	$> 2U_{CC}/3$	$> U_{CC}/3$	0	导通
1	$< 2U_{CC}/3$	$< U_{CC}/3$	1	截止
1	$< 2U_{CC}/3$	$> U_{CC}/3$	不变	不变

如果 CO 端外接固定电压 U_{CO}，则 $V_1 = U_{CO}$，$V_2 = U_{CO}/2$。

2）由 555 定时器构成的多谐振荡器电路的结构和工作原理。将图 5-20a 所示 555 定时器的 $\overline{TR}$ 端（2 脚）和 TH 端（6 脚）相连接，并将放电晶体管 VT 的 DIS 放电端（7 脚）经电阻器 R_1 接至电源，同时 TH 端对地接入电容器 C，就构成了图 5-21a 所示的多谐振荡器。

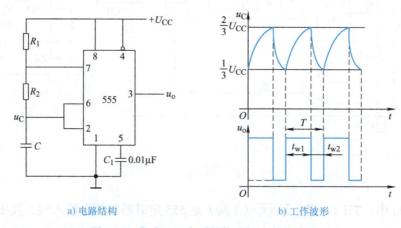

a) 电路结构　　　　b) 工作波形

图 5-21　集成 555 定时器构成的多谐振荡器

电路的工作原理如下：

电源接通后，$+U_{CC}$ 经 R_1、R_2 给电容器 C 充电，使 u_C 逐渐升高，当 u_C 上升到略超过 $2U_{CC}/3$ 时，$U_{TH} > 2U_{CC}/3$、$U_{TR} > 2U_{CC}/3$，输出 $u_o = 0$。同时，放电晶体管 VT 饱和导通，电路进入第一暂稳态。

随后，C 经 R_2 及 DIS 端内导通的放电晶体管 VT 到地放电，u_C 迅速下降。当 u_C 下降到略低于 $U_{CC}/3$ 时，$U_{TH} < U_{CC}/3$、$U_{TR} < U_{CC}/3$，输出 $u_o = 1$，同时放电晶体管 VT 截止，电路进入第二暂稳态。

由于放电晶体管 VT 截止，电容器再次充电，其电位再次上升，如此循环下去，输出端 u_o 就连续输出矩形脉冲，电路的输出波形如图 5-21b 所示。

由图 5-21b 可见，电容器充电时，多谐振荡器输出高电平，输出脉冲宽度 t_{w1} 等于电容器 C 两端的电压由 $U_{CC}/3$ 充电到 $2U_{CC}/3$ 所需的时间；电容器放电时，多谐振荡器输出低电平，放电时间 t_{w2} 等于电容器 C 两端的电压由 $2U_{CC}/3$ 放电到 $U_{CC}/3$ 所需的时间。根据 RC 电路的过渡过程三要素可以计算出 t_{w1}、t_{w2} 的值为

$$t_{w1} = (R_1 + R_2)C \ln \frac{U_{CC} - \frac{1}{3}U_{CC}}{U_{CC} - \frac{2}{3}U_{CC}} \approx 0.7(R_1 + R_2)C \tag{5-9}$$

$$t_{w2} = R_2 C \ln \frac{0 - \frac{2}{3}U_{CC}}{0 - \frac{1}{3}U_{CC}} \approx 0.7 R_2 C \tag{5-10}$$

则振荡周期为

$$T = t_{w1} + t_{w2} \approx 0.7(R_1 + 2R_2)C \tag{5-11}$$

振荡频率为

$$f = \frac{1}{T} = \frac{1}{0.7(R_1 + 2R_2)C} \approx \frac{1.43}{(R_1 + 2R_2)C} \tag{5-12}$$

占空比为

$$q = \frac{t_{w1}}{T} \times 100\% \approx \frac{0.7(R_1 + R_2)C}{0.7(R_1 + 2R_2)C} \approx \frac{R_1 + R_2}{R_1 + 2R_2} \times 100\% \tag{5-13}$$

（3）占空比可调的多谐振荡器 在图 5-21a 所示的电路中，一旦定时元件 R_1、R_2、C 确定以后，输出正脉冲的宽度 t_{w1} 及波形的周期 T 就不再改变，即输出波形的占空比 $q = t_{w1}/T$ 不变。若将图 5-21a 中的充放电回路分开，并接入调节元器件，如图 5-22 所示，就构成一个占空比可调的多谐振荡器，其调节范围为 10% ～ 90%。

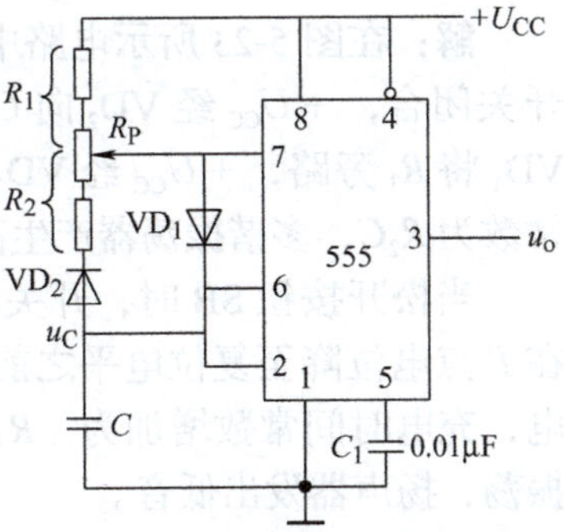

电路中增加了两个导引电容器充放电的二极管 VD_1、VD_2 和一个电位器 R_P，则充电回路变为 $U_{CC} \rightarrow R_1 \rightarrow VD_1 \rightarrow C \rightarrow$ 地，放电回路变为 $C \rightarrow VD_2 \rightarrow R_2 \rightarrow DIS \rightarrow$ 地。

图 5-22 占空比可调的多谐振荡器

忽略二极管正向导通电阻时，可以估算出：

$$t_{w1} \approx 0.7 R_1 C$$

$$t_{w2} \approx 0.7 R_2 C$$

$$T = t_{w1} + t_{w2} \approx 0.7(R_1 + R_2)C \tag{5-14}$$

$$q = \frac{t_{w1}}{T} \times 100\% \approx \frac{R_1}{R_1 + R_2} \times 100\% \tag{5-15}$$

当调节 R_P 时,由于电阻 $R_1 + R_2$ 不变,故不影响周期,但 R_1、R_2 发生了改变,则 t_{w1}、t_{w2} 发生改变,故占空比发生改变。

555 定时器构成的两种多谐振荡器电路可以扫描二维码观看视频理解。

利用 555 定时器构成的多谐振荡器控制音频振荡,用扬声器发声报警,可用于火警或热水温度报警,电路简单、调试方便。

555 多谐振荡器

【例 5-3】图 5-23 所示为用 555 定时器构成的电子双音门铃电路,试分析其工作原理。

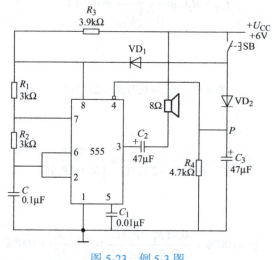

图 5-23 例 5-3 图

解: 在图 5-23 所示电路中,由 555 定时器构成了一个多谐振荡器。当按下按钮 SB 时,开关闭合,$+U_{CC}$ 经 VD_2 向 C_3 充电,P 点(4 脚)电位迅速升至 $+U_{CC}$,复位解除;由于 VD_1 将 R_3 旁路,$+U_{CC}$ 经 VD_1、R_1、R_2 向 C 充电,充电时间常数为 $(R_1 + R_2)C$,放电时间常数为 R_2C,多谐振荡器产生高频振荡,扬声器发出高音。

当松开按钮 SB 时,开关断开,由于电容器 C_3 储存的电荷经 R_4 放电要维持一段时间,在 P 点电位降至复位电平之前,电路将继续维持振荡。但此时 $+U_{CC}$ 经 R_3、R_1、R_2 向 C 充电,充电时间常数增加为 $(R_3 + R_1 + R_2)C$,放电时间常数仍为 R_2C,多谐振荡器产生低频振荡,扬声器发出低音。

当电容器 C_3 持续放电,使 P 点电位降至 555 的复位电平以下时,多谐振荡器停止振荡,扬声器停止发声。

调节相关参数,可以改变高、低音发声频率以及低音维持时间。

(4) 石英晶体多谐振荡器 石英晶体的频率稳定性非常高,误差只有 $10^{-11} \sim 10^{-6}$,因此在频率稳定性要求较高的场合多采用石英晶体振荡器。图 5-24 所示为几种常见的石英晶体多谐振荡器，电路的振荡频率仅取决于石英晶体的固有谐振频率 f_0，而与 RC 的值基本无关。

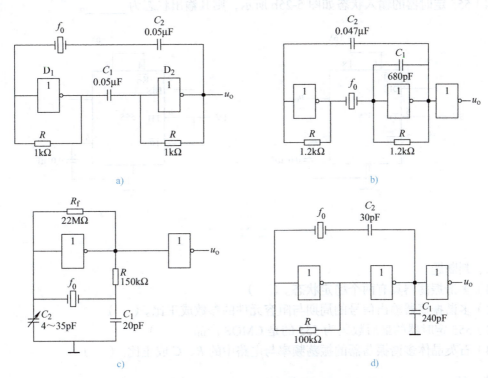

图 5-24 常见的石英晶体多谐振荡器

图 5-24a 所示为在对称式多谐振荡器的反馈支路中串入石英晶体后构成的一种石英晶体振荡器。两级反相器 D_1、D_2 首尾相接，构成正反馈系统，D_1 到 D_2 是经电容器 C_1 耦合，D_2 到 D_1 是经 C_2 和石英晶体耦合，电阻器 R 的作用是使反相器工作在线性放大区。当电路接通电源 U_{CC} 后，在反相器 D_2 输出 u_o 的噪声信号中，经过石英晶体只选出频率为 f_s 的正弦信号，经 D_1、D_2 反相器正反馈放大后，u_o 幅值达到最大，使正弦波削顶失真，近似方波输出，即形成多谐振荡器。电路的振荡频率 f_0 由石英晶体振荡器的 f_s 来决定，C_2 用来微调振荡频率。

图 5-24a 所示电路中 f_0 通常为几兆赫到几十兆赫。图 5-24b～d 是另外几种常见的石英晶体振荡器，其中图 5-24b 中的 $f_0=100\text{kHz}$；图 5-24c、d 中的 $f_0=32768\text{Hz}=2^{15}\text{Hz}$，常用作数字电子钟中的时标信号。将 $f_0=32768\text{Hz}=2^{15}\text{Hz}$ 的时标信号进行 15 级二分频或将 $f_0=100\text{kHz}$ 的时标信号进行 5 级十分频即可得到秒脉冲信号。触发器和计数器可以实现分频的作用。

考一考

一、填空题

（1）多谐振荡器是能够产生_____波的自激振荡器。

（2）为了获得频率稳定性很高的脉冲信号，目前普遍采用的一种稳频方法是在多谐振荡器中加入_____，构成_____振荡器。

（3）555 定时器的输入状态如图 5-25a 所示，则其输出状态为_____。

（4）555 定时器的输入状态如图 5-25b 所示，则其输出状态为_____。

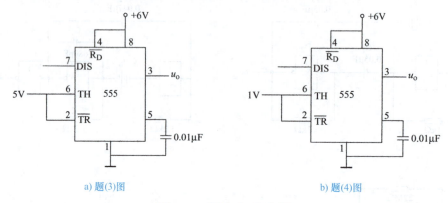

a) 题(3)图　　　　　　　　　　　　b) 题(4)图

图 5-25　题（3）、（4）图

二、判断题

（1）多谐振荡器具有两个稳定状态。（　　）

（2）多谐振荡器输出信号的周期与阻容元件的参数成正比。（　　）

（3）555 定时器的最后数码为 555 的是 CMOS 产品。（　　）

（4）石英晶体多谐振荡器的振荡频率与电路中的 R、C 成正比。（　　）

练一练　555 定时器应用测试

（1）按图 5-21a 连接电路，其中 R_1 为 10kΩ 电阻器，R_2 由 100kΩ 电位器和 10kΩ 电阻器串联构成，C 为 10μF 的电解电容器。

（2）调节电位器的阻值，用 LED 显示输出端 u_o 的变化情况。

（3）用 555 定时器设计一个频率为 1kHz 的多谐振荡器，给定 $C = 0.1μF$。

（4）按表 5-8 改变 R 与 C 的大小，将电路输出端接示波器，观察输出波形的变化，并将理论值和测量值填入表 5-8，对其误差进行分析。

表 5-8　555 定时器应用测试

参数		测量值	理论值
R/kΩ	C/μF	T/s	T/s
3	0.1		
15	0.1		
3	0.033		

想一想

在数字钟电路中，应该选用哪种振荡电路？为什么？

5.1.3 秒脉冲发生器电路的设计

秒脉冲发生器是由振荡器和分频器构成的。振荡器是数字钟的核心，它的稳定度及频率的准确度决定了数字钟计时的准确程度，通常选用石英晶体构成振荡器电路。目前石英电子钟多采用 32768Hz 的时标信号，其振荡电路可采用图 5-24c 所示电路。如果精度要求不高，也可以采用由集成 555 定时器与 RC 组成的多谐振荡器。

分频器可以由触发器或计数器构成，对于 32768Hz 的时标信号而言，由于 $2^{15} = 32768$，故将该信号进行 15 级二分频后，即可获得秒脉冲信号。图 5-26 所示为由石英晶体振荡器和 T' 触发器构成的秒脉冲发生器。

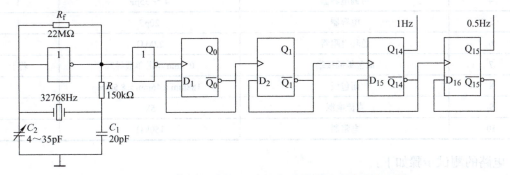

图 5-26 石英晶体振荡器和 T' 触发器构成的秒脉冲发生器

图 5-26 中的每个 D 触发器接成 T' 触发器的形式，低位 D 触发器的反相输出端 $\overline{Q}$ 接高位触发器的 CP 端，也可以将低位 D 触发器的同相输出端 Q 接高位触发器的 CP 端，作为分频器使用时，两者的分频效果相同，但作为计数器使用时，两种接法的计数方式不一样，这一点将在 5.2 节中详细介绍。

如果精度要求不高，也可以采用由 555 定时器与 RC 组成的多谐振荡器。这里设振荡频率 $f_0 = 10^3$Hz，则经过 3 级十分频电路即可得到 1Hz 的标准脉冲。由 555 定时器和计数器构成的秒脉冲发生器如图 5-27 所示。图中，74LS160 为集成十进制计数器，可以实现十分频器的作用。

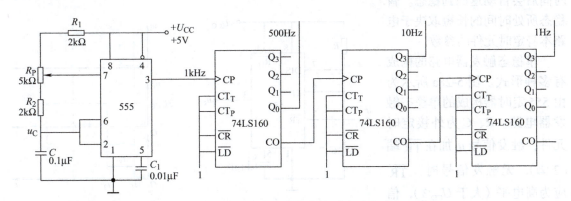

图 5-27 由 555 定时器和计数器构成的秒脉冲发生器

5.1.4 秒脉冲发生器电路的安装与测试

秒脉冲发生器电路所需设备及元器件清单见表 5-9。

表 5-9 秒脉冲发生器电路所需设备及元器件清单

序号	名称	规格、型号	数量
1	集成触发器	74LS74（或 74LS112）	8
2	集成非门	CD4069	1
3	石英晶振	32768Hz	1
4	可调电容器	4～35pF	1
5	电容器	20pF	1
6	色环电阻器	22MΩ	1
7	面包板插接线	0.5mm 单芯单股导线	若干
8	面包板	188mm×46mm×8.5mm	1
9	直流电源	5V	1
10	电阻器	150kΩ	1

电路的测试步骤如下：

1）按图 5-26 安装秒脉冲发生器，D 触发器可选 8 片 74LS74。

2）调节可调电容器 C_2，使石英晶振产生 32768Hz 的矩形脉冲信号。

3）用示波器观察分频器各级输出波形，看各元器件是否正常工作，若都正常工作，分频器输出即为秒脉冲信号。

5.1.5 延伸阅读：单稳态触发器、施密特触发器

1. 单稳态触发器

单稳态触发器与前面介绍的双稳态触发器不同，其特点是：电路有一个稳态和一个暂稳态（transient state）；在外来触发信号作用下，电路由稳态跳变到暂稳态；暂稳态经过一段时间后会自动返回到稳态。暂稳态所处时间的长短取决于电路本身定时元件的参数。

单稳态触发器电路的构成有多种形式。图 5-28a 所示为由 555 定时器构成的单稳态触发器电路。R、C 为外接定时元件，触发信号 u_i 加在 $\overline{TR}$ 端（2 脚），无触发信号时，$\overline{TR}$ 应为高电平（大于 $U_{CC}/3$），信号从 3 脚输出。其工作波形如图 5-28b 所示。

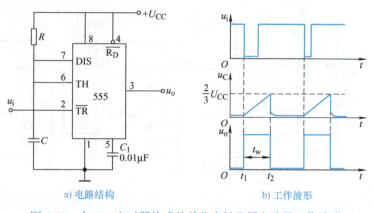

图 5-28 由 555 定时器构成的单稳态触发器电路及工作波形

单稳态触发器的逻辑功能可扫描二维码观看视频并结合下面内容学习。

电路的工作原理如下。

（1）电路的稳态　当电路无触发信号时，u_i 为高电平，接通电源后，$+U_{CC}$ 经 R 给 C 充电，u_C 不断升高。当 $u_C > 2U_{CC}/3$ 时，$u_o = 0$，放电晶体管 VT 饱和导通。随后，C 经 DIS 端（7 脚）迅速放电，使 u_C 迅速减小到 0V，555 定时器内部电压比较器 A_1 和 A_2 均输出为 1，RS 触发器保持 $Q = 0$ 状态，$u_o = 0$，这就是它的稳态。

单稳态触发器

（2）电路的暂稳态　当在输入端加负触发脉冲时，$\overline{TR}$ 端产生负跳变，电路被触发，使 u_o 由低电平跳变为高电平，即 $u_o = 1$，同时放电晶体管 VT 截止，电源 $+U_{CC}$ 经 R 给 C 充电，电路转入暂稳态。

（3）电路自动返回稳态　随着 C 充电，u_C 不断升高。当 $u_C > 2U_{CC}/3$ 时，u_o 由高电平跳变为低电平，同时晶体管 VT 饱和导通。随后，C 经 DIS 端（7 脚）迅速放电，使 u_C 迅速减小到 0V，电路由暂稳态返回至稳态，$u_o = 0$。

由图 5-28b 可见，输出脉冲宽度 t_w 等于电容器 C 由 0V（t_1）开始充电到 $2U_{CC}/3$（t_2）所需要的时间。t_w 可按下式估算：

$$t_w \approx 1.1RC \tag{5-16}$$

式（5-16）说明，单稳态触发器输出脉冲宽度 t_w 仅取决于 R、C 的取值，与输入触发信号和电源电压无关，调节 R、C 的大小，即可调节 t_w。但必须注意，随着 t_w 的宽度增加，它的准确度和稳定度也将下降。

【例 5-4】图 5-29 所示为 555 定时器构成的触摸定时控制开关，试分析其工作原理。

解：在图 5-29 所示电路中，555 定时器接成了一个单稳态触发器，当用手触摸金属片时，由于人体的感应电压，相当于在触发输入端（2 脚）加入了一个负脉冲，电路被触发，转入暂稳态，输出高电平，灯泡被点亮。经过一段时间（t_w）后，电路自动返回稳态，输出低电平，灯泡熄灭。灯泡点亮的时间为 $t_w = 1.1RC$。调节 R、C 的大小，可控制灯泡点亮的时间。

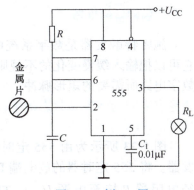

图 5-29　例 5-4 图

除了 555 定时器构成的单稳态触发器外，还有门电路构成的单稳态触发器、集成单稳态触发器可供选择使用，但都要外接 R、C 定时元件。单稳态触发器的逻辑符号如图 5-30 所示。符号中有"1"，代表不可重复触发型单稳态触发器，即一旦被触发进入暂稳态以后，再加入触发脉冲不会影响电路的工作过程，必须在暂稳态结束以后才能接收下一个触发脉冲而转入暂稳态。

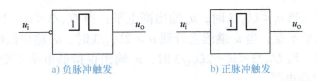

a) 负脉冲触发　　　b) 正脉冲触发

图 5-30　单稳态触发器逻辑符号

单稳态触发器在数字系统中应用很广泛，通常用于脉冲信号的展宽、延时及整形。

脉冲整形就是将不规则的脉冲信号进行处理，使之符合数字系统的要求。单稳态触发器能够把不规则的输入信号整形成为符合要求的标准矩形脉冲，如图 5-31 所示。

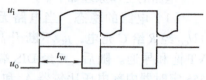

图 5-31　单稳态触发器用于脉冲整形

由于单稳态触发器能产生一定宽度（t_w）的矩形脉冲，若利用此脉冲去控制其他电路，可使其在 t_w 时间内动作（或不动作）。如图 5-32a 所示，利用宽度为 t_w 的矩形脉冲作为与门的控制信号，只有在 t_w 时间内，与门才打开，输入信号才能通过，其他时间与门关闭，输入信号不能通过。电路的输出波形如图 5-32b 所示。

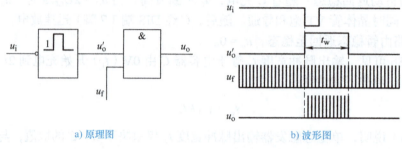

a) 原理图　　　　　　　　　　b) 波形图

图 5-32　单稳态触发器的脉冲定时作用

2. 施密特触发器

施密特触发器是数字系统中常用的电路之一，它可以把输入缓慢变化的不规则波形整形成为适合数字电路所需要的矩形脉冲。它有两个稳态，这两个稳态之间的转换和状态的维持都依赖于外加触发信号。

图 5-33 所示为由 555 定时器构成的施密特触发器。将 555 定时器的放电端 DIS（7 脚）悬空（或经电阻器 R 接至电源 U_{CC}），TH 端（6 脚）和 $\overline{TR}$ 端（2 脚）并在一起接输入信号 u_i，就构成了施密特触发器。

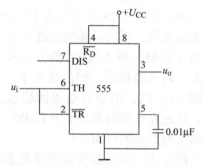

图 5-33　555 定时器构成的施密特触发器

施密特触发器的逻辑功能可扫描二维码观看视频并结合下面内容学习。

电路的工作原理如下：

（1）u_i 上升阶段　　当 $u_i < U_{CC}/3$ 时，u_o 输出高电平；当 $U_{CC}/3 < u_i < 2U_{CC}/3$ 时，u_o 输出保持高电平不变；当 u_i 继续上升到 $u_i > 2U_{CC}/3$ 时，u_o 输出低电平。

施密特触发器

（2）u_i 下降阶段　　当 $U_{CC}/3 < u_i < 2U_{CC}/3$ 时，u_o 输出保持低电平不变；当 u_i 继续下降到 $u_i < U_{CC}/3$ 时，u_o 输出高电平。

可见，这种电路的输出不仅与 u_i 的大小有关，而且还与 u_i 的变化方向有关：u_i 由小变大时，在 $u_i = 2U_{CC}/3$ 时触发翻转，即正向阈值电压为 $U_{T+} = 2U_{CC}/3$。u_i 由大变小时，在 $u_i = U_{CC}/3$ 时才触发翻转，即反向阈值电压为 $U_{T-} = U_{CC}/3$，形成输出对输入的滞后特性。

回差电压为 $\Delta U_T = U_{CC}/3$。

由 555 定时器构成的施密特触发器的工作波形和电压传输特性如图 5-34 所示。

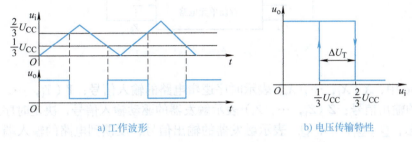

a）工作波形　　　　　　　　　　b）电压传输特性

图 5-34　555 定时器构成的施密特触发器工作特性

除了 555 定时器构成的施密特触发器外，还有门电路构成的施密特触发器、集成施密特触发器可供选择使用。CD40106 是 CMOS 集成施密特触发器，内含 6 个独立的施密特触发器单元。施密特触发器的逻辑符号如图 5-35 所示。

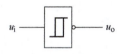

图 5-35　施密特触发器的逻辑符号

> **考一考**

一、填空题

（1）单稳态触发器的状态具有一个_____和一个_____。

（2）将单稳态触发器的定时电容器 C 的容量调小，将使输出脉冲宽度_____；将定时电阻器 R 阻值调大，将使输出脉冲宽度_____。

（3）施密特触发器有_____个稳定状态。

二、判断题

（1）单稳态触发器的输出脉冲宽度与输入触发信号及电源电压无关。（　）

（2）施密特触发器有两个不同的触发电平，且存在回差电压。（　）

（3）施密特触发器常用于对脉冲波形的延时与定时。（　）

任务 5.2　数字钟计时电路的制作

5.2.1　任务布置

数字逻辑电路分为组合逻辑电路（combinational logic circuit）和时序逻辑电路（sequential logic circuit）两大类。设计数字钟的时、分、秒计时电路时，要用时序逻辑电路。从功能上讲，时序逻辑电路在任何时刻的输出不仅取决于该时刻的输入，而且还与电路原来的状态有关，即具有记忆功能。在电路结构上，构成时序逻辑电路的基本单元是触发器。时序逻辑电路的一般结构框图如图 5-36 所示。

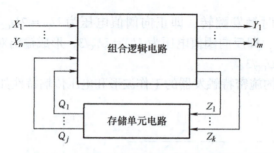

图 5-36　时序逻辑电路的一般结构框图

在图 5-36 中，$X(X_1, \cdots, X_n)$ 表示时序逻辑电路的输入信号；$Y(Y_1, \cdots, Y_m)$ 表示时序逻辑电路的输出信号；$Z(Z_1, \cdots, Z_k)$ 表示触发器的驱动输入信号，决定时序逻辑电路下一时刻的状态；$Q(Q_1, \cdots, Q_j)$ 表示触发器的输出信号，反馈到电路的输入端。这些信号之间的逻辑关系为

$$Y = F(X, Q^n) \tag{5-17}$$

$$Z = G(X, Q^n) \tag{5-18}$$

$$Q^{n+1} = H(Z, Q^n) \tag{5-19}$$

其中，式（5-17）称为输出方程，式（5-18）称为驱动方程，式（5-19）称为状态方程。

必须指出，图 5-36 只是时序逻辑电路的一般结构，有些时序逻辑电路中没有组合逻辑电路部分或者没有外部输入逻辑变量，但是无论怎么变，时序逻辑电路中必须包含触发器，其工作步调受 CP 控制。

时序逻辑电路的常用功能器件有计数器和寄存器。数字钟的计时电路由时、分、秒计数器构成。为此，我们需要完成对相关知识的信息收集，设计符合要求的数字钟计时电路，以 8421BCD 码的形式输出，并进行电路的安装与调试，在完成任务的过程中掌握计数器及其应用等相关知识和技能，并在此基础上学习时序逻辑电路的分析方法及寄存器的相关知识。

5.2.2　信息收集：计数器

计数器（counter）是应用最为广泛的时序逻辑电路器件，它不仅可以用来对脉冲计数，而且还常用于数字系统的定时、延时、分频及构成节拍脉冲发生器等。

计数器累计输入脉冲的最大数目称为计数器的"模"，用 M 表示。$M = 10$ 的计数器又称为十进制计数器，它实际上为计数器的有效循环状态数。计数器的"模"又称为计数器的容量或计数长度。

计数器的种类繁多，按计数长度可分为二进制、十进制及 N 进制计数器，按计数脉冲的引入方式可分为异步型和同步型计数器两类，按计数的增减趋势可分为加法、减法及可逆计数器。

1. 异步计数器

异步计数器（asynchronous counter）是指计数脉冲没有加到所有触发器的 CP 端，只作用于某些触发器的 CP 端。当计数器脉冲到来时，各触发器的翻转时刻不同，所以在分析异步计数器时，要特别注意各触发器翻转所对应的有效时钟条件。

异步计数器的结构和工作原理可扫描二维码观看视频并结合下面内容学习。

异步计数器

图 5-37 是利用 3 个下降沿触发的 JK 触发器构成的异步八进制（也称 3 位二进制）加法计数器，JK 触发器的 J、K 输入端均接高电平，具有 T′ 触发器的功能。计数脉冲 CP 加至最低位触发器 FF_0 的时钟端，低位触发器的 Q 端依次接到相邻高位触发器的时钟端，因此它是异步计数器。该电路也是一个八分频器，但是做计数器使用时，输出的计数状态为 $Q_2Q_1Q_0$，同时设有进位输出端 CO（加法计数时）或借位输出端 BO（减法计数）。

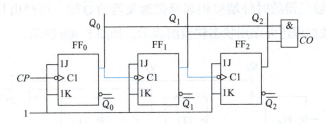

图 5-37 由 JK 触发器构成的异步八进制加法计数器

计数前，使电路处于 $Q_2Q_1Q_0$ = 000 状态。电路工作时，每输入一个 CP，FF_0 的状态翻转计数一次，而高位触发器是在其相邻的低位触发器从 1 态变为 0 态时进行翻转计数的，如 FF_1 是在 Q_0 由 1 态变为 0 态时翻转，FF_2 是在 Q_1 由 1 态变为 0 态时翻转。

根据以上分析，不难画出该计数器的状态转换表，见表 5-10。由表 5-10 可以看出，图 5-37 所示电路每来一个计数脉冲，计数器的状态加 1，共有 8 个计数状态。所以它是一个八进制加法计数器。

表 5-10 八进制加法计数器的状态转换表

CP 序号	计数器状态			进位 CO
	Q_2	Q_1	Q_0	
0	0	0	0	0
1	0	0	1	0
2	0	1	0	0
3	0	1	1	0
4	1	0	0	0
5	1	0	1	0
6	1	1	0	0
7	1	1	1	1
8	0	0	0	0

图 5-37 所示异步八进制加法计数器的时序图如图 5-38 所示。

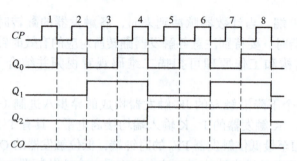

图 5-38　下降沿触发的异步八进制加法计数器的时序图

图 5-39 所示为由上升沿触发的 D 触发器构成的异步八进制计数器，图中各 D 触发器连成 T′ 触发器，高位触发器的时钟端接相邻低位触发器的 $\overline{Q}$ 端。可画出其时序图如图 5-40a 所示。计数器的计数过程还可以用状态转换图表示，如图 5-40b 所示。

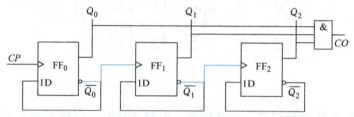

图 5-39　由上升沿触发的 D 触发器构成的异步八进制计数器

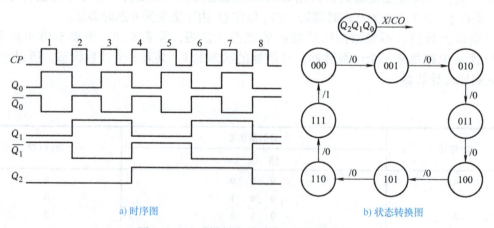

a) 时序图　　　　　　　　　　　　b) 状态转换图

图 5-40　上升沿触发的异步八进制计数器

由图 5-40b 可见，该电路实现的是加法计数的功能，每计满 8 个数，输出一个进位脉冲。

根据以上分析可以得出利用触发器构成异步加法计数器时，先将每个触发器接成 T′（计数型）触发器，计数脉冲加到最低位触发器的 CP 端，上升沿触发时高位触发器的时钟端接相邻低位触发器的 $\overline{Q}$ 端；下降沿触发时高位触发器的时钟端接相邻低位触发器的 Q 端。如若反之，上升沿触发时高位触发器的时钟端接相邻低位触发器的 Q 端；下降沿触发时高位触发器的时钟端接相邻低位触发器的 Q 端，则构成的是异步减法计数器。

图 5-41 所示为下降沿触发的异步八进制减法计数器。JK 触发器连成 T′ 触发器，CP 加至最低位触发器的时钟端，低位触发器的 $\overline{Q}$ 端依次接到相邻高位触发器的时钟端。

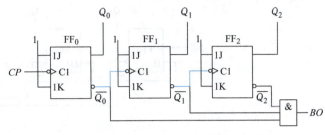

图 5-41　下降沿触发的异步八进制减法计数器

计数前，使电路处于 $Q_2Q_1Q_0 = 000$ 状态。当在 CP 端输入第一个减法 CP 时，FF_0 由 0 状态翻转到 1 状态，$\overline{Q_0}$ 端输出一个负跃变的信号，使 FF_1 由 0 状态翻转到 1 状态，$\overline{Q_1}$ 端输出一个负跃变的信号，使 FF_2 由 0 状态翻转到 1 状态，这样，计数器翻转到 $Q_2Q_1Q_0 = 111$ 状态。当在 CP 端输入第二个减法 CP 时，计数器的状态为 $Q_2Q_1Q_0 = 110$。不难分析，当不断送入 CP 时，电路的状态转换情况见表 5-11。其时序图如图 5-42 所示。

表 5-11　八进制减法计数器状态转换表

CP 序号	计数器状态			借位 BO
	Q_2	Q_1	Q_0	
0	0	0	0	0
1	1	1	1	0
2	1	1	0	0
3	1	0	1	0
4	1	0	0	0
5	0	1	1	0
6	0	1	0	0
7	0	0	1	0
8	0	0	0	1

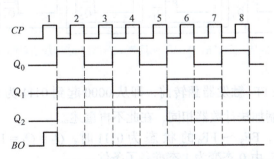

图 5-42　下降沿触发的异步八进制减法计数器时序图

由转换表和时序图可以看出，减法计数器的计数特点是：每输入一个 CP，$Q_2Q_1Q_0$ 的计数状态就减 1，当输入 8 个 CP 后，$Q_2Q_1Q_0$ 减小到 000，同时给出一个借位脉冲。

图 5-43 所示为上升沿触发的异步八进制减法计数器。图 5-44 所示为其时序图。

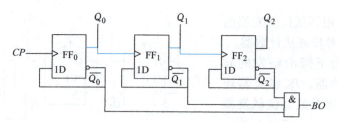

图 5-43　上升沿触发的异步八进制减法计数器

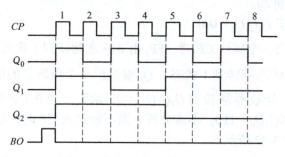

图 5-44　上升沿触发的异步八进制减法计数器时序图

如果是 4 个触发器按照上述规律连接，则可以构成十六进制计数器（4 位二进制）。在十六进制计数器基础上，通过脉冲反馈（反馈复位）或阻塞反馈（电位阻塞）法消除多余状态（无效状态）可构成十进制计数器。

图 5-45 是由 4 个 D 触发器构成的 8421BCD 码阻塞反馈式异步十进制加法计数器。

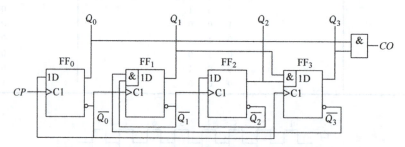

图 5-45　8421BCD 码阻塞反馈式异步十进制加法计数器

由图 5-45 可知，在 FF_3 触发器翻转前，即从 0000 起到 0111 为止，$\overline{Q_3}=1$，$FF_0 \sim FF_2$ 的翻转情况与 3 位二进制加法计数器相同，在此不再重述。

当经过 7 个 CP 后，$FF_3 \sim FF_0$ 的状态为 0111 时，$Q_2 = Q_1 = 1$，使 FF_3 的 D 输入端（$D_3 = Q_1Q_2$）为 1，为 FF_3 由 0 态变为 1 态准备了条件。

等到第 8 个 CP 输入后，$FF_0 \sim FF_2$ 均由 1 态变为 0 态，FF_3 由 0 态变为 1 态，即 4 个触发器的状态变为 1000。此时，$Q_3 = 1$，$\overline{Q_3} = 0$，因 $\overline{Q_3}$ 与 D_1 端相连，起阻塞作用，使下一次由 FF_0 来的正脉冲（$\overline{Q_0}$ 由 0 变为 1 时）不能使 FF_1 翻转。

第 9 个 CP 到来后，计数器的状态为 1001，同时进位端 CO 由 0 变为 1。

当第 10 个 CP 到来后，$\overline{Q}_0$ 产生正跳变（由 0 变为 1），由于 $\overline{Q}_3 = 0$ 的阻塞作用，FF$_1$ 不翻转，但 $\overline{Q}_0$ 能直接触发 FF$_3$，使 Q_3 由 1 变为 0，从而使 4 个触发器跳过 1010～1111 这 6 个状态而复位到原始状态 0000，同时进位端 CO 由 1 变为 0，产生一负跳变，向高位计数器发出进位信号，这样便实现了十进制加法计数功能。其状态转换表见表 5-12。

表 5-12　8421BCD 码异步十进制加法计数器状态转换表

CP 序号	计数器状态 $Q_3\ Q_2\ Q_1\ Q_0$				进位 CO	说明
0	0	0	0	0	0	有效循环
1	0	0	0	1	0	
2	0	0	1	0	0	
3	0	0	1	1	0	
4	0	1	0	0	0	
5	0	1	0	1	0	
6	0	1	1	0	0	
7	0	1	1	1	0	
8	1	0	0	0	0	
9	1	0	0	1	1	
0	0	0	0	0	0	
0	1	0	1	0	0	有自启能力
1	1	0	1	1	0	
0	1	1	0	0	0	
1	1	1	0	1	1	
0	1	1	1	0	0	
1	1	1	1	1	1	
0	1	0	0	0	0	

由表 5-12 可见，一旦电路由于某种原因误入无效状态后，在连续时钟脉冲作用下，能自动地从无效状态跳回到有用计数状态（有效状态），这种情况称电路具有自启能力。自启能力是设计时序逻辑电路时需要考虑的问题。

图 5-46 所示为根据表 5-12 画出的时序图。

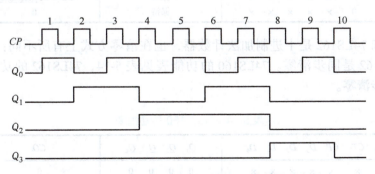

图 5-46　8421BCD 码异步十进制加法计数器时序图

如果将输入计数脉冲同时加到各触发器的时钟输入端，使各触发器在计数脉冲到来时同时翻转，则可以构成同步计数器（synchronous counter）。与异步计数器相比，同步计数器计数脉冲工作速度较快，工作频率较高，但电路结构复杂，通常都有现成的集成电路产品。

2. 集成计数器

集成计数器就是将整个计数器电路全部集成在一块芯片上，为了增强集成计数器的能力，一般通用中规模集成计数器设有更多的附加功能，使用也更为方便。下面具体介绍几种集成计数器。

（1）74LS160/161/162/163　74LS160/161/162/163 是一组可预置数的同步计数器，在计数脉冲上升沿作用下进行加法计数，它们的逻辑符号和引脚排列完全相同，如图 5-47 所示。

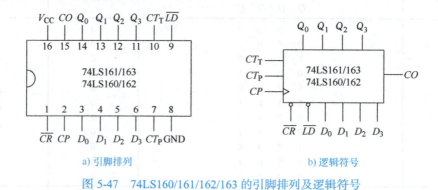

a) 引脚排列　　　　　　　　　　　　b) 逻辑符号

图 5-47　74LS160/161/162/163 的引脚排列及逻辑符号

74LS161 和 74LS163 是十六进制加法计数器，不同的是清零方式：74LS161 是异步清零，74LS163 是同步清零。

74LS161 的功能表见表 5-13，74LS163 的功能表与表 5-13 类似，只是同步清零。

表 5-13　74LS161 的功能表

$\overline{CR}$	$\overline{LD}$	CT_P	CT_T	CP	D_3	D_2	D_1	D_0	Q_3	Q_2	Q_1	Q_0	CO	功能说明
0	×	×	×	×	×	×	×	×	0	0	0	0	0	异步清零
1	0	×	×	↑	D_3	D_2	D_1	D_0	D_3	D_2	D_1	D_0	$CO=CT_TQ_3Q_2Q_1Q_0$	同步置数
1	1	1	1	↑	×	×	×	×	计数				$CO=Q_3Q_2Q_1Q_0$	
1	1	0	×	×	×	×	×	×	保持				$CO=CT_TQ_3Q_2Q_1Q_0$	
1	1	×	0	×	×	×	×	×	保持				0	

74LS160 和 74LS162 是十进制加法计数器，也在清零方式上有所不同：74LS160 是异步清零，74LS162 是同步清零。74LS160 的功能表见表 5-14，74LS162 的功能表与表 5-14 类似，只是同步清零。

表 5-14　74LS160 的功能表

$\overline{CR}$	$\overline{LD}$	CT_P	CT_T	CP	D_3	D_2	D_1	D_0	Q_3	Q_2	Q_1	Q_0	CO	功能说明
0	×	×	×	×	×	×	×	×	0	0	0	0	0	异步清零
1	0	×	×	↑	D_3	D_2	D_1	D_0	D_3	D_2	D_1	D_0	$CO=CT_TQ_3Q_0$	同步置数
1	1	1	1	↑	×	×	×	×	计数				$CO=Q_3Q_0$	
1	1	0	×	×	×	×	×	×	保持				$CO=CT_TQ_3Q_0$	
1	1	×	0	×	×	×	×	×	保持				0	

由表 5-13 和表 5-14 可归纳出集成计数器 74LS160～74LS163 的主要功能。

1）清零功能。74LS160 和 74LS161 为异步清零（即当清零端 $\overline{CR}$ 为低电平时，不管 CP 状态如何，即可完成清零功能）；74LS162 和 74LS163 为同步清零（即当清零端 $\overline{CR}$ 为低电平时，在 CP 上升沿的作用下才能完成清零功能）。

2）同步并行预置数功能。4 种型号的计数器均有 4 个预置并行数据输入端（D_3～D_0），当预置控制端 $\overline{LD}$ 为低电平时，在 CP 上升沿的作用下，将放置在预置数并行输入端 D_3～D_0 的数据置入计数器，即 $Q_3Q_2Q_1Q_0 = D_3D_2D_1D_0$；当 $\overline{LD}$ 为高电平时，则禁止预置数。

3）计数功能。当 $\overline{CR} = \overline{LD} = 1$，且计数控制端输入 $CT_T = CT_P = 1$ 时，在 CP 上升沿的作用下，Q_3～Q_0 同时变化，74LS161 和 74LS163 完成十六进制加法计数功能，74LS160 和 74LS162 按照 8421BCD 码的规律完成十进制加法计数功能。4 种型号的计数器均有一个进位输出端（CO），当计数溢出时，CO 端输出一个高电平进位脉冲，其宽度为 Q_0 的高电平部分。

4）保持功能。当 $\overline{CR} = \overline{LD} = 1$，且计数控制端 CT_T 或 CT_P 有一个为低电平时，计数器保持原来的状态不变。

集成计数器 74LS160～163 的使用可扫描二维码观看视频进一步理解，并在此基础上举一反三，学会其他集成计数器的使用方法。

集成计数器

（2）74LS192 和 74LS193　74LS192 和 74LS193 为可预置数同步加/减可逆计数器（reversible counter），它们的逻辑符号和引脚排列完全相同，如图 5-48 所示。其中 74LS193 是十六进制计数器，74LS192 是 8421BCD 码十进制计数器。74LS192 和 74LS193 采用双时钟的逻辑结构，加计数和减计数具有各自的时钟通道，计数方向由时钟脉冲进入的通道来决定。

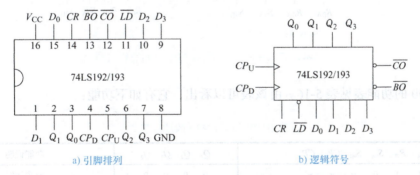

a) 引脚排列　　　　　　　　　　b) 逻辑符号

图 5-48　74LS192/193 和 74LS 的引脚排列图及逻辑符号

74LS192 的功能表见表 5-15，74LS193 的功能表与表 5-15 类似，但 $CO = Q_3Q_2Q_1Q_0\overline{CP_U}$。

表 5-15　74LS192 的功能表

CR	$\overline{LD}$	CP_U	CP_D	D_3	D_2	D_1	D_0	Q_3	Q_2	Q_1	Q_0	功能说明
1	×	×	×	×	×	×	×	0	0	0	0	异步清零
0	0	×	×	D_3	D_2	D_1	D_0	D_3	D_2	D_1	D_0	异步置数
0	1	↑	1	×	×	×	×	加计数				
0	1	1	↑	×	×	×	×	减计数				

74LS192 和 74LS193 的主要功能如下：

1）异步清零功能。当清零端 CR 输入高电平时，计数器清零。

2）异步预置数功能。当预置并行数据控制端 $\overline{LD}$ 输入低电平时，不管 CP 状态如何，可将预置数输入端数据 $D_3 \sim D_0$ 置入计数器，即为异步置数；当 $\overline{LD}$ 端输入高电平时，禁止预置数。

3）可逆计数功能。当计数 CP 加至 CP_U（up）且 CP_D（down）为高电平时，在 CP 上升沿作用下进行加计数；当计数 CP 加至 CP_D 且 CP_U 为高电平时，在 CP 上升沿作用下进行减计数。

4）具有进位输出端 $\overline{CO}$ 及借位输出端 $\overline{BO}$，计数溢出时该两端出现低电平。

同步计数器往往设有进位（或借位）输出端，故可选用其进位（或借位）输出信号驱动下一级计数器。

（3）集成异步计数器 74LS290　74LS290 为二-五-十进制计数器，其电路结构框图和逻辑符号如图 5-49 所示。在 74LS290 内部有 4 个触发器，第一个触发器有独立的时钟输入端 CP_0（下降沿有效）和输出端 Q_0，构成二进制计数，其余 3 个触发器以五进制方式相连，其时钟输入端为 CP_1（下降沿有效），输出端为 Q_1、Q_2、Q_3。

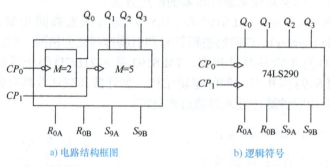

a) 电路结构框图　　　　b) 逻辑符号

图 5-49　74LS290 的电路结构框图和逻辑符号

74LS290 的功能表见表 5-16。由该表可以看出，它有如下功能：

表 5-16　74LS290 的功能表

R_{0A}	R_{0B}	S_{9A}	S_{9B}	CP_0	CP_1	Q_3	Q_2	Q_1	Q_0	功能说明
1	1	0	×	×	×	0	0	0	0	异步清零
1	1	×	0	×	×	0	0	0	0	异步清零
0	×	1	1	×	×	1	0	0	1	异步置 9
×	0	×	0	↓	0				计数	1 位二进制计数
×	0	0	×	0	↓				计数	五进制计数
0	×	×	0	↓	Q_0				计数	8421BCD 码十进制计数
0	×	0	×	Q_3	↓				计数	5421BCD 码十进制计数

1）异步置 9 功能。当异步置 9 端 $S_{9A}S_{9B}=1$ 且 $R_{0A}R_{0B}=0$ 时，计数器置 9，即 $Q_3Q_2Q_1Q_0=1001$。

2）异步清零功能。当异步清零端 $R_{0A}R_{0B}=1$ 且 $S_{9A}S_{9B}=0$ 时，计数器清零，即 $Q_3Q_2Q_1Q_0=0000$。

3）计数功能。当 $R_{0A}R_{0B}=0$ 且 $S_{9A}S_{9B}=0$ 时，即可进行计数，具体方式如下：

① 二进制计数。计数脉冲由 CP_0 端输入，输出为 Q_0 时，则构成 1 位二进制计数器。

② 五进制计数。计数脉冲由 CP_1 端输入，输出为 $Q_3Q_2Q_1$ 时，则构成异步五进制计数器。

③ 8421BCD 码十进制计数。如果将 Q_0 端和 CP_1 端相连，计数脉冲由 CP_0 端输入，输出为 $Q_3Q_2Q_1Q_0$ 时，则构成 8421BCD 码异步十进制加法计数器。

④ 5421BCD 码十进制计数。如果将 Q_3 端和 CP_0 端相连，计数脉冲由 CP_1 端输入，从高位到低位的输出为 $Q_0Q_3Q_2Q_1$ 时，则构成 5421BCD 码异步十进制加法计数器。

（4）利用集成计数器获得 N 进制计数器　利用集成计数器的清零端或置数控制端可获得 N 进制计数器。图 5-50 所示为用反馈清零法构成的十二进制计数器，图 5-51 所示为用反馈置数法构成的十三进制计数器。

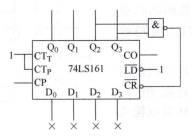

图 5-50　十二进制计数器

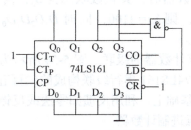

图 5-51　十三进制计数器

1）利用反馈归零法获得 N 进制计数器。所谓反馈归零法就是在现有集成计数器的有效计数循环中，选取一个中间状态（归零状态）形成一个控制逻辑，去控制集成计数器的清零端，使计数器计数到此状态后即返回零状态重新开始计数，这样就舍弃了一些状态，把计数容量较大的计数器改成了计数容量较小的计数器。

集成计数器的清零有异步清零和同步清零两种。异步清零与 CP 没有任何关系，只要异步清零输入端出现清零信号，计数器便立刻被清零。和异步清零不同，同步清零输入端获得清零信号后，计数器并不能立刻被清零，还需要再输入一个 CP 后，计数器才被清零。故在选取 N 进制计数器的归零状态时，采用异步清零方式的芯片，归零状态为 S_N；采用同步清零方式的芯片，归零状态为 S_{N-1}。

74LS161 为异步清零，故构成十二进制计数器时，归零状态为 1100，如图 5-50 所示。在该计数器中，1100 存在的时间很短（只有 10ns 左右），所以可以认为实际出现的计数状态只有 0000～1011 这 12 种，为十二进制计数器。但在这里必须注意，虽然 1100 只存在 10ns，但仍有可能对后级电路产生干扰，必要时可用 RC 积分电路来吸收这个尖峰干扰。

2）利用反馈置数法获得 N 进制计数器。利用计数器的置数功能也可获得 N 进制计数器，这时应先将计数器起始数据预先置入计数器。集成计数器的置数也有同步置数和异步置数之分。异步置数与 CP 没有任何关系，只要异步置数控制端出现置数信号时，并行输入的数据便立刻被置入计数器相应的触发器中。而同步置数控制端获得置数信号后，仍需再输入一个 CP 才能将预置数置入计数器中。故在选取 N 进制计数器的置数状态时，若预置数据为 0000，采用异步置数方式的芯片，置数状态为 S_N；采用同步置数方式的芯片，置数状

态为 S_{N-1}。

74LS161 为同步置数，故构成十三进制计数器时，预置数据为 0000，置数状态为 1100，如图 5-51 所示。

【例 5-5】试用集成计数器 74LS163 的清零端构成七进制计数器。

解：74LS163 是采用同步清零方式的集成计数器，故构成七进制计数器时，其归零状态为 $S_6 = 0110$，则 $\overline{CR} = \overline{Q_1 Q_2}$，电路如图 5-52 所示。

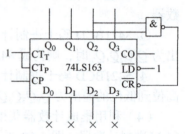

图 5-52 例 5-5 七进制计数器

【例 5-6】试用 74LS161 的同步置数功能构成十进制计数器，其计数起始状态为 0011。

解：74LS161 是采用同步置数方式的集成计数器，故构成十进制计数器时，其置数状态为 S_9，由于计数起始状态为 $S_0 = 0011$，则 $S_9 = 1100$，同时 $D_3 D_2 D_1 D_0 = 0011$，电路如图 5-53 所示。

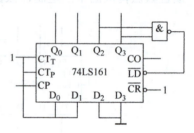

图 5-53 例 5-6 十进制计数器

3）集成计数器的级联。图 5-54 所示为由两片十六进制加法计数器 74LS161 串行级联构成的二百五十六进制加法计数器。在此基础上，利用反馈归零法或反馈置数法可以构成 256 以内任意进制计数器。

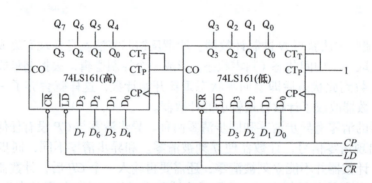

图 5-54 两片 74LS161 串行级联构成二百五十六进制加法计数器

图 5-55 所示为两片 74LS192 进行串行级联时的电路图。各级的清零端 CR 并接在一起，预置控制端 $\overline{LD}$ 并接在一起，同时将低位的进位输出端 $\overline{CO}$ 接到高一位的 CP_U 端，将低位的借位输出端 $\overline{BO}$ 接到高一位的 CP_D 端。进行减计数时，一旦计数器的数值减到零，则 $\overline{BO}$ 为低电平，使高位的 CP_D 为低电平，再来一个脉冲，低位 $\overline{BO}$ 恢复为高电平，此上升沿使高位减 1，同时本位由 0000 跳变到 1001，继续进行减计数。进行加计数时，一旦计数到 1001 时，则 $\overline{CO}$ 为低电平，使高位的 CP_U 为低电平，再来一个脉冲，低位 $\overline{CO}$ 恢复为高电平，此 $\overline{CO}$ 上升沿向高位的 CP_U 送一个进位脉冲，使高位加 1，同时本位跳变到 0000，继续进行加计数。计数器的起始状态可由预置控制端 $\overline{LD}$ 和预置数输入端 $D_3 \sim D_0$ 来设定。

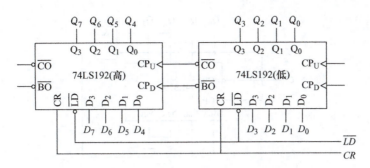

图 5-55　两片 74LS192 串行级联构成一百进制加法计数器

【例 5-7】 试用两片 74LS160 构成一个二十四进制加法计数器。

解： 由于 74LS160 是采用异步清零的十进制计数器，利用反馈归零法组成一个二十四进制计数器时，清零状态为 $S_{24} = 0010\ 0100$，则 $\overline{CR} = \overline{Q_5 Q_2}$，电路如图 5-56 所示。

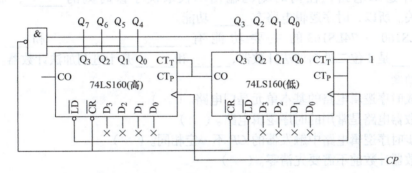

图 5-56　例 5-7 两片 74LS160 串行级联构成二十四进制加法计数器

集成异步计数器一般没有专门的进位信号输出端，通常可以用本级的高位输出信号驱动下一级计数器计数，即采用串行进位方式来扩展容量。图 5-57 所示为由两片 74LS290 串行级联构成的一百进制计数器。在此基础上，利用反馈归零法可以构成 100 以内任意进制计数器。

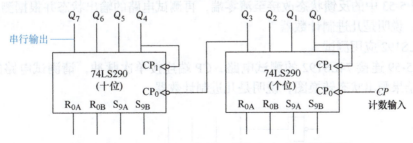

图 5-57　两片 74LS290 串行级联构成一百进制计数器

【例 5-8】 试用 74LS290 构成七进制计数器。

解： 设构成七进制计数器的计数循环状态为 $S_0 \sim S_6$，并取计数起始状态 $S_0 = 0000$。由于 74LS290 具有异步清零功能，所以选归零状态为 $S_7 = 0111$，则 $R_{0A} R_{0B} = Q_2 Q_1 Q_0$，电路如图 5-58 所示。

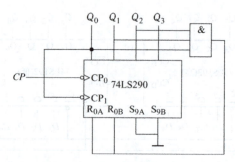

图 5-58　例 5-8 中 74LS290 构成的七进制计数器

>>> 考一考

一、填空题

（1）时序逻辑电路在任何时刻的输出不仅取决于该时刻的_____，而且还与电路_____有关。所以，时序逻辑电路有_____功能。

（2）74LS160～74LS163 的主要功能有_____、_____、_____ 和_____。其中，_____ 和_____ 是 4 位二进制加法计数器，_____ 和_____ 是十进制加法计数器。

二、判断题

（1）构成时序逻辑电路的基本单元是门电路。（　）

（2）计数器电路是常用的时序逻辑电路。（　）

（3）同步时序逻辑电路中触发器的 CP 不一定相同。（　）

（4）计数器计数前不需要先清零。（　）

>>> 练一练　集成计数器的应用测试

（1）74LS161 应用测试

1）请按图 5-53 连接 74LS161 的测试电路，CP 端连接单次脉冲，请测试电路的输出状态并根据测试结果画出状态转换图，说明是几进制计数器。

2）将图 5-53 中的反馈状态改接至清零端，再测试电路的输出状态并根据测试结果画出状态转换图，说明是几进制计数器。

（2）74LS192 应用测试

请按图 5-59 连接 74LS192 的测试电路，CP 端连接单次脉冲，请测试电路的输出状态并根据测试结果画出状态转换图，说明是几进制计数器。

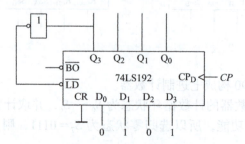

图 5-59　74LS192 测试电路

>>> **想一想**

在学习过几种集成计数器的基础上,请总结出集成计数器的使用方法。能否查阅资料选择更合适的计数器芯片设计出数字钟的计时电路?

5.2.3 数字钟计时电路的设计

计数器的作用就是累计 CP 的个数。要实现秒计数,需设计一个六十进制秒计数器来对秒脉冲信号进行累计;要实现分计数,需设计一个六十进制分计数器来对分脉冲信号进行累计;要实现时计数,需设计一个二十四进制时计数器来对小时脉冲信号进行累计。设计时将标准秒脉冲信号送入秒计数器,每累计 60s 发出一个进位脉冲信号,该信号作为分计数器的计数控制脉冲。分计数器也采用六十进制计数器,每累计 60min,发出一个进位脉冲信号,该信号将被送到时计数器。时计数器采用二十四进制计数器,可以实现一天 24h 的累计。

设计电路时,秒、分和时计数器采用两片十进制计数器实现,这样符合人们通常计数的习惯。用 74LS160 设计的数字钟计时电路如图 5-60 所示。除了 74LS160,其他十进制的计数器也都可以很方便地实现时间计数单元的计数功能。

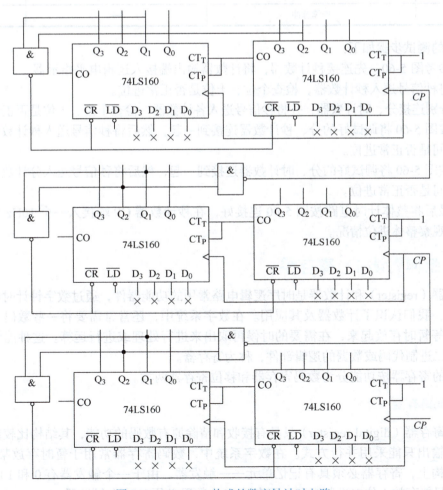

图 5-60 74LS160 构成的数字钟计时电路

在数字钟计时电路的设计过程中大家要学会科学思考,并结合实际情况选择最优的设计方案,可以扫描二维码观看数字钟计时与显示电路设计过程并加以理解。

数字钟计时显示
电路的制作

5.2.4 数字钟计时电路的安装与测试

数字钟计时电路所需设备及元器件清单见表 5-17。

表 5-17 数字钟计时电路所需设备及元器件清单

序号	名称	规格、型号	数量
1	集成计数器	74LS160	6
2	集成与非门	CD4011	2
3	逻辑电平指示器	8 路	1
4	面包板插接线	0.5mm 单芯单股导线	若干
5	面包板	188mm × 46mm × 8.5mm	1
6	直流电源	5V	1
7	连续脉冲	—	1

电路的测试步骤如下:

1)参考图 5-60,先连接秒计数器,将计数器输出端接入逻辑电平指示器。

2)将秒信号送入秒计数器,检查个位、十位是否正常进位。

3)分别连接分、时计数器,并将秒信号送入各计数器,检查个位、十位是否正常进位。

4)按图 5-60 将调试好的分、秒计数器连接到一起,然后将秒信号送入秒计数器,检查分、秒之间是否正常进位。

5)按图 5-60 将调试好的分、时计数器连接到一起,然后将秒信号送入分计数器,检查分、时之间是否正常进位。

6)最后将整体计时电路按图 5-60 连接好,在秒计数器 CP 端接入一个 10Hz 的连续脉冲信号,观察整体进位情况。

5.2.5 延伸阅读 1:寄存器

寄存器(register)和计数器是时序逻辑电路常用的功能器件,通过数字钟计时电路的设计与安装,我们认识了计数器及其应用。在数字系统中,还常常需要将一些数码、运算结果或指令等暂时存放起来,在需要的时候再取出来进行处理或进行运算。这种能够用于存储少量的二进制代码或数据的逻辑部件,称为寄存器。

常用的寄存器按功能分为数码寄存器和移位寄存器两类。

1. 数码寄存器

数码寄存器(digital register)只具有接收和清除原有数码的功能,其结构比较简单,数据输入、输出只能采用并行方式。在数字系统中,数码寄存器常用于暂时存放某些数据。在电路结构上,寄存器必须具有记忆单元——触发器,由于一个触发器有 0 和 1 两个稳定状态,故只能存放 1 位二进制数码,要存放 N 位数码必须有 N 个触发器。

图 5-61 是一个由 D 触发器构成的 4 位数码寄存器，4 个触发器的触发输入端 $D_0 \sim D_3$ 作为寄存器的数码输入端，$Q_0 \sim Q_3$ 为数据输出端，时钟输入端接在一起作为送数脉冲（CP）控制端。这样，在 CP 的上升沿作用下，将 4 位数码寄存到 4 个触发器中。

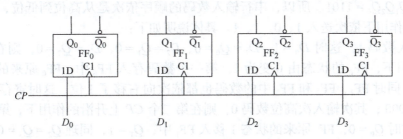

图 5-61　4 位数码寄存器

需要注意的是，由于触发器为边沿触发，故在送数脉冲（CP）的触发沿到来之前，输入的数码一定要预先准备好，以保证触发器的正常寄存。

集成数码寄存器种类较多，常见的有 4D 触发器（如 74LS175）、6D 触发器（如 74LS174）、8D 触发器（如 74LS374、74LS377）、8D 锁存器（如 74LS373）等。

2. 移位寄存器

移位寄存器（shift register）除了具有存储代码的功能以外，还具有移位功能。所谓移位功能，是指寄存器里存放的代码能在移位脉冲的作用下依次左移或右移。

移位寄存器的应用范围十分广泛，例如，在串行运算器中，需要用移位寄存器把二进制数据一位一位依次送入全加器进行运算，运算的结果又一位一位依次存入移位寄存器中。另外，在有些数字装置中，要将并行传送的数据转换成串行传送，或将串行传送的数据转换成并行传送，要完成这些转换也需要应用移位寄存器。

移位寄存器的工作过程可以扫描二维码简单了解，再结合文字内容进一步学习。

移位寄存器

图 5-62 所示为用 4 个边沿 D 触发器组成的单向右移寄存器。由最低位触发器 FF_0 的 D 端接收数据，每个触发器的输出端 Q 依次接到高一位触发器的 D 端。所有触发器的复位端并联在一起作为清零端，时钟端并联在一起作为移位脉冲输入端 CP，所以这个电路是一个同步时序电路。

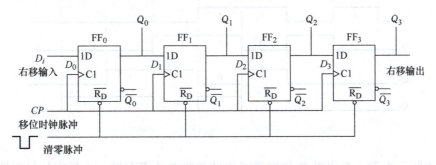

图 5-62　D 触发器组成的单向右移寄存器

每当移位脉冲上升沿到来时,输入数据便一个接一个地依次移入 FF_0,同时每个触发器的状态也依次移给高一位触发器,这种输入方式称为串行输入。设输入的数据 $D_i = 1011$,先将移位寄存器的初始状态设置为 0,即 $Q_0Q_1Q_2Q_3 = 0000$,经过 4 个移位脉冲后,寄存器状态应为 $Q_0Q_1Q_2Q_3 = 1101$。所以,串行输入数码的顺序依次是从高位到低位,即在 4 个移位脉冲 CP 的作用下依次送入 1、0、1、1。具体说明如下:

首先输入数码 1,这时 $D_0 = 1$、$D_1 = Q_0 = 0$、$D_2 = Q_1 = 0$、$D_3 = Q_2 = 0$,则在第一个 CP 上升沿的作用下,FF_0 的状态由 0 变为 1,第一个数码存入 FF_0 中,FF_0 原来的状态 $Q_0 = 0$ 移入 FF_1 中,同时 FF_1、FF_2 和 FF_3 中的数码也都依次向右移了 1 位,这时寄存器的状态为 $Q_0Q_1Q_2Q_3 = 1000$;其次输入次高位数码 0,则在第二个 CP 上升沿的作用下,第二个数码存入 FF_0 中,这时 $Q_0 = 0$,FF_0 原来的状态 1 移入 FF_1 中,$Q_1 = 1$,同理 $Q_2 = Q_3 = 0$,这时寄存器的状态为 $Q_0Q_1Q_2Q_3 = 0100$。以此类推,在第三个 CP 上升沿的作用下,$Q_0Q_1Q_2Q_3 = 1010$;在第四个 CP 上升沿的作用下,4 位串行数码全部存入寄存器中,$Q_0Q_1Q_2Q_3 = 1101$。

移位寄存器中数码的移动情况见表 5-18。这时,可以从 4 个触发器的 Q 端同时输出数码 1011,这种输出方式称为并行输出。

表 5-18 移位寄存器中数码的移动情况

CP 序号	输入数据 D_i	Q_0	Q_1	Q_2	Q_3
0	0	0	0	0	0
1	1	1	0	0	0
2	0	0	1	0	0
3	1	1	0	1	0
4	1	1	1	0	1
并行输出		1	1	0	1

若需要将寄存的数据从 Q_3 端依次输出(即串行输出),则只需再输入 4 个移位脉冲即可,如图 5-63 所示。因此,可以把图 5-62 所示电路称为串行输入/并行输出(串行输出)单向移位寄存器,简称串入/并出(串出)移位寄存器。

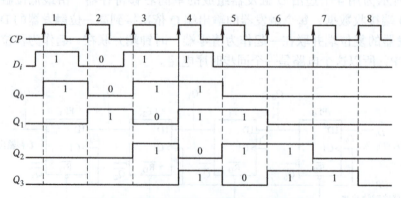

图 5-63 移位寄存器中数码移动过程时序图

图 5-64 所示为用 4 个边沿 D 触发器组成的单向左移寄存器,由最高位触发器 FF_3 的 D 端接收数据,每个触发器的输出端 Q 依次接到低一位触发器的 D 端。其工作原理和右移寄

存器相同，读者可自行分析。

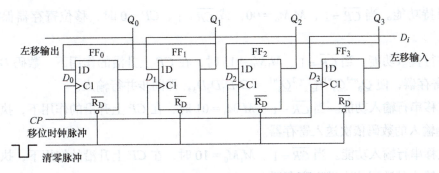

图 5-64　D 触发器组成的 4 位左移寄存器

由上面分析可知，右移寄存器和左移寄存器的电路结构是基本相同的，若适当加入一些控制电路和控制信号，就可以将右移寄存器和左移寄存器合在一起，构成双向移位寄存器（bi-directional shift register）。

74LS194 就是一个集成的 4 位双向移位寄存器。图 5-65 所示为其逻辑符号和引脚排列。图中，$\overline{CR}$ 为清零端，$D_0 \sim D_3$ 为并行数据输入端，$Q_0 \sim Q_3$ 为并行数据输出端，CP 为移位脉冲输入端，D_{SL} 为左移串行数码输入端，D_{SR} 为右移串行数码输入端，M_1 和 M_0 为工作方式控制端。

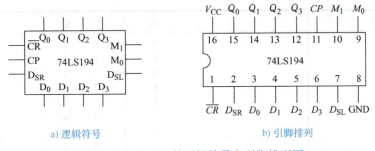

a) 逻辑符号　　　　　　　　　　b) 引脚排列

图 5-65　74LS194 的逻辑符号和引脚排列图

74LS194 的功能表见表 5-19。

表 5-19　74LS194 的功能表

CP	$\overline{CR}$	M_1	M_0	D_{SR}	D_{SL}	D_0	D_1	D_2	D_3	Q_0^{n+1}	Q_1^{n+1}	Q_2^{n+1}	Q_3^{n+1}	功能说明
×	0	×	×	×	×	×	×	×	×	0	0	0	0	清零
×	1	0	0	×	×	×	×	×	×	Q_0^n	Q_1^n	Q_2^n	Q_3^n	保持
0	1	×	×	×	×	×	×	×	×	Q_0^n	Q_1^n	Q_2^n	Q_3^n	保持
↑	1	1	1	×	×	D_0	D_1	D_2	D_3	D_0	D_1	D_2	D_3	并行输入
↑	1	0	1	D_{SR}	×	×	×	×	×	D_{SR}	Q_0^n	Q_1^n	Q_2^n	右移输入
↑	1	1	0	×	D_{SL}	×	×	×	×	Q_1^n	Q_2^n	Q_3^n	D_{SL}	左移输入

由表 5-19 可知 74LS194 的主要功能如下：

1）清零功能。当 $\overline{CR}=0$ 时，$Q_0 \sim Q_3$ 为 0 态，移位寄存器异步清零。

2）保持功能。当 $\overline{CR}=1$、$M_1M_0=00$，或 $\overline{CR}=1$、$CP=0$ 时，移位寄存器保持原来的状态不变。

3）并行置数功能。当 $\overline{CR}=1$、$M_1M_0=11$ 时，在 CP 上升沿的作用下，数码 $D_0 \sim D_3$ 被并行送入寄存器，使 $Q_0^{n+1}Q_1^{n+1}Q_2^{n+1}Q_3^{n+1}=D_0D_1D_2D_3$，即同步并行输入。

4）右移串行输入功能。当 $\overline{CR}=1$、$M_1M_0=01$ 时，在 CP 上升沿的作用下，执行右移功能，D_{SR} 端输入的数码依次送入寄存器。

5）左移串行输入功能。当 $\overline{CR}=1$、$M_1M_0=10$ 时，在 CP 上升沿的作用下，执行左移功能，D_{SL} 端输入的数码依次送入寄存器。

【例 5-9】由双向移位寄存器 74LS194 构成的应用电路如图 5-66 所示。请分析该电路的逻辑功能。

解：由图 5-66 可知，$M_1M_0=01$，故 74LS194 实现右移寄存器功能，其中，$D_{SR}=\overline{Q_3^n}$。

设寄存器的初始状态为 $Q_3Q_2Q_1Q_0=0000$，在 CP 上升沿的作用下，执行右移操作，状态变化情况见表 5-20。

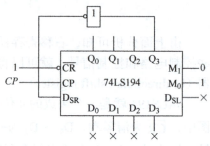

图 5-66　例 5-9 图

表 5-20　例 5-9 的状态转换表

CP 序号	Q_3	Q_2	Q_1	Q_0
0	0	0	0	0
1	0	0	0	1
2	0	0	1	1
3	0	1	1	1
4	1	1	1	1
5	1	1	1	0
6	1	1	0	0
7	1	0	0	0
8	0	0	0	0

由表 5-20 可以看出，经过 8 个移位脉冲后，电路返回初始状态 $Q_3Q_2Q_1Q_0=0000$，而且状态成扭环形分布，所以该电路为一个八进制扭环形计数器电路。

5.2.6　延伸阅读 2：时序逻辑电路的分析

时序逻辑电路的分析是根据已知的逻辑电路图找出电路状态和输出信号在输入信号和时钟脉冲信号作用下的变化规律，确定电路的逻辑功能。

对时序逻辑电路进行分析的一般步骤是：列写电路方程→列状态转换表→说明电路的逻辑功能→画出状态转换图和时序图。

1. 列写电路方程

电路方程包括输出方程、驱动方程和状态方程。

1）列写输出方程。根据逻辑电路图中组合电路部分的输出与输入关系，可以写出电路的输出方程。

2）列写驱动方程。根据给定的逻辑电路图写出每个触发器输入信号的逻辑表达式。

3）列写状态方程。将驱动方程代入每个触发器的特性方程，可以得到每个触发器的状态方程。

2. 列状态转换表

依次设定现态，代入电路的状态方程和输出方程，求出相应的次态及输出，从而列写出状态转换表。

3. 说明电路的逻辑功能

根据状态转换表说明电路的逻辑功能。

4. 画出状态转换图和时序图

状态转换图是电路由现态转换到次态的示意图，时序图是在 CP 的作用下，各触发器变化的波形图。根据电路的状态转换表可以画出电路的状态转换图和时序图。

5. 检查电路的自启动能力

根据状态转换表或状态转换图检查电路的自启动能力，即进入无效状态后是否能自动返回到有效循环状态。

【**例 5-10**】分析图 5-67 所示电路的逻辑功能，画出状态转换图和时序图。

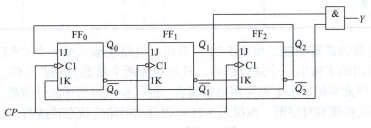

图 5-67　例 5-10 图

解：（1）写出电路方程。
输出方程为

$$Y = Q_2^n \overline{Q_1^n} \tag{5-20}$$

驱动方程为

$$\begin{aligned} J_0 &= \overline{Q_2^n} & K_0 &= Q_2^n \\ J_1 &= Q_0^n & K_1 &= \overline{Q_0^n} \\ J_2 &= Q_1^n & K_2 &= \overline{Q_1^n} \end{aligned} \tag{5-21}$$

状态方程：将式（5-21）代入 JK 触发器的特性方程 $Q^{n+1} = J\overline{Q^n} + \overline{K}Q^n$，可得各触发器的状态方程为

$$Q_0^{n+1} = J_0\overline{Q_0^n} + \overline{K_0}Q_0^n = \overline{Q_2^n Q_0^n} + \overline{Q_2^n}Q_0^n = \overline{Q_2^n}$$
$$Q_1^{n+1} = J_1\overline{Q_1^n} + \overline{K_1}Q_1^n = Q_0^n \overline{Q_1^n} + Q_0^n Q_1^n = Q_0^n \quad\quad (5\text{-}22)$$
$$Q_2^{n+1} = J_2\overline{Q_2^n} + \overline{K_2}Q_2^n = Q_1^n \overline{Q_2^n} + Q_1^n Q_2^n = Q_1^n$$

（2）列状态转换表。设电路的现态为 $Q_2^n Q_1^n Q_0^n = 000$，代入式（5-20）和式（5-22）进行计算，可得 $Y = 0$，$Q_2^{n+1}Q_1^{n+1}Q_0^{n+1} = 001$，即第一个 CP 后，电路的状态由 000 翻转到 001。然后以 001 作为新的现态，再代入式（5-20）和式（5-22）进行计算，可得新的次态，以此类推，可求得电路的状态转换表，见表 5-21。

表 5-21 例 5-10 的状态转换表

CP 序号	Q_2 Q_1 Q_0	Y
0	0 0 0	0
1	0 0 1	0
2	0 1 1	0
3	1 1 1	0
4	1 1 0	0
5	1 0 0	0
6	0 0 0	1
0	1 0 1	0
1	0 1 0	1

（3）说明电路的逻辑功能。由表 5-21 可看出，电路在输入第 6 个 CP 后，返回到原来的状态，同时输出端 Y 输出一个进位信号，且每相邻两个状态只相差 1 位二进制码，符合格雷码的标准，因此本题所示电路为用格雷码表示的同步六进制加法计数器。

（4）画状态转换图和时序图。根据表 5-21 可以画出电路的状态转换图，如图 5-68 所示。

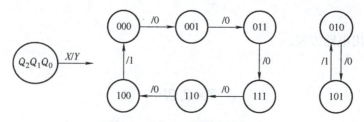

图 5-68 例 5-10 的状态转换图

根据表 5-21 可以画出电路的时序图，如图 5-69 所示。

（5）检查电路的自启动能力。图 5-67 所示电路有 $2^3 = 8$ 个状态，由表 5-21 可以看出，其中 6 个状态被用来计数，称为有效状态。当电路处于 010 或 101 状态时，在 CP 作用下，这两个状态之间交替循环变换，不能进入有效循环，所以该电路没有自启动能力。

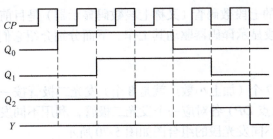

图 5-69　例 5-10 的时序图

考一考

一、填空题

（1）能够用于存储少量的_____或_____的逻辑部件，称为寄存器。

（2）寄存器主要由_____构成。一个触发器只能存放_____位二进制数码，要存放 N 位数码必须有_____个触发器。

（3）时序逻辑电路进行分析的一般步骤是：列写电路方程（包括_____、_____和_____）→列出_____→说明电路的_____→画出_____和_____。

二、判断题

（1）寄存器的功能是统计输入脉冲的个数。（　）

（2）移位寄存器只能串行输出。（　）

（3）移位寄存器就是数码寄存器，它们没有区别。（　）

任务 5.3　数字钟译码显示电路的制作

5.3.1　任务布置

数字钟电路中对时、分和秒的时间是用两位十进制数表示的，本任务中，我们要将计时电路的输出结果用数字显示出来，从而可以很方便地读取时间。对于初学者，可以通过显示译码器和数码管来实现。

为此，我们需要完成对显示译码器和数码管等相关知识的信息收集，完成数字钟显示电路的设计，并进行电路的安装与调试，在完成任务的过程中掌握相关知识和技能。

5.3.2　信息收集：数码管与显示译码器

在数字测量仪表和各种数字系统中，常常需要将数字、字母、符号等直观地显示出来，供人们读取或监视系统的工作情况。能够显示数字、字母或符号的器件称为数字显示器（digital display）。而在数字电路中，数字量都是以一定的代码形式出现的，所以这些数字量要先经过译码，才能送到数字显示器去显示。这种能把数字量翻译成数字显示器所能识别的信号的电路称为显示译码器。

常用的数字显示器有多种类型，按显示方式分，有字形重叠式、点阵式、分段式等；按发光物质分，有发光二极管（LED）显示器、荧光显示器、液晶显示器、气体放电管显示器等。

由发光二极管构成的七段数码管(又称七段数码显示器)是目前应用较为广泛的一种数码显示器,可用集成七段显示译码器驱动其工作。下面分别介绍它们的原理。

1. 七段数码管

七段数码管就是将7个(加上小数点就是8个)发光二极管按一定的方式排列起来,a、b、c、d、e、f、g(小数点DP)各对应一个发光二极管,利用不同发光段的组合,显示不同的数码。其内部结构和不同发光段的组合图如图5-70所示。

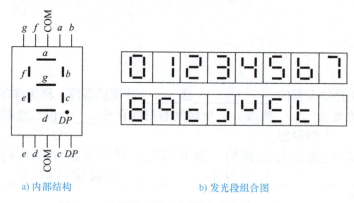

a) 内部结构　　　　　　b) 发光段组合图

图5-70　七段数码管内部结构及发光段组合图

按内部连接方式的不同,七段数码管分为共阳极接法和共阴极接法两种。其内部接线如图5-71所示。

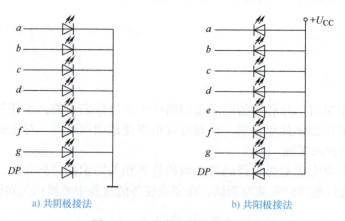

a) 共阴极接法　　　　　　b) 共阳极接法

图5-71　七段数码管内部接线

七段数码管的优点是工作电压低(1.7~3V),体积小,使用寿命长,工作可靠性高,响应速度快,颜色丰富(红、绿、橙、黄等);缺点是工作电流大,每个字段的工作电流大约为10mA。为了防止发光二极管因过热而损坏,使用时通常串接一个限流电阻器。

2. 集成七段显示译码器

七段数码管是利用不同发光段的组合来显示不同的数字,因此,为了使数码管能将数码所代表的数显示出来，必须首先将数码译出，然后经驱动电路"点亮"对应的显示段。例如，对于 8421BCD 码的 0101 状态，对应的十进制数为 5，当用共阴极接法的数码管实现时，对应的译码驱动器应使数码管的 a、c、d、f、g 各段为高电平，而 b、e 两段为低电平；当用共阳极接法的数码管实现时，对应的译码驱动器应使数码管的 a、c、d、f、g 各段为低电平，而 b、e 两段为高电平。即对应某一数码，译码器应有确定的几个输出端输出规定信号，这就是显示译码器电路的特点。

集成七段显示译码器 74LS48 是一种与共阴极数码管配合使用的集成显示译码器，它的功能是将输入的 4 位二进制代码转换成数码管所需要的七段信号 $a\sim g$。

74LS48 的逻辑符号如图 5-72 所示，其真值表见表 5-22。

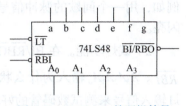

图 5-72　74LS148 的逻辑符号

表 5-22　74LS48 的真值表

数字功能	输入		输入				输入/输出	输出							显示
	$\overline{LT}$	$\overline{RBI}$	A_3	A_2	A_1	A_0	$\overline{BI}/\overline{RBO}$	a	b	c	d	e	f	g	
0	1	1	0	0	0	0	1	1	1	1	1	1	1	0	０
1	1	×	0	0	0	1	1	0	1	1	0	0	0	0	１
2	1	×	0	0	1	0	1	1	1	0	1	1	0	1	２
3	1	×	0	0	1	1	1	1	1	1	1	0	0	1	３
4	1	×	0	1	0	0	1	0	1	1	0	0	1	1	４
5	1	×	0	1	0	1	1	1	0	1	1	0	1	1	５
6	1	×	0	1	1	0	1	1	0	1	1	1	1	1	６
7	1	×	0	1	1	1	1	1	1	1	0	0	0	0	７
8	1	×	1	0	0	0	1	1	1	1	1	1	1	1	８
9	1	×	1	0	0	1	1	1	1	1	0	0	1	1	９
10	1	×	1	0	1	0	1	0	0	0	1	1	0	1	
11	1	×	1	0	1	1	1	0	0	1	1	0	0	1	
12	1	×	1	1	0	0	1	0	1	0	0	0	1	1	
13	1	×	1	1	0	1	1	1	0	0	1	0	1	1	
14	1	×	1	1	1	0	1	0	0	0	1	1	1	1	
15	1	×	1	1	1	1	1	0	0	0	0	0	0	0	
灭灯	×	×	×	×	×	×	0	0	0	0	0	0	0	0	
灭零	1	0	0	0	0	0	0	0	0	0	0	0	0	0	
试灯	0	×	×	×	×	×	1	1	1	1	1	1	1	1	

从 74LS48 的真值表可以看出，当输入信号 $A_3A_2A_1A_0$ 为 0000～1001 时，分别显示 0～9 的数字信号；而当输入信号为 1010～1110 时，显示稳定的非数字信号；当输入为 1111 时，七个显示段全暗。可以从显示段出现非数字符号或各段全暗检查输入情况。

74LS48 除了具有基本输入端和基本输出端外，还有几个辅助输入、输出端：试灯输入

端 $\overline{LT}$、灭零输入端 $\overline{RBI}$、灭灯输入/灭零输出端 $\overline{BI}/\overline{RBO}$。其中，$\overline{BI}/\overline{RBO}$ 端比较特殊，它既可以作输入用，也可作输出用。具体说明如下：

1）灭灯功能。只要将 $\overline{BI}/\overline{RBO}$ 端作输入用，并输入 0，即 $\overline{BI}=0$ 时，无论 $\overline{LT}$、$\overline{RBI}$ 及 $A_3A_2A_1A_0$ 状态如何，$a\sim g$ 均为 0，数码管熄灭。因此，灭灯输入端 $\overline{BI}$ 可用作显示控制。例如，用一个间歇的脉冲信号来控制灭灯输入端时，则要显示的数字将在数码管上间歇地闪亮。

2）试灯功能。在 $\overline{BI}/\overline{RBO}$ 作为输出端（不加输入信号）的前提下，当 $\overline{LT}=0$ 时，不论 $\overline{RBI}$、$A_3A_2A_1A_0$ 输入为什么状态，$\overline{BI}/\overline{RBO}$ 为 1，$a\sim g$ 全为 1，所有段全亮。可以利用试灯输入信号来测试数码管的好坏。

3）灭零功能。在 $\overline{BI}/\overline{RBO}$ 作为输出端（不加输入信号）的前提下，当 $\overline{LT}=1$、$\overline{RBI}=0$ 时，若 $A_3A_2A_1A_0$ 为 0000 时，$a\sim g$ 均为 0，实现灭零功能。与此同时，$\overline{BI}/\overline{RBO}$ 端输出低电平，表示显示译码器处于灭零状态。而对非 0000 数码输入，则照常显示，$\overline{BI}/\overline{RBO}$ 端输出高电平。因此，灭零输入用于输入数字 0 而又不需要显示 0 的场合。

$\overline{RBO}$ 端与 $\overline{RBI}$ 端配合使用，可消去混合小数的前零和无用的尾零。例如，要将 003.060 显示成 3.06，连接电路如图 5-73 所示。当第一片 74LS48（简称片 1）的输入 $A_3A_2A_1A_0=0000$ 时，灭零且 $\overline{RBO}=0$，使第二片 74LS48（简称片 2）也有了灭零条件，只要片 2 输入 0，数码管也可熄灭。片 6 的原理与此相同。片 3、片 4 的 $\overline{RBI}=1$，不处于灭零状态，因此片 3 与片 5 中间的 0 得以显示。

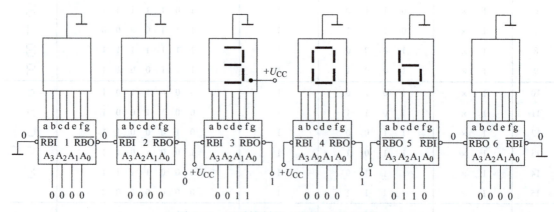

图 5-73 灭零控制的 6 位数码显示系统

由于 74LS48 内部已设 2kΩ 左右的限流电阻器，所以图 5-73 中的共阴极数码管的共阴极端可以直接接地。如果还想减小 LED 的电流，则必须在 74LS48 的各输出端均串联一个限流电阻器。对于共阴接法的数码管，还可以采用 CD4511 等七段锁存译码驱动器。

对于共阳极接法的数码管，可以采用共阳极显示译码器，如 74LS47 等，在相同的输入条件下，其输出电平与 74LS48 相反，但在共阳极数码管上显示的结果一样。

5.3.3 数字钟译码显示电路的设计

数字钟译码显示电路的功能是将时、分、秒计数器的输出代码进行翻译，变成相应的数字显示，可用显示译码器驱动七段数码管来实现。图 5-74 所示为数字钟秒计时显示电路。

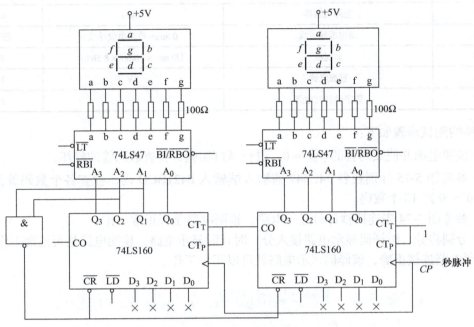

图 5-74 数字钟秒计时显示电路

数字钟时、分、秒译码显示的整体电路如图 5-75 所示。共阳极数码管可以采用 74LS47 驱动。外部的限流电阻器也可以省略。

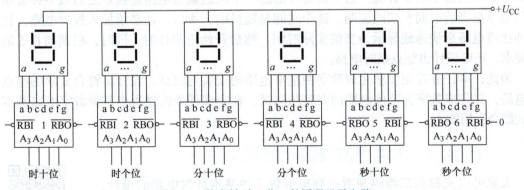

图 5-75 数字钟时、分、秒译码显示电路

5.3.4 数字钟译码显示电路的安装与测试

数字钟显示电路所需设备及元器件清单见表 5-23。

表 5-23 数字钟显示电路所需设备及元器件清单

序号	名称	规格、型号	数量
1	七段数码管	共阳极	6
2	显示译码器	74LS48	6
3	色环电阻器	100Ω	42
4	面包板插接线	0.5mm 单芯单股导线	若干
5	面包板	188mm × 46mm × 8.5mm	1
6	直流电源	5V	1
7	数字钟计时电路	—	1

电路的测试步骤如下：

1）接通电源并使数码管的 $\overline{LT}$ = 0，进行试灯实验，检查数码管的好坏。

2）参考图 5-75 分别在各 74LS47 的输入端输入 8421BCD 码，检查各个数码管是否正常显示 0～9 这 10 个数码。

3）参考图 5-74 先连接秒计时显示电路，检测电路是否正常工作。

4）分别将分、时译码显示电路接入分、时计时显示电路，检测电路是否正常工作。

只要电路连接正确，该译码显示电路就可以正常工作。

任务 5.4　数字钟电路的整体安装与测试

5.4.1　任务布置

在任务 5.1～5.3 中，我们分别完成了秒脉冲发生器、数字钟计时电路和数字钟译码显示电路的设计、安装和调试，那么是不是将这些单元电路连接起来就可以做出一个能够完成计时显示的基本数字钟呢？这里需要考虑的一个问题就是电路连接好之后数字钟显示的时间是不是当前时间？实践证明，这个时间是随机的。所以，还必须加入校时电路，让数字钟接通电源后快速地显示为当前实际时间，然后开始正确计时。同时，根据项目 5 的整体要求，还要设计出整点报时电路。

为此，本任务首先要求完成数字钟基本电路的安装与测试，设计出符合要求的整点报时电路，并完成数字钟整体电路的安装与测试，在完成任务的过程中掌握数字电路基本知识的综合运用能力。

5.4.2　数字钟基本电路的安装与测试

大家可以先扫描二维码观看视频理解数字钟基本计时电路的设计、安装和调试过程，在此基础上结合教材内容比较不同设计方法的优缺点。

对数字钟基本电路的要求就是能够准确计时并显示当前的时间，为此需要用到校时电路。其原理框图如图 5-76 所示。

数字钟整体电路的
安装与调试

对校时电路的要求是：在时校正时不影响分和秒的正常计数，在分校正时不影响秒和时的正常计数，在秒校正时不影响分和时的正常计数。由图5-76可见，在校分和时时，可以将秒脉冲直接送入分和时计数器；校秒时，可以将一个0.5Hz或变化更快的脉冲信号送入秒计数器，在正确显示当前时间后断开校时电路开关，进行正常计时。

实现校时电路的方法很多，图5-77所示为用门电路和触发器构成的能够校正时、分、秒的校时电路。开关 S_1 和 S_2 分别用来实现时、分的校准，S_3 用来实现秒的校准。开关 S_1、S_2 断开时，门 D_4、D_6 封锁，时、分计数器正常计数。

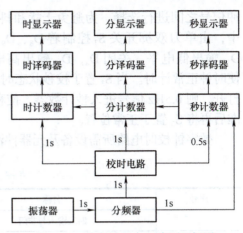

图 5-76　数字钟基本电路原理框图

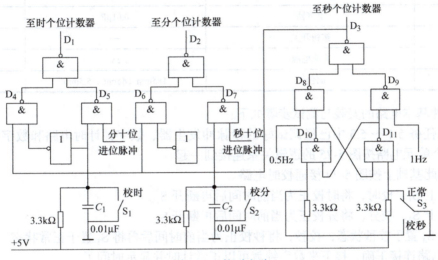

图 5-77　校时电路

1. 校时

S_1 闭合时，进行时的校准。此时，门 D_4 打开，D_5 封锁，D_9 打开，D_8 封锁，1Hz 信号经门 D_9、D_3、D_4 后直接送入时计数器，进行时的校准。

2. 校分

当时校准后，断开 S_1，合上 S_2，同校时的原理一样，此时门 D_6 打开，D_7 封锁，D_9 打开，D_8 封锁，1Hz 信号经门 D_9、D_3、D_6 后直接送入分计数器，进行分的校准。将分校准后再将 S_2 断开。

3. 校秒

若要校准秒，需向秒计数器送入比秒快的计数脉冲，本设计中送入的是 0.5Hz 的脉冲信号。和时、分的校时电路不同，秒的校时电路需要在 0.5Hz 和 1Hz 的两个频率较快的脉冲信号之间进行选择，为避免干扰和抖动，校秒时用触发器代替非门电路实现。在图 5-77 中，由单刀双掷开关 S_3 控制着 D_8、D_9 组成的 RS 触发器的状态，当 S_3 置于正常状态时，D_{10} 输出低电平，关闭 D_8，D_{11} 输出高电平，使 D_9 打开，则 1Hz 信号正常进入秒计数器，使时钟正常计时。当 S_3 置于校秒状态时，D_{11} 输出低电平，关闭 D_9，D_{10} 输出高电平，使 D_8 打开，则 0.5Hz 信号进入秒计数器，使秒计数器计时速度提高 1 倍，进行秒的校准，将秒校准后再将 S_3 置于正常位置。

数字钟校时电路所需设备及元器件清单见表 5-24。

表 5-24　数字钟校时电路所需设备及元器件清单

序号	名称	规格、型号	数量
1	四二输入与非门	CD4011（或 74LS00）	4
2	集成非门	CD4069	1
3	色环电阻器	3.3kΩ	4
4	电容器	0.01μF	2
5	按钮开关	—	3
6	直流电源	5V	1
7	面包板	185mm × 46mm × 5.5mm	

数字钟基本电路的安装与测试步骤如下：

1）将任务 5.1～5.3 中已经调试好的秒脉冲发生器、数字钟计时电路和数字钟译码显示电路 3 个单元电路按图 5-75 的逻辑关系连接到一起。

2）在此基础上按图 5-77 接通校时电路。

3）合上 S_1，校时，将时校正为当前时间后再断开 S_1。

4）合上 S_2，校分，将分校正为当前时间后再断开 S_2。

5）将 S_3 置于校秒状态，校秒，将秒校正为当前时间后再将 S_3 置于正常状态。

只要电路连接正确，接下来数字钟就可以正常计时并显示时间了。

5.4.3　数字钟整点报时电路的设计

项目 5 对数字钟整点报时电路的功能要求是：每当数字钟的分和秒计时到 59min51s 的时候开始发出声响，按照 4 低音 1 高音的要求发出间断声响，发声持续 1s，间断 1s，则 4 声低音（输入 500Hz 信号）发生在 59min51s、53s、55s 和 57s，59min59s 的时候发出高音（输入 1kHz 信号），持续 1s，结束时刻为整点时刻。在这个过程中，分计数器的十位、个位及秒计数器的十位都不变，只有秒个位计数器在计数。

设分十位计数器的输出分别用 Q_{3M2}、Q_{2M2}、Q_{1M2}、Q_{0M2} 表示，设分个位计数器的输出分别用 Q_{3M1}、Q_{2M1}、Q_{1M1}、Q_{0M1} 表示，秒十位计数器的输出分别用 Q_{3S2}、Q_{2S2}、Q_{1S2}、Q_{0S2} 表示，秒个位计数器的输出分别用 Q_{3S1}、Q_{2S1}、Q_{1S1}、Q_{0S1} 表示，则音响电路工作的条件是：

1）分十位的 $Q_{2M2}Q_{0M2} = 11$。

2）分个位的 $Q_{3M1}Q_{0M1} = 11$。

3）秒十位的 $Q_{2S2}Q_{0S2} = 11$。

4）秒个位的 $Q_{0S1} = 1$。

根据音响电路的工作条件可画出驱动音响工作的电路如图 5-78 所示。

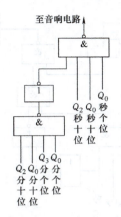

图 5-78 音响驱动电路

秒个位计数器的输出状态变化见表 5-25。

表 5-25 秒个位计数器的输出状态

CP (s)	Q_{3S1}	Q_{2S1}	Q_{1S1}	Q_{0S1}	功能
50	0	0	0	0	
51	0	0	0	1	鸣低音
52	0	0	1	0	停
53	0	0	1	1	鸣低音
54	0	1	0	0	停
55	0	1	0	1	鸣低音
56	0	1	1	0	停
57	0	1	1	1	鸣低音
58	1	0	0	0	停
59	1	0	0	1	鸣高音
00	0	0	0	0	停

由表 5-25 可得：

当 $Q_{3S1} = 0$ 时，500Hz 信号输入音响电路（扬声器）。

当 $Q_{3S1} = 1$ 时，1kHz 信号输入音响电路（扬声器）。

可通过与非门实现音响信号的输入电路，参考电路如图 5-79 所示。

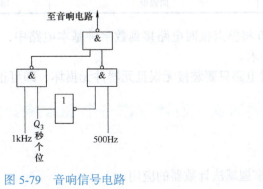

图 5-79 音响信号电路

综上所述，整点报时电路的逻辑电路如图 5-80 所示。

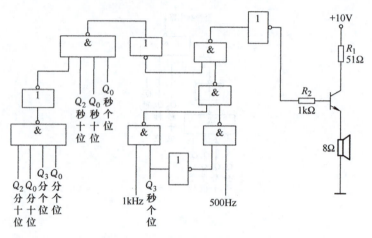

图 5-80 整点报时电路的逻辑电路

5.4.4 数字钟整点报时电路的安装与测试

数字钟整点报时电路所需设备及元器件清单见表 5-26。

表 5-26 数字钟整点报时电路所需设备及元器件清单

序号	名称	规格、型号	数量
1	四二输入与非门	CD4011（或 74LS00）	1
2	二四输入与非门	CD4012（或 74LS20）	1
3	集成非门	CD4069	1
4	晶体管	S8050	1
5	扬声器	8Ω	1
6	色环电阻器	1kΩ	1
7	色环电阻器	51Ω	1
8	直流电源	5V	1
9	直流电源	10V	1
10	面包板	185mm×46mm×5.5mm	1

按图 5-80 将整点报时电路接到数字钟基本电路中，听扬声器的发声情况是否满足整点报时电路的要求。

整点报时电路只要装接无误且元器件无损坏，即可正常工作。

5.4.5 扩展训练：设计制作一个 30s 倒计时显示器

1. 训练目的

1）学习掌握减法计数器的应用。

2）进一步熟练掌握中规模数字集成电路的逻辑功能及使用方法。

2. 设备与器件

5V 直流电源、秒脉冲发生器、七段数码管（共阳极）、显示译码器 74LS47、集成与非门 74LS20、74LS00、面包板、连接导线等。

3. 训练要求

设计一个 30s 倒计时显示电路并进行安装与测试。

4. 训练内容与步骤

（1）电路的设计　设计一个 30s 倒计时显示电路，需要用到减法计数器，可以利用书中介绍的 74LS192。首先利用两片 74LS192 级联构成一百进制的减法计数器，再利用反馈置数法构成三十进制计数器。这里需要特别注意的是，构成任意 N 进制减法计数器时只能选用具有预置数功能的集成计数器芯片，预置数为状态数。本电路要设计一个 30s 倒计时显示电路，显示的数字应该是 29 ~ 0，故预置数状态为 0010 1000。

计数脉冲可以利用任务 5.1 中的秒脉冲发生器，译码显示电路可以利用任务 5.3 中的数字钟译码显示电路。30s 倒计时显示电路如图 5-81 所示。当数字显示为 00 后，两片 74LS192 的输出状态应为 1001 1001，故与非门输出一个有效的置数控制信号 0，由于 74LS192 为异步置数方式，因此预置数 0010 1001 立即被置入计数器，此时显示器显示 29，之后按照减法计数方式显示数字。当数字显示 00 后，再重复这一过程。

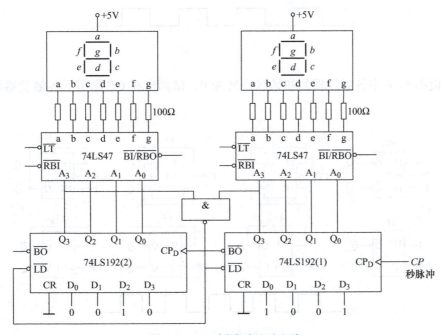

图 5-81　30s 倒计时显示电路

（2）电路测试　按图 5-81 连接电路并测试，记录测试结果。

5. 训练总结

1）对实验结果进行分析、讨论，总结加减可逆计数器的使用原则。
2）写出训练总结报告。

习 题

5-1 在由与非门构成的基本 RS 触发器中，触发输入信号如图 5-82 所示，试画出其 Q 和 $\overline{Q}$ 端的波形。

图 5-82 题 5-1 图

5-2 输入信号 u_i 如图 5-83 所示，试画出由与非门构成的基本 RS 触发器的 Q 和 $\overline{Q}$ 端的波形。

（1）u_i 加在 $\overline{S_D}$ 端，$\overline{R_D}=1$，且触发器的初始状态为 0。

（2）u_i 加在 $\overline{R_D}$ 端，$\overline{S_D}=1$，且触发器的初始状态为 1。

图 5-83 题 5-2 图

5-3 设图 5-84 中各触发器的初始状态皆为 0，试画出在 CP 作用下各触发器输出端的电压波形。

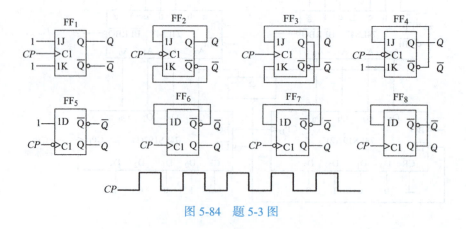

图 5-84 题 5-3 图

5-4 下降沿触发的 JK 触发器波形如图 5-85 所示，试画出 Q 和 $\overline{Q}$ 端的波形。设触发器的初始状态为 0。

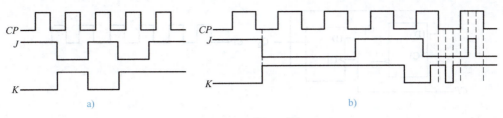

图 5-85 题 5-4 图

5-5 画出图 5-86 所示 D 触发器 Q 和 $\overline{Q}$ 端的波形。设触发器的初始状态为 0。

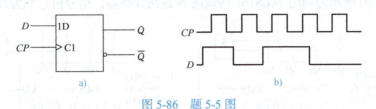

图 5-86 题 5-5 图

5-6 画出图 5-87 所示 T 触发器 Q 和 $\overline{Q}$ 端的波形。设触发器的初始状态为 0。

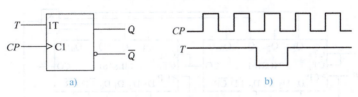

图 5-87 题 5-6 图

5-7 电路如图 5-88a 所示，输入 B 的波形如图 5-88b 所示，试画出该电路输出 G 的波形。设触发器的初态为 0。

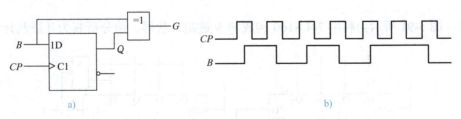

图 5-88 题 5-7 图

5-8 电路如图 5-89a 所示，设触发器初始状态均为 0，试画出在 CP 作用下 Q_1 和 Q_2 端的波形。

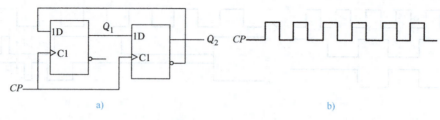

图 5-89　题 5-9 图

5-9　试画出利用 D 触发器 74LS74 组成的四分频电路，并画出时序图，说明工作过程。

5-10　图 5-90 所示为利用 74LS161 构成的 N 进制计数器，请分析它们为几进制计数器？

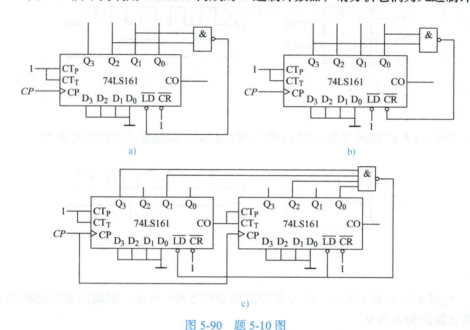

图 5-90　题 5-10 图

5-11　图 5-91 所示为利用 74LS160 构成的 N 进制计数器，请分析其为几进制计数器？

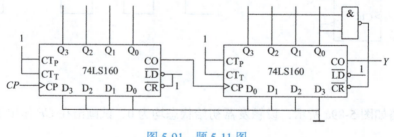

图 5-91　题 5-11 图

5-12　图 5-92 所示为利用 74LS163 构成的 N 进制计数器，请分析它们为几进制计数器。

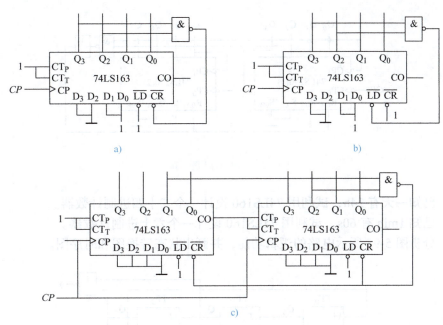

图 5-92　题 5-12 图

5-13　图 5-93 所示为利用 74LS192 构成的 N 进制计数器，请分析其为几进制计数器。

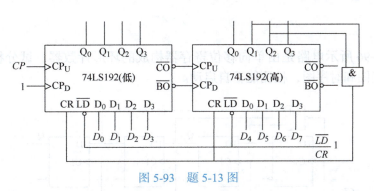

图 5-93　题 5-13 图

5-14　由 74LS290 构成的计数器电路如图 5-94 所示，试分析它们各为几进制计数器。

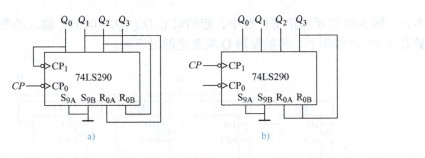

图 5-94　题 5-14 图

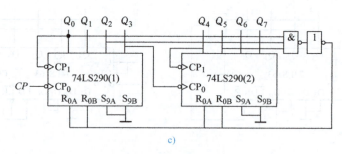

图 5-94 题 5-14 图（续）

5-15 已知一天有 24h，试利用 74LS160 设计一个二十四进制计数器。

5-16 已知 1min 有 60s，试利用 74LS160 设计一个六十进制计数器。

5-17 分析图 5-95 所示电路的逻辑功能，并画出状态转换图和时序图。

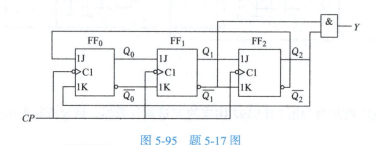

图 5-95 题 5-17 图

5-18 图 5-96 所示电路是由单向移位寄存器构成的环形计数器，试分析其工作原理，并画出状态转换图和时序图，检测能否自启动。

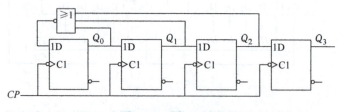

图 5-96 题 5-18 图

5-19 图 5-97 所示移位寄存器中，起始时 $Q_0Q_1Q_2Q_3=0101$，输入的数码 $D_i=1010$，画出电路在 4 个 CP 作用下，各触发器 Q 端变化的时序图。

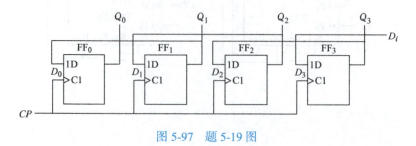

图 5-97 题 5-19 图

附　　录

附录 A　常用半导体器件的型号和参数

1. 二极管参数选录

表 A-1　硅整流二极管的型号和参数

型号	参数				
	最大整流电流 / A	反向电流 (25℃) / μA	正向电压降 (25℃) / V	最大反向工作电压（峰值）/ V	最高工作频率 / kHz
2CZ52B ～ 2CZ52H	0.1	≤5	≤1	B:50 C:100 D:200 E:300 F:400 G:500 H:600 J:700 K:800	3
2CZ53C ～ 2CZ53H 2CZ53J 2CZ53K	0.3	≤10	≤1		3
1N4001 ～ 1N4007	1	≤5	≤1	50 100 240 400 600 800 1000	3
1N5400 ～ 1N5407	3	≤10	≤0.8	50 100 200 300 400 500 600 800	3

表 A-2　FG 型发光二极管的型号和参数

型号	参数					
	发光颜色	耗散功率 / mW	工作电流 /mA		正向电压 / V	反向电压 / V	峰值波长 /nm
			最大	一般			
FG134003	黄	125	50	10	<2.5	>5	585
FG314003	红	125	50	10	<2.5	>5	700

表 A-3　硅稳压二极管的型号和参数

型号		参数					
		稳定电压 U_Z / V	稳定电流 I_Z / mA	最大稳定电流 I_{ZM} / mA	最大功耗 P_{ZM} / W	动态电阻 r_Z / Ω	温度系数 C_{TV}/(10^{-4}/℃)
1N747 ～ 1N749	2CW52	3.2 ～ 4.5	10	55	0.25	<70	−8
1N750 1N751	2CW53	4.0 ～ 5.8	10	41	0.25	<50	−6 ～ 4
1N752 1N753	2CW54	5.5 ～ 6.5	10	38	0.25	<30	−3 ～ 5
1N754	2CW55	6.2 ～ 7.5	10	33	0.25	15	6

（续）

型号		参数					
		稳定电压 U_Z/V	稳定电流 I_Z/mA	最大稳定电流 I_{ZM}/mA	最大功耗 P_{ZM}/W	动态电阻 r_Z/Ω	温度系数 C_{TV}/(10^{-4}/℃)
1N755 1N756	2CW56	7.0～8.5	5	27	0.25	15	7
1N757	2CW57	8.5～9.5	5	26	0.25	<20	8
2DW7A	2DW230	5.8～6.6	10	30	<0.20	<20	−0.5～0.5

2. 常用小功率晶体管参数选录

表 A-4　常用小功率晶体管的型号和参数

型号	极性	参数					
		P_{CM}/mW	I_{CM}/mA	$U_{(BR)CEO}$/V	h_{FE}	I_{CBO}/μA	f_T/MHz	C_{ob}/pF
3AX31A	PNP（锗）	125	125	≥12	40～180	≤20	0.5	
3BX31A	NPN（锗）	125	125	≥12	40～180	≤20		
3CX3200A	PNP（硅）	300	300	≥12	55～400	≤1		
3DX3200A	NPN（硅）	300	300	≥12	55～400	≤1		
3AG55A	PNP（锗）	150	50	≥15	40～180		≥100	≤8
3BG1	NPN（锗）	50	20	≥15	20～150			
3CG100A	PNP（硅）	100	30	≥15	≥25	≤0.1	≥100	≤4.5
3DG100A	NPN（硅）	100	20	≥20	≥30	≤0.1	≥150	≤4
3DG6	NPN（硅）	100	20	≥20	25	0.01	250	≤3.5
9011	NPN（硅）	300	300	≥30	54～198	≤0.1	150	
9012	PNP（硅）	625	500	≥20	64～202	≤0.1	150	
9013	NPN（硅）	625	500	≥20	64～202	≤0.1	150	
9014	NPN（硅）	450	100	≥45	60～1000	≤0.05	150	≤2.5

附录 B 常用数字集成电路引脚排列图

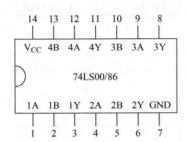

图 B-1 74LS00 四二输入与非门/异或门

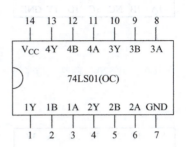

图 B-2 74LS01 四二输入与非门（OC 门）

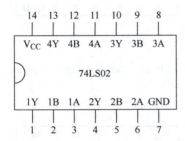

图 B-3 74LS02 四二输入或非门

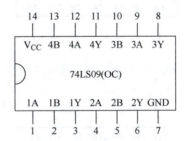

图 B-4 74LS09 四二输入与非门（OC 门）

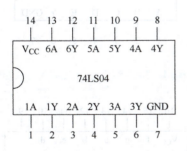

图 B-5 74LS04 六反相器

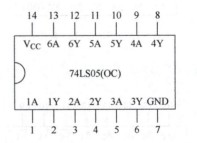

图 B-6 74LS05 六反相器（OC 门）

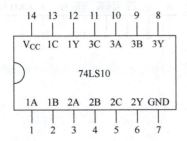

图 B-7 74LS10 三三输入与非门

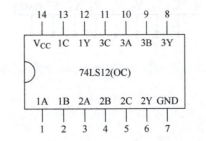

图 B-8 74LS12 三三输入与非门（OC 门）

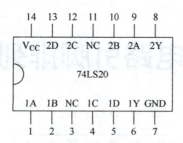

图 B-9　74LS20 二四输入与非门

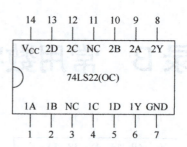

图 B-10　74LS22 二四输入与非门（OC 门）

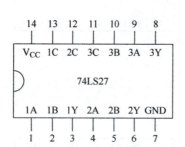

图 B-11　74LS27 三三输入或非门

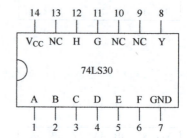

图 B-12　74LS30 八输入与非门

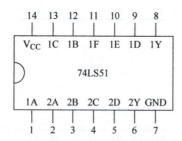

图 B-13　74LS51 三三输入 / 二二输入与或非门

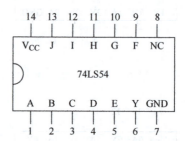

图 B-14　74LS54 二三三二输入与或非门

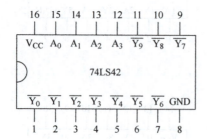

图 B-15　74LS42　4 线 −10 线 8421BCD 码译码器

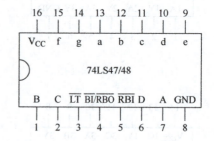

图 B-16　74LS47/48 七段显示译码器

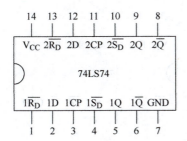

图 B-17　74LS74 双上升沿 D 触发器

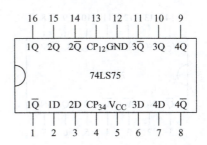

图 B-18　74LS75 四 D 锁存器

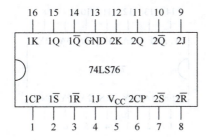

图 B-19　74LS76 双 JK 触发器

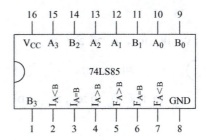

图 B-20　74LS85 四位数值比较器

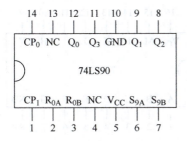

图 B-21　74LS90 异步二 – 五 – 十进制计数器

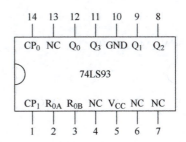

图 B-22　74LS93 异步二 – 八 – 十六进制计数器

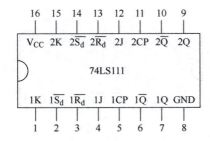

图 B-23　74LS111 双主从 JK 触发器

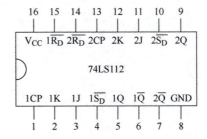

图 B-24　74LS112 双下降沿 JK 触发器

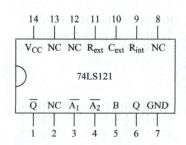

图 B-25　74LS121 单稳态触发器

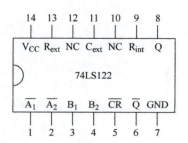

图 B-26　74LS122 单稳态触发器

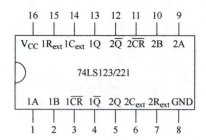

图 B-27　74LS123/221 双单稳态触发器

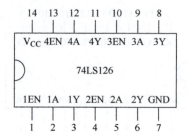

图 B-28　74LS126 四总线缓冲器

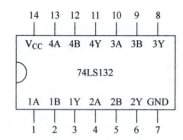

图 B-29　74LS132 四二输入与非门斯密特触发器

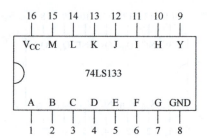

图 B-30　74LS133 13 输入与非门

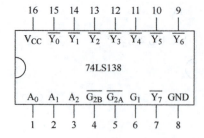

图 B-31　74LS138 3 线 –8 线译码器

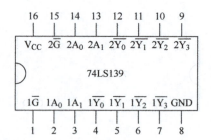

图 B-32　74LS139 双 2 线 –4 线译码器

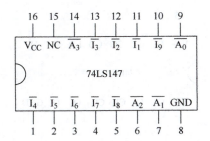

图 B-33　74LS147 10 线 –4 线优先编码器

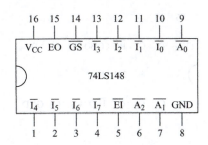

图 B-34　74LS148 8 线 –3 线优先编码器

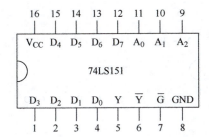

图 B-35　74LS151 8 选 1 数据选择器

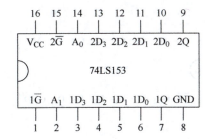

图 B-36　74LS153 双 4 选 1 数据选择器

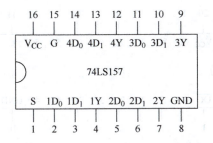

图 B-37　74LS157 四 2 选 1 数据选择器

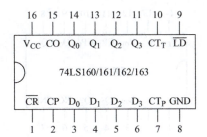

图 B-38　74LS160/161/162/163 同步计数器

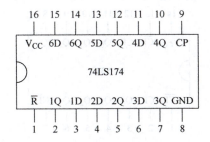

图 B-39　74LS174 六 D 触发器

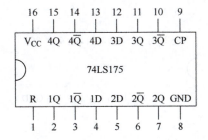

图 B-40　74LS175 四 D 触发器

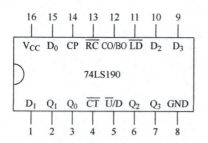

图 B-41　74LS190 同步可逆十进制计数器

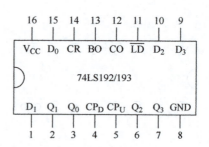

图 B-42　74LS192/193 同步可逆十进制/十六进制计数器

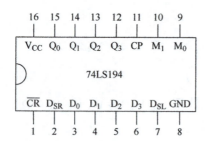

图 B-43　74LS194 4 位双向移位寄存器

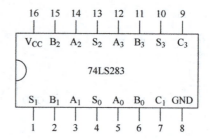

图 B-44　74LS283 先行进位加法器

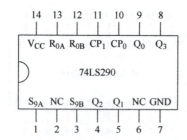

图 B-45　74LS290 异步二-五-十进制计数器

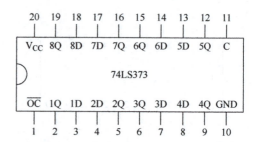

图 B-46　74LS373 八 D 锁存器（三态输出）

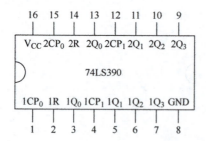

图 B-47　74LS390 双 4 位二进制加法计数器

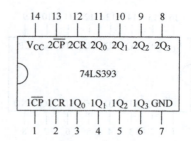

图 B-48　74LS393 双 4 位二进制加法计数器

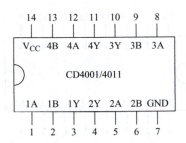

图 B-49　CD4001/4011 四二输入或非门/与非门

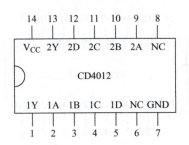

图 B-50　CD4012 二四输入与非门

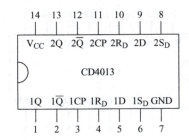

图 B-51　CD4013 双上升沿 D 触发器

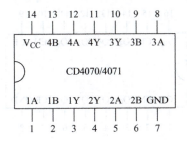

图 B-52　CD4070/4071 四二输入异或门/或门

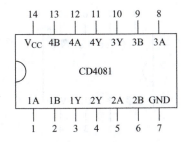

图 B-53　CD4081 四二输入与门

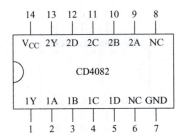

图 B-54　CD4082 二四输入与门

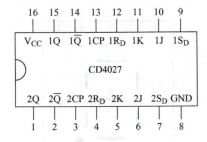

图 B-55　CD4027 双上升沿 JK 触发器

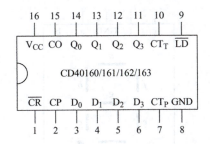

图 B-56　CD40160/161/162/163 同步计数器

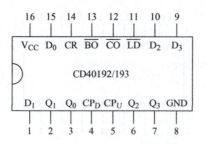

图 B-57　CD40192/193 可逆计数器

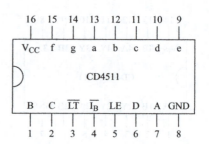

图 B-58　CD4511 七段显示译码器

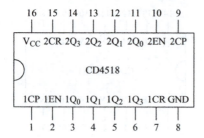

图 B-59　CD4518 双 BCD 码同步加法计数器

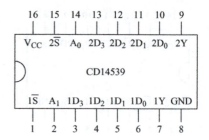

图 B-60　CD14539 双 4 选 1 数据选择器

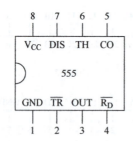

图 B-61　555 集成定时器

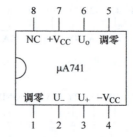

图 B-62　μA741 集成运算放大器

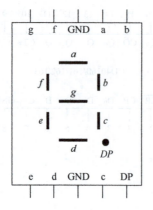

图 B-63　共阴极数码管

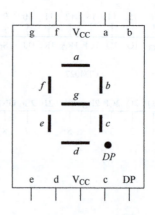

图 B-64　共阳极数码管

附录 C 常用术语中英文对照

项目 1 中常用术语

    1. 直流稳压电源　　　　　　DC stabilized voltage supply
    2. 导体　　　　　　　　　　conductor
    3. 绝缘体　　　　　　　　　insulator
    4. 半导体　　　　　　　　　semiconductor
    5. 本征半导体　　　　　　　intrinsic semiconductor
    6. 杂质半导体　　　　　　　impurity semiconductor
    7. 导通状态　　　　　　　　turn-on state
    8. 截止状态　　　　　　　　cut-off state
    9. 二极管　　　　　　　　　diode
    10. 稳压二极管　　　　　　　zener diode
    11. 发光二极管　　　　　　　light-emitting diode，LED
    12. 光电二极管　　　　　　　photo diode
    13. 整流电路　　　　　　　　rectifier circuit
    14. 滤波电路　　　　　　　　filter circuit
    15. 稳压电路　　　　　　　　voltage stabilized circuit
    16. 万用表　　　　　　　　　multimeter
    17. 示波器　　　　　　　　　oscilloscope

项目 2 中常用术语

    1. 双极型晶体管　　　　　　bipolar junction transistor，BJT
    2. 发射极　　　　　　　　　emitter
    3. 基极　　　　　　　　　　base
    4. 集电极　　　　　　　　　collector
    5. 发射区　　　　　　　　　emitter region
    6. 基区　　　　　　　　　　base region
    7. 集电区　　　　　　　　　collector region
    8. 输入特性曲线　　　　　　input characteristic curves
    9. 输出特性曲线　　　　　　output characteristic curves
    10. 截止区　　　　　　　　　cut-off region
    11. 放大区　　　　　　　　　amplification region
    12. 饱和区　　　　　　　　　saturation region

13. 电气参数　　　　　　　　electrical parameter
14. 共发射极接法　　　　　　common-emitter configuration
15. 共基极接法　　　　　　　common-base configuration
16. 共集电极接法　　　　　　common-collector configuration
17. 偏置电阻　　　　　　　　biasing resistance
18. 直流通路　　　　　　　　direct current path
19. 交流通路　　　　　　　　alternating current path
20. 静态分析　　　　　　　　quiescent analysis
21. 静态工作点　　　　　　　quiescent point
22. 动态分析　　　　　　　　dynamic analysis
23. 电压放大倍数　　　　　　voltage gain
24. 输入电阻　　　　　　　　input resistance
25. 输出电阻　　　　　　　　output resistance
26. 反馈　　　　　　　　　　feedback
27. 正反馈　　　　　　　　　positive feedback
28. 负反馈　　　　　　　　　negative feedback
29. 振荡器　　　　　　　　　oscillator

项目 3 中常用术语

1. 温度控制器　　　　　　　temperature controller
2. 集成电路　　　　　　　　integrated circuit，IC
3. 集成运算放大器　　　　　integrated operational amplifier
4. 虚短　　　　　　　　　　virtual short circuit
5. 虚断　　　　　　　　　　virtual cut circuit
6. 比例运算　　　　　　　　scaling operation
7. 加法运算　　　　　　　　additive operation
8. 减法运算　　　　　　　　subtraction operation
9. 积分运算　　　　　　　　integration operation
10. 微分运算　　　　　　　　differentiation operation
11. 电压比较器　　　　　　　voltage comparator
12. 滞回电压比较器　　　　　voltage comparator with hysteresis

项目 4 中常用术语

1. 模拟量　　　　　　　　　analog quantity
2. 数字量　　　　　　　　　digital quantity
3. 模拟电路　　　　　　　　analog circuit
4. 数字电路　　　　　　　　digital circuit
5. 十进制　　　　　　　　　decimal system

6. 二进制　　　　　　　　　　binary system
7. 代码　　　　　　　　　　　code
8. 编码　　　　　　　　　　　coding
9. 二-十进制　　　　　　　　 binary coded decimal，BCD
10. 逻辑变量　　　　　　　　　logical variable
11. 逻辑函数　　　　　　　　　logic function
12. 真值表　　　　　　　　　　truth table
13. 逻辑函数表达式　　　　　　logical function expression
14. 逻辑图　　　　　　　　　　logic diagram
15. 波形图　　　　　　　　　　oscillogram
16. 卡诺图　　　　　　　　　　Karnaugh map
17. 逻辑门电路　　　　　　　　logic gate circuit
18. 互补金属氧化物半导体　　　complementary metal-oxide-semiconductor，CMOS
19. 晶体管-晶体管逻辑　　　　 transistor-transistor logical，TTL
20. 编码器　　　　　　　　　　encoder
21. 译码器　　　　　　　　　　decoder
22. 数据选择器　　　　　　　　multiplexer
23. 数据分配器　　　　　　　　demultiplexer

项目 5 中常用术语

1. 脉冲信号　　　　　　　　　pulse signal
2. 触发器　　　　　　　　　　flip-flop
3. 锁存器　　　　　　　　　　latch
4. 现态　　　　　　　　　　　present
5. 次态　　　　　　　　　　　next state
6. 特性表　　　　　　　　　　characteristic table
7. 特性方程　　　　　　　　　characteristic equation
8. 时序图　　　　　　　　　　sequential diagram
9. 双稳态触发器　　　　　　　bistable flip-flop
10. 边沿触发器　　　　　　　　edge flip-flop
11. 上升沿　　　　　　　　　　rise edge
12. 下降沿　　　　　　　　　　fall edge
13. 暂稳态　　　　　　　　　　transient state
14. 组合逻辑电路　　　　　　　combinational logic circuit
15. 时序逻辑电路　　　　　　　sequential logic circuit
16. 计数器　　　　　　　　　　counter
17. 异步计数器　　　　　　　　asynchronous counter
18. 同步计数器　　　　　　　　synchronous counter

19. 可逆计数器　　　　　　　　reversible counter
20. 寄存器　　　　　　　　　　register
21. 数码寄存器　　　　　　　　digital register
22. 移位寄存器　　　　　　　　shift register
23. 双向移位寄存器　　　　　　bi-directional shift register

参考文献

[1] 童诗白,华成英.模拟电子技术基础[M].4版.北京:高等教育出版社,2006.
[2] 沈任元,吴勇.模拟电子技术基础[M].2版.北京:机械工业出版社,2009.
[3] 沈任元.数字电子技术基础[M].2版.北京:机械工业出版社,2019.
[4] 杨欣,诺克斯,王玉凤,等.电子设计从零开始[M].2版.北京:清华大学出版社,2010.

参考文献

[1] 张轶炳,胡海云,曾启生.大学物理[M].5 版.北京：高等教育出版社，2006.
[2] 程守洙,江之永.普通物理学[M].2 民.北京：高等教育出版社，2007.
[3] 张三慧.大学物理学[M].2 版.北京：清华大学出版社，2010.
[4] 陈曦,杨茂田.大学物理[M].2 版.北京：清华大学出版社，2014.